U0232742

李 毓 佩 数 学 科 普 文 集

Collections of Li YuPei's Works
on Popular Science in
the Field of Mathematics

李毓佩●著

酷酷猴
历险记

长江出版传媒
Changjiang Publishing & Media

湖北科学技术出版社
HUBEI SCIENCE & TECHNOLOGY PRESS

图书在版编目（CIP）数据

　酷酷猴历险记 / 李毓佩著. -- 武汉：湖北科学技术出版社, 2019.1
　（李毓佩数学科普文集）
　ISBN 978-7-5706-0387-9

　Ⅰ.①酷… Ⅱ.①李… Ⅲ.①数学－青少年读物 Ⅳ.①O1-49

中国版本图书馆CIP数据核字(2018)第143852号

酷酷猴历险记

KUKUHOU LIXIAN JI

选题策划：何　龙　　何少华
执行策划：彭永东　　罗　萍
责任编辑：彭永东　　胡　静　　　　　　　　　　封面设计：喻　杨

出版发行：湖北科学技术出版社　　　　　　电话：027－87679468
地　　址：武汉市雄楚大街 268 号　　　　　邮编：430070
　　　　　（湖北出版文化城 B 座 13－14 层）
网　　址：http://www.hbstp.com.cn

印　　刷：武汉市金港彩印有限公司　　　　邮编：430023

710×1000　1/16　　　　25.25 印张　　　4 插页　　　　322 千字
2019 年 1 月第 1 版　　　　　　　　　2019 年 1 月第 1 次印刷
　　　　　　　　　　　　　　　　　　　　　　　定价：88.00 元

目 录

<CONTENTS>

1. 智斗黑猩猩

黑猩猩来信

一只活泼可爱的小白兔，名字叫作花花兔。为什么叫花花兔呢？因为她特别爱穿花衣服，头上还爱插几朵小花，所以大家都叫她花花兔。

一天早上，花花兔拿着一封信匆匆跑来。

她一边跑一边喊着："酷酷猴，酷酷猴，你的信！从非洲来的。"

酷酷猴何许人也？酷酷猴是一只小猕猴。这只小猕猴可不得了，他聪明过人，身手敏捷。酷酷猴有两酷：他穿着入时，上穿名牌T恤衫，下穿牛仔裤，这是一酷；酷酷猴数学特别好，解题思路独特，计算速度奇快，这是二酷。因此同伴就把这只小猕猴叫酷酷猴。

酷酷猴听花花兔叫他，一愣："非洲来的信？谁从非洲给我来信呀？我在非洲没有熟人哪！"

酷酷猴打开信，看到上面写着：

尊敬的酷酷猴先生：

　　你好！我们远在非洲向你致意。听说你酷酷猴聪明过人，数学特别好。可是我们黑猩猩是人类承认的最聪明的动物，我们特别邀请你来非洲，和我们比试谁最聪明！你敢来吗？

黑猩猩

　　花花兔疑惑地问："去非洲？非洲离咱们多远哪！你去吗？"

　　酷酷猴点点头说："人家热情邀请，哪有不去之理？"

　　花花兔竖起耳朵，拉着酷酷猴的手，撒娇地说："听别人说，非洲特别好玩，你带上我和你一起去吧，好吗？"

　　酷酷猴问："那个地方可是挺危险的，你不怕吗？"

　　花花兔坚定地说："不怕！"

　　"你可别后悔，咱们现在就出发！"

　　花花兔摇动着自己的一双大耳朵问："怎么，咱俩就这样走到非洲去？"

　　"当然不是。"酷酷猴推出一辆漂亮的太阳能风动车，"咱俩乘这辆车去。"

　　花花兔围着这辆风动车转了一个圈儿。车子很漂亮，像一辆跑车，车身上贴满了太阳能电池板，不同的是车的后面竖起一个大大的风帆。

　　花花兔怀疑地问："就这么一辆车，能跑到非洲吗？"

　　酷酷猴说："这辆车代表了当代科技的最高水平，肯定能跑到非洲。"

　　两人乘上太阳能风动车，飞一样地跑了起来。车上有自动导航仪，根本就不用管它，不到一天的时间，他们就到了非洲。

　　酷酷猴高兴地说："我们来到非洲了！"

　　花花兔抹了一把头上的汗："好热啊！"

　　这时，一头大象向他们俩走来。酷酷猴先向大象鞠躬，然后向大象打听说："请问，黑猩猩住在哪儿？"

大象上下打量了一下他们俩，说："看你们的样子，是远道而来的。你们坐到我的背上，我带你们去吧。"

酷酷猴和花花兔飞快地爬到大象的背上，边走边欣赏着非洲大草原的美景。

花花兔高兴地向前一指说："看，那是斑马。"

酷酷猴向旁边一指："瞧，那是犀牛。"

几个小时过后，大象停在一片树林前，说："黑猩猩常到这儿来玩，你们去找他们吧！"

酷酷猴、花花兔从象背上跳下来，和大象告别："谢谢大象！再见！"

突然，从树林里钻出 3 只小狒狒，冲着花花兔"呼！呼！"地叫，把花花兔吓了一跳。

花花兔大声地叫道："这是什么怪东西？吓死人了！"

酷酷猴也不认识，就很客气地问小狒狒："请问，你们是什么动物？"

小狒狒笑得前仰后合："嘻嘻！你们连大名鼎鼎的狒狒都不认识？"

酷酷猴又问："这片树林里有黑猩猩吗？"

一只高个的小狒狒抢着说："这里至少有一千只黑猩猩。"

另一只矮个的小狒狒说："这里的黑猩猩不到一千只。"

一只胖狒狒慢吞吞地说："这里至少有一只黑猩猩。"

花花兔一揪自己的耳朵："你们究竟谁说得对呀？"

一只大狒狒从树上跳下来，他一指 3 只小狒狒说："他们三个说的只有一句是对的。"

酷酷猴拉起花花兔就走，边走边说："咱俩走吧！这里连一只黑猩猩也没有。"

花花兔奇怪地问："唉！你怎么知道这里连一只黑猩猩也没有？"

酷酷猴分析说："由于 3 只小狒狒说的只有一句是真的，所以只有

3 种可能，就是'对、错、错'，'错、对、错'，'错、错、对'。"

酷酷猴接着说："第一种情况不可能。因为'至少有一千只黑猩猩'如果是对的，那么胖狒狒说的'至少有一只黑猩猩'也应该是对的，可是大狒狒说了'他们3个说的只有一句是对的'，这里出现了两句都对，所以第一种情况不成立。"

花花兔点点头："分析得对！"

酷酷猴又说："第三种情况也不可能。因为'至少有一千只黑猩猩'与'黑猩猩不到一千只'这两句话中至少有一句是对的，不可能都错。而第三种情况中要求高个小狒狒和矮个小狒狒说的都是错话，这不可能。"

花花兔说："是这么个理儿！"

酷酷猴肯定地说："只有第二种情况，即'黑猩猩不到一千只'是对的，而且'至少有一只黑猩猩'必须是错的。你想，'至少有一只'是错的，只能是一只也没有。"

大狒狒竖起大拇指说："酷酷猴果然聪明！看来黑猩猩遇到了真正的对手了。"

山中的鬼怪

既然这里没有黑猩猩，酷酷猴和花花兔只好继续往前走。走了一段路，花花兔坐在地上不走了。

酷酷猴问："怎么不走了？"

花花兔拍拍自己的肚子说："我肚子饿了！走不动了！"

酷酷猴笑着说："这个好办，我上树给你采点野果吃。"

酷酷猴刚想上树，从旁边蹿出一只狒狒拦住了他。

狒狒厉声喝道："站住！你怎么敢随便上树？"

酷酷猴指着树上的串串野果说："我们走了那么远的路，肚子很饿了，你看这棵树上的果子这么多，让我上去摘点吃吧。"

狒狒两眼一瞪说："果子多也不能吃！"

酷酷猴问："这树是你的？"

狒狒严肃地说："这一片树林都是我们'山中的鬼怪'的！我是替他看守这片林子的。"

酷酷猴吐了一下舌头："山中的鬼怪？好吓人的名字！我的兔妹妹饿得走不动了，请给点野果吃，好吗？"

狒狒眼珠一转，说："想吃果子不难，你先陪我做个游戏。"

酷酷猴听说做游戏，眼睛一亮，高兴地说："可以呀！我最喜欢做游戏了！"

狒狒往地上一指，酷酷猴看见地上有一个圆筐、一个方筐及一堆果子。

狒狒说："这里有一个圆筐和一个方筐，还有 30 个果子。我先把你的眼睛蒙上，然后我拿果子往筐里扔，你听到果子落到筐子里，就拍一下手。"

狒狒掏出一块宽布条，蒙上酷酷猴的眼睛。

酷酷猴问："你怎么个扔法？"

狒狒解释说："我每次扔一个或同时扔两个。扔一个时，我扔到方筐里；扔两个时，我扔到圆筐里。听清楚没有？注意，我开始扔了！"

狒狒开始往筐里扔果子。酷酷猴听到"咚""咚""咚"的果子落筐的声音，就"啪""啪""啪"地拍手。

狒狒说："我把 30 个果子都扔完了，你拍了多少下手？"

酷酷猴回答："18 下。"

狒狒问："你告诉我，方筐里有多少个果子？"

花花兔愤愤不平地对狒狒说："你蒙着他的眼睛，他怎么能知道方

李毓佩
数学科普文集

筐里有多少个果子？你是成心难为他！"

花花兔跑到酷酷猴身边，小声对酷酷猴说："我去给你数一数！然后偷偷告诉你。"

酷酷猴摆摆手说："不用数了，我已经知道方筐里有多少果子了！"

"多少个？"

"6 个。"

花花兔跑到方筐去一数，大叫一声："呀！真有 6 个果子！"

"真对了！"狒狒倒背双手，逼近酷酷猴问，"我早就听人家说，酷酷猴狡猾狡猾的！你说实话，是不是蒙的？"

"蒙的？"酷酷猴说，"我给你讲讲其中的道理，你就知道我是不是蒙的了！我一共拍了 18 次手，说明你一共扔了 18 次。"

狒狒点点头说："对！"

酷酷猴又说："如果这 18 次你都是扔到了圆筐里，需要 $2 \times 18 = 36$（个）果子，而你只有 30 个果子。因此不可能全部扔进圆筐里。"

花花兔竖起大拇指，称赞说："听！分析得多透彻！"

酷酷猴继续分析："30 个果子扔了 18 次，说明有 $36 - 30 = 6$（次）是扔到了方筐里。"

花花兔抢着说："我算了一下，12 次扔进圆筐，6 次扔进方筐，总共是 $2 \times (18 - 6) + 1 \times 6 = 30$（个）。一共扔了 30 个果子，没错！"

狒狒点点头说："既然你算对了，这 30 个果子就送给你们吃吧！"

酷酷猴冲狒狒行了一个举手礼："谢谢！"

花花兔高兴地扇动两只大耳朵："哈哈，有果子吃喽！"

突然听到一声吼叫，从树上跳下一只山魈。山魈的长相十分奇特，红鼻子蓝脸。山魈的这副长相可把花花兔吓坏了。

"啊！鬼！大鬼！红鼻蓝脸的大鬼！"花花兔惊恐地叫道。

山魈冲花花兔做了一个鬼脸："耶！你才是鬼！我说狒狒，谁在偷吃我的果子哪？"

狒狒指指山魈，对酷酷猴和花花兔说："这就是这片树林的主人，山魈，人送外号'山中的鬼怪'。"

花花兔摇摇头说："这山魈长得也太恐怖了！"

山魈目露凶光，突然抓住花花兔，问："是不是你偷吃了我的果子？不说实话，我就把你撕成两半！"

酷酷猴赶紧上前拦住："别动手！花花兔没偷吃你的果子。"

山魈把眼睛一瞪叫道："可是她说我长得恐怖，说我长得恐怖也不成！告诉你实话吧！我山魈最爱吃兔子肉了！今天见到这么肥嫩、这么漂亮的小兔子我能不吃吗？哈哈！"

酷酷猴问："真的要吃？"

山魈紧握双拳："铁定要吃！"

"好！你先看完了这个再吃。"酷酷猴掏出黑猩猩的信，递给了山魈："这是黑猩猩邀请我们来的信。你把黑猩猩的客人吃了，后果如何，你自己想清楚！"

山魈听说他俩是黑猩猩请来的客人，立刻就傻眼了。他喃喃地说："我真要把黑猩猩的客人吃了，黑猩猩肯定饶不了我，会找我算账的！黑猩猩力大无穷，我哪里是黑猩猩的对手啊！"

山魈摸着自己的脑袋说："既然你们是黑猩猩的客人，那就饶了你们！你们往前走，我刚才看见黑猩猩在前面的林子里玩哪！"

黑猩猩的游戏

酷酷猴和花花兔走进树林，看到一群黑猩猩在树林里又吵又闹。

一只胖黑猩猩说："我说得对！"

另一只瘦黑猩猩："不，我说得才对哪！"

李毓佩
数学科普文集

一只个头最大的黑猩猩，站起来有1.9米的样子，看到酷酷猴和花花兔走来，吼道："停止争吵！你们没看见客人来了吗？"

大黑猩猩主动伸出手，说："我是这里的头领叫铁塔。是我写信请你来的，欢迎远道而来的客人！"

花花兔好奇地问："你们刚才在争吵什么？是做游戏吗？"

铁塔有点不好意思地说："哦，哦，对，我们是在做一个有趣的游戏，只是总做不好。"

花花兔听说有难题，眼睛一亮，说："有什么难解的问题，只管问酷酷猴，他是解决难题的专家，不管什么难题，他都能解决！"

酷酷猴冲花花兔一瞪眼："闭嘴！不要瞎吹牛！"

"酷酷猴就不要谦虚了。"铁塔说，"我们这儿有49只黑猩猩，从1到49每人都发了一个号码。我想从中挑出若干只黑猩猩，让他们围成一个圆圈，使得任何两个相邻的黑猩猩的号码的乘积都小于100。"

花花兔抢着说："这还不容易！你让从1到10围成一个圆圈，任意相邻的两个数的乘积肯定小于100。"

一只小黑猩猩跑过来对花花兔说："嘘——你还没有把问题听完呀！如果像你说得这么简单，我们早就会做了！"

铁塔又说："还有一个条件是：要求你挑出来的黑猩猩的数目尽量多！花花兔，你会吗？"

花花兔想了一下说："肯定比10只要多。但是我不会做！让酷酷猴来做吧！"

酷酷猴"噌"的一声蹿到了树上。

铁塔叫道："酷酷猴，你要跑？"

酷酷猴说："不，我习惯在树上想问题。"酷酷猴躺在树上开始思考。

"凡是求'最多（或最少）有几个'之类的问题都不太好解，让我好好想想。"酷酷猴自言自语地说。

酷酷猴分析说："由于两个十位数相乘一定大于100，因此任何两个十位数都不能相邻，嘿，有门儿啦！"说完从树上跳了下来，指挥黑猩猩围圈儿。

酷酷猴指挥说："请9只拿着一位数的黑猩猩，按从1到9顺序先围成一个圆圈。"酷酷猴见他们站好之后又说："再请拿着10到18这9个两位数的黑猩猩，每只插入到2个两位数之间。"

酷酷猴见黑猩猩站好以后，说："好啦！最多可以挑出来的黑猩猩数是18只。"

铁塔问："难道就不能是19只？"

酷酷猴十分肯定地说："不能！由于一位数已经挑完，如果要选第19个数，这第19个数必然是1个两位数，不管把它放到哪儿，它总要和1个两位数相邻。而2个两位数相乘一定大于100，这是不容许的。"

铁塔竖起大拇指，称赞说："酷酷猴果然名不虚传！"

花花兔冲黑猩猩做了一个鬼脸："你们服了吧？"

话音未落，森林的一边出现了两头雄狮。两头雄狮的四只眼死死盯住花花兔。

花花兔一回头，不由自主地打了一个寒战："我的妈呀！两头大狮子正盯着我呢！"

酷酷猴不敢迟疑，大叫一声："快跑！"

"嗷——"的一声长吼，两只狮子一前一后向花花兔追来。

"不要太猖狂！"铁塔大喝一声。他迅速从腰间拿出一个L形的器物，说了声"走！"这个L形的器物飞快地旋转着向领头的狮子飞去，只听"砰"的一声，正好打在这头狮子的脑门儿上。狮子"嗷"的一声被打翻在地，一连翻了好几个滚儿。受了伤的狮子无奈地溜走了。奇怪的是这个L形器物打倒狮子以后，又飞回到铁塔的手里。

"神啦!"这个神奇的器物,把酷酷猴和花花兔看傻了。

花花兔跑过去问:"这是个什么玩意儿?"

铁塔说:"这叫作'飞去来器'。"

"我玩玩行吗?"花花兔对这个新鲜武器来了兴趣。

"可以。"铁塔叮咛说,"你一定要留神,别打着自己!"

花花兔接过"飞去来器",猛地扔了出去,只听"唰"的一声,"飞去来器"向远方飞去。

"真好玩!真好玩!"花花兔一边拍手一边跳。忽听"唰唰唰"的一阵风声,"飞去来器"又飞回来了,它直奔花花兔的脑袋飞去。铁塔大叫一声:"快趴下!"花花兔刚趴下,"飞去来器""呼"的从花花兔的脑袋上飞过去,钉在一棵大树上。

花花兔吓得全身乱抖,脑门儿直冒冷汗。

铁塔从树上拿下"飞去来器",递给了花花兔:"不用怕,多练练,练熟了就会用了。这个就送给你作为防身的武器吧!"

"谢谢铁塔!"花花兔拿着"飞去来器",跑到一边练习去了。

坚果宴会

铁塔一手拉着酷酷猴,一手拉着花花兔走进棚子:"你们一路辛苦,我要好好招待招待你们!"

花花兔问:"有什么好吃的?我肚子早就饿得咕咕叫了。"

铁塔笑着说:"我准备开一个坚果宴会。胖子、瘦子、秃子、红毛,你们4个去采一些上好的坚果来。"

胖子、瘦子、秃子、红毛,是4只黑猩猩。胖子长得奇胖无比,简直就是一堆肉;瘦子瘦得可怜,看上去就像一根棍;秃子的脑袋上是寸毛不生,在阳光下闪闪发光;红毛长了一身又长又密的红毛,好吓人。

"是!"4只黑猩猩答应了一声,转身就去采坚果了。

"坚果是什么?"花花兔不明白。

酷酷猴冲她做了一个鬼脸:"采来你就知道了。"

不一会儿,4只黑猩猩采回许多坚果,每人都把自己采来的坚果放成一堆。花花兔走近一看,嗨!坚果原来就是些野核桃、野杏核之类的东西呀!

花花兔一边摇头一边心里嘀咕:"这些东西我都咬不动。"

铁塔问:"你们4个,谁采得最多呀?我好论功行赏。"

4只黑猩猩齐声回答:"我采得最多!"

"每个人都采得最多?"铁塔走过去,把4堆坚果都数了一下。

铁塔说:"我数了一下,红毛比秃子采得多;胖子和瘦子采得的总数等于秃子和红毛采得的总数;胖子和红毛采得的总数比瘦子和秃子采得的总数少。"

铁塔转过脸问酷酷猴:"你说说,谁采得的最多呀?"

酷酷猴心里明白,考察他的时候到了。

花花兔做了一个鬼脸:"啊,考试开始了!"

酷酷猴说:"为了说话方便,我设胖子、瘦子、秃子、红毛采得的坚果数分别为 a、b、c、d 个。"

铁塔点点头:"可以,可以。"

酷酷猴边说边写:"根据你数坚果的结果,有

$$c < d, \qquad \qquad ①$$
$$a + b = c + d, \qquad \qquad ②$$
$$a + d < b + c, \qquad \qquad ③$$

②+③得 $\qquad 2a + b + d < 2c + b + d,$

有 $\qquad 2a < 2c, \ a < c。 \qquad \qquad ④$

由①和④可得 $\qquad a < c < d。$

由②和④可得 $d<b$。

所以有 $a<c<d<b$，瘦子采得最多！"

瘦子高兴地跳了起来："别看我瘦！我采坚果最卖力气，采得的最多。"

铁塔拿起 3 个坚果："这些奖给瘦子！"

铁塔对酷酷猴和花花兔说："二位请吧，坚果可是非常好吃，而且营养丰富！"

酷酷猴忙说："谢谢！谢谢！"

花花兔拿起一个坚果，咬了半天，坚果纹丝不动。她摇摇头说："我的牙呦，我咬不动啊！"

酷酷猴也说："我也咬不动！"

花花兔跑过去向瘦子求教："瘦子，这坚果咬不动，怎么吃呀？"

瘦子说："用石头砸呀！"

瘦子把坚果放到大石头上，用小石头用力一砸。只听"啪"的一声，坚果裂开，瘦子飞快地把果仁扔进嘴里。

大家吃得正在兴头上，这时，一条大蟒蛇吐着红红的信子，悄悄从树上爬下来。

花花兔最先看见："啊！大蟒蛇！"

瘦子看见后也吓了一跳，他大喊："快跟我跑！"

瘦子拉着花花兔在前面跑，大蟒蛇在后面拼命地追。

花花兔边跑边大声呼喊："救命啊！"

铁塔看见了，他问："聪明的酷酷猴，你能不能把你的伙伴，从大蟒蛇的嘴里救出来呀？"

酷酷猴知道，这又是在考他，他毫不含糊地说："看我的！"

酷酷猴找来一个大铁桶，他钻进铁桶里面，顶着铁桶迎着大蟒蛇跑过去。

酷酷猴对大蟒蛇说："你敢和我斗吗？"

"一只小猴子也敢向我挑战？"大蟒蛇发怒了，一下子缠住了铁桶。酷酷猴乘机从铁桶下面溜出来。

酷酷猴冲大蟒蛇"嘿嘿"一乐，说："这叫'金蝉脱壳'，我走了，拜拜吧！"

大蟒蛇气得"呼呼"喘粗气："我看你往哪儿跑！"说着又快速追来。

大蟒蛇的穷追不舍激怒了铁塔，他吼道："酷酷猴和花花兔是我请的客人，岂能让你随便追杀？"说着双手抓住大蟒蛇，用力向两边拉。

大蟒蛇大叫："哎呀，疼死我了！"

话音未落，只听见"扑哧"一声，大蟒蛇被拉成两半。

铁塔把大蟒蛇扔在地上，拍了拍手上的泥土说："小样，敢跟我叫板。"

花花兔看呆了："铁塔力气真大呀！"

挑战头领

酷酷猴竖起大拇指称赞："铁塔力大无穷，佩服，佩服！"

铁塔不以为然地说："拉断条大蟒蛇，算不了什么。"

酷酷猴见铁塔挺嚣张，心想：我来到这儿，都是你出难题考我，这次该我出个难题考考你了。想到这儿，他从口袋里拿出一个大梨。

酷酷猴说："这是我从北方带来的大梨，我把它放到距这儿100米处。"

铁塔忙问："你是不是想问我：几秒钟我可以把大梨拿到手呀？"

酷酷猴笑着说："我怎么可能问你这么简单的问题哪！"

酷酷猴说："你从这儿出发，先前进10米，接着又后退10米；再前进20米，又后退20米……依此规律走下去，问，你走多少米才能拿到这个大梨？"

听完酷酷猴的问题，把铁塔笑得前仰后合。他说："你拿这么简单的小玩意儿，逗一逗兔子、山羊还可以，怎么会用来考我呢？哈哈……"

酷酷猴严肃地继续问："对于这个问题，你要做出明确的回答。"

铁塔见酷酷猴认真的样子，就说："我往前走一段，接着又退回到原地。这路我都白走了，我这辈子也吃不到这个大梨呀！"

一只叫金刚的雄黑猩猩站出来，他说："头领说得不对！完全可以拿到大梨。"

铁塔忙问："你说说怎么个拿法？"

金刚说："你第一次前进了 10 米，又退后到原处；你第二次前进了 20 米，又退回到原处。但是，你第十次前进了 100 米就拿到了大梨了。"

花花兔在一旁补充说："你别忘了，路越走越长啊！"

金刚边说边在地上写出算式："一共走了 $10 \times 2 + 20 \times 2 + \cdots + 90 \times 2 + 100 = 20 + 40 + \cdots + 180 + 100 = 1000$（米）。只要走 1000 米就可以拿到大梨。"

金刚按捺不住站了起来，他终于向铁塔提出了挑战："由于你已经老糊涂了，连这么简单的问题都做不出来，不适合再担任头领了。我正式向你提出挑战，我要当新头领！"

"敢向我挑战，你小子是不想活了！"铁塔扑向金刚，向他发起了进攻。

"呜——"金刚毫不退缩，摆开架势迎战。

两只黑猩猩撕咬在一起。

"嗷——"金刚吼叫着向前撕咬。

"呜——"铁塔上面拳打，下面脚踢。

花花兔要上前劝阻，酷酷猴不让。

花花兔歪着脑袋问："他们打得这么厉害，你为什么不让我去劝架？"

酷酷猴解释说："不要阻拦他们，为了使头领绝对强悍，他们经常要争夺头领的位置。"

花花兔问："你怎么知道的?"

酷酷猴说："我们猕猴也经常为争夺头领而战斗。"

这边的战斗有了结果，老头领铁塔被打败。铁塔感叹地说："真的老了，打不过他了!"说完无奈地走了。

金刚站在树上，高举双拳欢呼："噢，我胜利喽!"

众黑猩猩立刻接受了这个事实，他们向金刚欢呼庆祝金刚当新头领。

黑猩猩们跪倒在金刚面前，齐声高叫："我们服从你的领导!"

花花兔见头领更换得如此之快，心里很不是滋味。她追上战败的老头领铁塔，问："你一个人到哪儿去呢?"

铁塔握紧双拳说："我去找一个地方养伤，等好了以后，再回来重新争夺头领的位置!"说完挥挥手，消失在茫茫的林海中。

双跳叠罗汉

金刚当上了新头领，十分兴奋。他对大家说："为了欢迎远方的客人，也为了庆祝我当上新头领，今天开一个联欢会。"

"表演节目? 那可太好啦!"花花兔就爱热闹。

金刚"啪、啪、啪"拍了 3 下手，从下面走出 10 只黑猩猩排成一排，他们胸前都戴着号码，号码是从 1 到 10。

金刚指着他们介绍说："他们要表演'双跳叠罗汉'。"

"什么叫'双跳叠罗汉'?"酷酷猴还是不大明白。

"每只黑猩猩都可以越过两只黑猩猩站在另一只黑猩猩的肩上，最后要求的是 5 只黑猩猩都要跳到另外 5 只黑猩猩的肩上。"金刚解释说。

"噢，我明白了!"花花兔似乎明白了。

花花兔说："每次跳都要越过两只黑猩猩，所以是'双'；最后是一个在另一个的肩上，所以是'叠罗汉'。好，你们乱跳吧！"

一只黑猩猩刚要跳。

"停！"金刚马上出面制止。

金刚对花花兔说："嘿！不能乱跳！如果不按着一定的规律跳，根本就跳不成'叠罗汉'。"

"我不信！"花花兔一副不服输的样子，"我就能让他们跳成！"

金刚点点头说："好，好。我就让你试试。你们都听花花兔的指挥！"

"是！"10只黑猩猩一起答应。

花花兔显得十分神气。她说："听我的口令：4号跳到1号肩上，7号跳到10号肩上。"4号向左跳过2号和3号，站到了1号的肩上。而7号向右越过8号和9号，落到了10号的肩上。

花花兔继续发布命令："6号跳到2号的肩上，3号跳到9号的肩上，哈，快成功了！"

可是再往下怎么跳呢？花花兔有点傻眼，她急得满头大汗。

金刚在一旁催促说："花花兔，你快接着跳呀！"

花花兔脸憋得通红，抹了抹头上的汗说："我不会跳了！"

金刚有些生气了，他吼道："一只无知的小兔子，敢在我面前逞能，给我拿下！"

两只黑猩猩刚要动手，花花兔急忙求助酷酷猴："猴哥救我！"

酷酷猴上前一抱拳，说："金刚息怒。花花兔年幼无知，多有得罪。我怎样才能救她？"

金刚说："除非你把这个'双跳叠罗汉'做成！否则，这顿兔子肉我是吃定了！"

"好，我来指挥。"酷酷猴指挥黑猩猩重新跳跃。

酷酷猴下达命令："听我的口令，重新跳！4号跳到1号的肩上，6号跳到9号的肩上。"

酷酷猴又命令道："8号跳到3号肩上，2号跳到5号肩上。"

④ ⑧ ② ⑥

① ③ ⑤ ⑦ ⑨⑩

酷酷猴最后命令："10号跳到7号的肩上。"

④ ⑧ ② ⑩ ⑥

① ③ ⑤ ⑦ ⑨

花花兔不服气地说："其实我就跳错了一个！不应该让7号跳到10号肩上。"

"跳错一个也不成呀！"金刚回头称赞酷酷猴说，"酷酷猴果然聪明！"

金刚说："既然酷酷猴为花花兔求情，又跳对了'叠罗汉'，那就放了花花兔吧！"

酷酷猴问金刚："你们黑猩猩请我们两个从万里之外来到非洲，不会是请我们来白吃饭的吧？"

金刚说："我们把你请来，就是想和你酷酷猴比试比试，看看到底

酷酷猴历险记　李毓佩
数学科普文集

是你猴子聪明呀，还是我们黑猩猩聪明。"

酷酷猴又问："什么时候咱们的比试正式开始？"

金刚想了一下说："比试需要有裁判。胖子、瘦子、红毛，你们去请狒狒、山魈和长颈鹿来当裁判。"

"是！"

花花兔听说3只黑猩猩要去请人，赶紧跑过来和他们套近乎。

花花兔说："狒狒和山魈我都见过了，我就是没见过长颈鹿。你们谁去请长颈鹿呀？带上我好吗？"

胖子说："我不去请狒狒。"

瘦子说："我不去请山魈和长颈鹿。"

红毛说："我不去请山魈。"

花花兔一听他们的回答，就急了。她说："我问你们谁去请长颈鹿，你们却回答不去请谁！这不是成心刁难人吗？"

红毛笑嘻嘻地说："我们就是想考考你这只傻兔子。"

"敢说我傻？"花花兔把两只红眼一瞪说，"其实我都知道！瘦子你不去请山魈和长颈鹿，必然去请狒狒了。红毛你不去请山魈，只请狒狒和长颈鹿了，而狒狒由瘦子请了，你只能去请长颈鹿了！"

红毛点点头说："行，还真不傻！你跟我走吧！"

花花兔有礼貌地挥挥手："胖子、瘦子再见！"

胖子和瘦子也挥手说："再见！"

寻找长颈鹿

花花兔问红毛："你知道长颈鹿住在哪儿吗？"

红毛说："前几天，长颈鹿曾给我来过一封信。"说着红毛掏出一封信。信上写道：

亲爱的红毛:

　　我最近又搬家了，这一片树林特别地大。欢迎你到我的新家来做客。新家紧挨着高速公路，公路上立着一个路标牌子，牌子上写着 ABC。

　　　　　　　　　　　　好朋友　长颈鹿高高

花花兔看着信，疑惑地问："这 ABC 是什么东西？"

"我也不知道。"红毛摇摇头说，"你翻过信的背面再看看。"

花花兔翻到信的背面，见信的背面画有图，还写着字：

　　每个图形和它下面的数字都有对应规律，根据这些规律确定 A、B、C 各代表什么数？

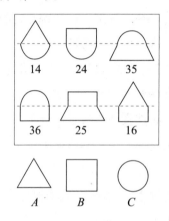

　　花花兔拿着信看了半天，摇摇头说："A、B、C 都表示什么数？这可怎样算啊？"

　　红毛也说："我琢磨了好半天也摸不着门！"

　　"不行，再难我们也要弄清楚，否则就找不到高高的家了。"花花兔说，"方框里的都是半圆，而方框外面的是一个整圆，咱们能不能把这些图都分成上下两部分呢？"

李毓佩
数学科普文集

红毛一拍大腿:"嘿!有门儿!"

花花兔在地上边写边画:"方框里的每个图都对应着一个两位数,而把这些图分开之后,上半部分应该对应着十位数字,下半部分对应着个位数字。"

红毛问:"你怎么知道?"

花花兔指着图说:"你看半圆。半圆在上面时就对应着3,半圆在下面时就对应着4。"

红毛点点头说:"对!是这么回事。三角形的上半部分对应着1,下半部分对应着5。"

花花兔接着说:"长方形的上半部分对应着2,下半部分对应着6。"

红毛高兴地叫道:"哈,求出来啦!$A=15$,$B=26$,$C=34$。"

红毛拉着花花兔:"走,咱俩去找写着152634的路标,找着这个路标就找到了长颈鹿。"

花花兔点点头:"走!"

走了一段,花花兔发现有两只大猫远远跟着他俩。她对红毛说:"后面有两只大猫跟着咱们呢。"

红毛回头一看,惊出一身冷汗。他赶紧说:"那可不是什么大猫,那是非洲草原上跑得最快的猎豹!"

"啊!"花花兔非常害怕。她忙问:"猎豹是不是想吃咱们?"

红毛说:"猎豹吃不了我,他们就是想吃你!"

"那可怎么办呀?"花花兔浑身又抖起来。

红毛说:"你在前,我断后,咱俩沿着公路快点跑!"

"好!"花花兔答应一声,沿着公路撒腿就跑。

花花兔这一跑,惊动了一只大鹰。只听"嘀——"的一声凄厉鸣叫,大鹰冲到了花花兔的头上。

花花兔大惊失色:"妈呀!大鹰也要抓我!"

红毛喊道："坏了坏了！咱们现在是两面受敌。快跑！"

花花兔和红毛前面跑，猎豹和大鹰在后面追。

猎豹在地上吼着："小兔子，你往哪里跑！"

大鹰在空中叫着："小兔子，你是我的了！"

突然，从前面的丛林中蹿出一群长颈鹿来。

长颈鹿高叫："你们不要害怕，我们来了！"

"啊！救星来了！"红毛双手拍着胸口，蹲在了地上。

"去你的吧！"长颈鹿用有力的后腿踹向猎豹。一只被踹起的猎豹飞上了半空，正好撞在俯冲下来的大鹰身上，"咚"的一声，两人重重地摔在了地上。

大鹰、猎豹遭到重创，狼狈逃走。

长颈鹿指着前面的路标："你们看，前面的路标上写的什么？"

花花兔说："152634，哈，长颈鹿的新家到啦！"

宴会上的考验

黑猩猩的新头领金刚所请的裁判——狒狒、山魈和长颈鹿都来了。

金刚说："有劳三位了，今天我先设宴为各位裁判接风。"

狒狒、山魈和长颈鹿一起站起，对金刚说："祝贺金刚荣升为新头领，谢谢新头领的款待。"

一只小猩猩头顶一个里面装着蘑菇的圆盘走出来。

小猩猩对大家说："请头领、客人、裁判吃蘑菇！"

金刚招呼着客人："大家请随便吃！"

小猩猩献给酷酷猴一个蘑菇。

酷酷猴拿起来放到口中尝了一尝，忙说："这蘑菇味道真是美极了！好吃！"

李毓佩
数学科普文集

见酷酷猴爱吃，小猩猩又拿起一个蘑菇说："既然酷酷猴喜欢，我就再给你一个，不过你要回答我一个问题。"

"什么？连你这么小的猩猩也要出题考我？"酷酷猴说，"也罢，今天大家高兴，你出吧！什么问题？"

小猩猩解释说："通过计算这个问题，你可以知道我采蘑菇的辛苦。"

小猩猩说："我去树林里采蘑菇。晴天每天可以采 20 个，雨天每天只能采 12 个。我一连几天采了 112 个蘑菇，平均每天采 14 个。请问这几天中有几天下雨？"

酷酷猴笑着说："吃你的蘑菇还要做题，这蘑菇吃得不容易啊！不过我已经算出来了，有 6 天下雨。"

小猩猩惊讶地问："你怎么算得这样快？"

酷酷猴说："你一共采了 112 个蘑菇，平均每天采 14 个，可以知道你一共用了 $112 \div 14 = 8$（天）的时间。"

小猩猩点点头说："天数算得对！是 8 天！雨天有几天呢？"

酷酷猴说："假设这 8 天全是晴天，你应该采 $20 \times 8 = 160$（个）蘑菇。实际上你只采了 112 个，少采了 $160 - 112 = 48$（个）蘑菇。雨天比晴天每天少采 $20 - 12 = 8$（个），所以，雨天有 $48 \div 8 = 6$（天）。"

小猩猩鼓掌说："完全正确！请吃蘑菇。"

三位裁判一致裁定："第一试的问题，酷酷猴做对了，再考下一个问题。"

这时走上来一个耳朵上戴着鲜花的雌猩猩。

金刚说："请我们的舞蹈家苏珊娜给诸位跳转圈舞，先插上旗！"

两只猩猩在相距 30 米的地方各插了一面旗。

金刚介绍说："这两面旗距离是 30 米，苏珊娜从一面旗那儿出发，沿直线，跳着舞向另一面旗前进。"

正说着，雌猩猩苏珊娜已经开始跳转圈舞了。几个猩猩敲打着木头

"咚！咚！咚！"为她伴奏。

众猩猩看得如醉如痴，大声叫好。

金刚对酷酷猴说："苏珊娜的舞蹈是这样跳的：她往前迈 2 步，原地旋转，退后 1 步，然后再往前迈 2 步。她就是这样从一面旗跳到了另一面旗。她每一步都是 50 厘米，请酷酷猴算算，苏珊娜一共走了多少步？"

花花兔对酷酷猴说："猴哥，人家已经出第二道题考你了！"

酷酷猴沉着地点点头："我知道。"

酷酷猴稍加计算，说："我算的结果是：苏珊娜一共走了 176 步。"

金刚先是一愣，接着问道："说说是怎样算的？"

酷酷猴说："苏珊娜前进 2 步，还要后退 1 步。实际上，她要走 3 步才能前进 50 厘米。前进 1 米需要走 $3 \times 2 = 6$（步），而前进 29 米要走 $3 \times 2 \times 29 = 6 \times 29 = 174$（步）。"

金刚好像抓到了什么，他站起来向前走了两步说："不对呀！你刚才说苏珊娜一共走了 176 步，可是你算出来的确是 174 步，这离 176 步还差 2 步哪！"

三位裁判也"唰"的一声站了起来，逼问道："说！为什么差 2 步？"

酷酷猴不慌不忙地说："我还没算完哪！我刚算出苏珊娜走 29 米时走了多少步。可是，两面旗的距离是 30 米，这时苏珊娜离第二面旗还差 1 米哪！苏珊娜只要再前进 2 步就到了，用不着再转圈和后退了。所以，$174 + 2 = 176$（步）。"

三个裁判"唰"的一声又坐下了。

狒狒："酷酷猴算得完全正确！"

山魈连连点头："讲解得非常明白！"

长颈鹿："我宣布，第一轮，金刚出题，酷酷猴做。酷酷猴胜利！下面该酷酷猴出题，金刚来做了。"

我的鼻子在哪儿

酷酷猴站在场子当中，一抱拳说："金刚请听题。"

金刚一脸满不在乎的样子，大嘴一撇说："随便考！"

只见酷酷猴在地上画了 3 个圆圈，又点上许多点。

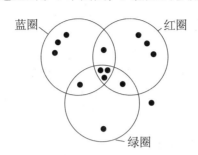

酷酷猴说："我画了红、蓝、绿 3 个圆圈，又点了 14 个点。"

金刚不明白地问："你这是干什么呀？咱们是玩跳房子，还是玩过家家？"众黑猩猩听了一阵哄堂大笑。

酷酷猴没笑，他一本正经地说："这 14 个点代表 14 件东西：3 只兔子，1 只松鼠，3 只蝉，3 只猫，1 只鬣狗，1 个爱吃肉的老头，1 个淘气的小孩和我的鼻子。"

金刚又问："那 3 个圆圈有什么用？"

酷酷猴解释说："红圈里的点代表四条腿的动物；蓝圈里的点代表会爬树的；绿圈里的点代表爱吃肉的。"

金刚还是不明白："你让我干什么？"

酷酷猴说："我让你指出哪个点代表我的鼻子？"

"这 14 个点都一模一样，让我到哪儿去找酷酷猴的鼻子？"金刚由于找不到要领，急得抓耳挠腮。

裁判长颈鹿见时间已到，站起来宣布："时间已到。金刚没有回答出来，下面由出题者给出答案。"

酷酷猴说：“由于我的鼻子没有四条腿，因此不会在红圈里；我的鼻子自己不会爬树，不会在蓝圈里；我的鼻子不爱吃肉，也不会在绿圈里。所以3个圆圈外的那个点代表我的鼻子。”

花花兔跑过来问：“哪3个点代表3只兔子？”

酷酷猴答道：“由于兔子有4条腿，应该在红圈里。但是，兔子不会爬树，不能在蓝圈里，兔子也不吃肉，不能在绿圈里。所以，只能是红圈的这3个点，代表3只兔子。”

这时，松鼠、鬣狗、蝉、猫纷纷围过来问：“哪个点代表我？”

酷酷猴笑着说：“嘻嘻！都来问了。好了，我都给你们一一指出来。”酷酷猴把各点代表谁都标了出来。

“都标明了，自己去找吧！”

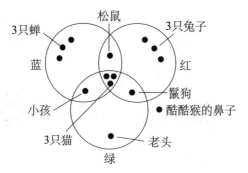

金刚第一个问题没有回答出来，并不服气。他叫道：“刚才那个不算！第二道题我一定能答出来！”

裁判狒狒站起来说：“请酷酷猴出第二道题。”

酷酷猴在地上画了一个图。

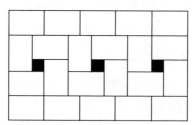

酷酷猴说:"这个大长方形里面有22个同样大小的小长方形。只知道小长方形宽是12厘米,求阴影的面积。"

金刚满不在乎地说:"这个好办!我先量出小长方形的长,就可以算出小长方形的面积,也可以算出大长方形的面积。用大长方形面积减去22个小长方形面积之和,就是阴影的面积。"

裁判山魈过来阻止,说:"对不起,你不能量小长方形的长,你只能根据小长方形的宽,计算出阴影的面积。"金刚只好玩命地去想。

金刚一屁股坐在地上,边擦汗边说:"我越想越糊涂了。"

山魈催促说:"你别坐在地上啊!快点算!"

金刚摇摇头,喘着粗气说:"不算了,不算了!只知道宽,不知道长,没法算!"

裁判山魈立即宣布:"金刚承认失败!"

金刚说:"我可以承认失败,但是酷酷猴必须告诉我这个问题的答案。"

酷酷猴说:"从图的上半部可以看出,5个小长方形长的和=3个小长方形长的和+3个小长方形宽的和。进一步得到:2个小长方形的长的和=3个小长方形的宽的和。"

酷酷猴指着图继续说:"知道小长方形的宽是12厘米,可以算出小长方形的长是18厘米。阴影包含有3个同样大小的小正方形,小正方形的边长=小长方形长-小长方形宽,就是18-12=6(厘米)。阴影的面积=6×6×3=108(平方厘米)。"

遭遇鬣狗

金刚输急了,他瞪大了眼睛叫道:"酷酷猴,你如果真有本事,你就绕着这个大森林走一圈,你能够活着回来,那才叫有本事哪!"

裁判长颈鹿问酷酷猴："你敢应战吗？"

酷酷猴笑一笑，说："这有什么不敢的？"

酷酷猴向大家挥挥手，说："过一会儿见！"

花花兔把两只大耳朵向后一甩："我还巴不得在非洲大森林里逛一逛哩！走！"说完酷酷猴和花花兔离开了黑猩猩，直奔大森林而去。

酷酷猴和花花兔在路上走着，四周安静极了，可以听得到彼此的喘气声。这时，从一棵大树后面传来了说话声。

一种非常难听的嘶哑声音说："咱们这次把猎豹藏的瞪羚都偷来了，可够咱们吃几天的了！"

花花兔打了一个寒战，忙问："这是谁在说话？"

"嘘——"酷酷猴示意花花兔不要说话。他俩偷偷转过大树，原来是几只鬣狗。

鬣狗甲着急地说："咱们快把这些瞪羚分了吧！"

鬣狗乙非常同意："对！让猎豹发现了，这可不是闹着玩的！"

鬣狗丙想了一下说："不知道咱们一共偷盗了几只瞪羚？反正最多不会超过 40 只。"

鬣狗乙凑前一步说："我倒是算过，把瞪羚三等分后，余下 2 只，把其中一份再加上多余的 2 只，给咱们老大；把剩下的两份再三等分，还余下 2 只，把其中的一份再加上多余的 2 只，给咱们老二；再将剩下的两份三等分，还是余下 2 只，把其中的一份再加上 2 只分给老三；最后剩下的两份就给老四、老五了。这样分正合适！"

花花兔悄声地问："猴哥，你说他们偷了多少只瞪羚？"

酷酷猴回答："我算了一下，一共是 23 只，有 5 只鬣狗。听说这些鬣狗非常凶残，喜欢成群结伙地攻击其他动物。我们要格外小心呀！"

花花兔急着问："你是怎样算出来的？"花花兔这一着急，说话的声音就高了。鬣狗很快发现了酷酷猴和花花兔。

鬣狗甲紧张地说："嘘——有人！"

鬣狗乙说："我看见了，是一只猴子和一只小白兔。"

酷酷猴一挥手说："咱们快走！"

花花兔问："这些鬣狗为什么总是跟着咱们？"

酷酷猴说："他在寻找机会，一有机会就会向咱们发起进攻！"

花花兔听了又开始浑身哆嗦了："这可怎么办呢？"花花兔紧靠在酷酷猴的身上。

酷酷猴鼓励说："不要怕，要冷静！"

突然，鬣狗甲发布命令："时候到了，进攻！"鬣狗向酷酷猴和花花兔发起了进攻。

酷酷猴和花花兔在前面玩命地跑，鬣狗在后面猛追。

花花兔回头一看，大叫："哎呀！鬣狗快追上来了！"

酷酷猴灵机一动，拉着花花兔说："快跟我上树！"酷酷猴单臂一用力把花花兔拉上了树。

鬣狗们立刻把树围了起来。他们龇着牙，喘着粗气，贪婪地盯着树上。

酷酷猴对鬣狗说："你们已经偷了猎豹那么多的瞪羚，足够你们吃几天的，为什么还要攻击我们？"

鬣狗甲摇晃着脑袋说："到现在我也不知道，我们一共弄来多少只瞪羚？"

酷酷猴说："刚才我已经算出来了，参加偷盗的鬣狗有 5 只。我用的是试算法，从老四、老五每人最少分 1 只开始算起，发现不成。我又设老四、老五每人最少分 2 只，这样往前推可知，老三分 4 只，老二分 6 只，老大分 9 只，总共是 9＋6＋4＋2＋2＝23（只）瞪羚。"

鬣狗甲说："23 只再加上你们两个，就是 25 只了！兄弟们！啃树！把大树啃倒，咱们吃活的！"

“啃！”鬣狗们一哄而上。

这鬣狗还真是厉害，不大的工夫大树硬是被他们啃得摇摇晃晃快倒了。

花花兔有点害怕，她问：“猴哥，你看这怎么办？大树快倒了！”

酷酷猴说：“不要害怕，这棵树被啃倒了，我带你到另一棵树上去！”

鬣狗正啃得起劲，突然听到一声吼叫，两只猎豹出现在鬣狗眼前。

猎豹怒吼：“偷瞪羚的小偷，你们哪里跑？”

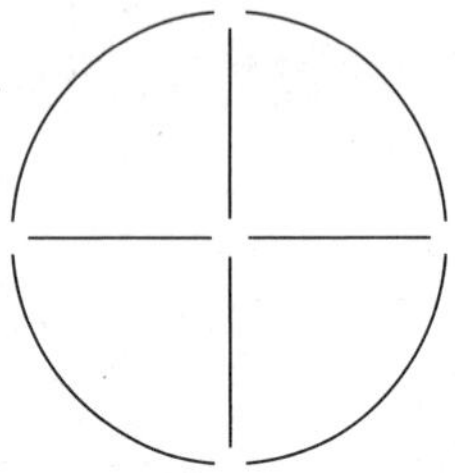

鬣狗一看猎豹来了，立刻傻眼了。鬣狗甲说“我的妈呀！我们投降！我们投降！”说完5只鬣狗举手投降。

猎豹甲找来4个四分之一圆弧的铁板，4张平的铁板，说：“用这些铁板把他们4个都单独关起来！”

猎豹乙说：“不成啊！他们一共5只哪！”

猎豹甲摇摇头说“哎呀，这可麻烦了，4只鬣狗就已经占满了！”

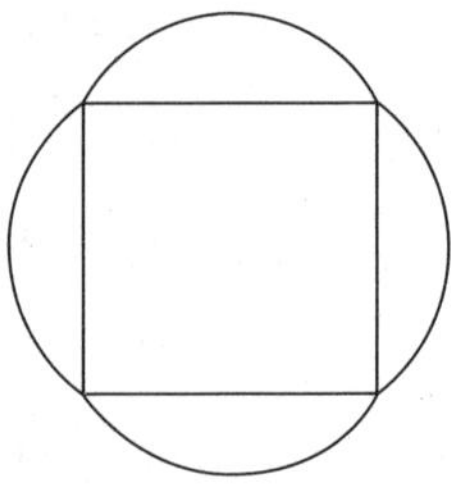

酷酷猴从树上下来说：“可以这样安排一下。”酷酷猴把铁板的位置重新调整了一下，就可以关押5只鬣狗了。

两只猎豹同时竖起大拇指，称赞说：“酷酷猴果然聪明！”

群鼠攻击

酷酷猴和花花兔告别了猎豹。酷酷猴说：“咱俩还是继续赶路吧！”

花花兔却一屁股坐在了地上，噘着嘴说：“我又饿了。我又走不动了！”

这可怎么办？在这荒野中拿什么给花花兔吃？酷酷猴也发愁了。

花花兔一转头，发现路旁有一堆码放整齐的面包，惊奇地叫道："啊！面包！"

酷酷猴看到这些面包，也觉得奇怪。他自言自语地说："谁会把面包放在这儿呢？"

花花兔真是饿极了，也不管三七二十一，拿起一个面包就啃："管它是谁的，先吃了再说！"

酷酷猴觉得不合适："不征得主人的同意，不能吃人家的东西。"

酷酷猴的话音未落，一群野鼠围住了酷酷猴和花花兔。

一只领头的野鼠先"吱——吱——"叫了两声，然后责问道："你们竟敢偷吃我们的面包！"

花花兔辩解说："你们的面包？这些面包还不知道你们是从哪儿偷来的哪！哼，老鼠还能干什么好事！"

野鼠头领大怒："偷吃了我们的面包，还不讲理！兄弟们，上！"野鼠"吱——吱——"狂叫着开始围攻酷酷猴和花花兔。

酷酷猴一看形势不好，对花花兔说："咱们还是上树吧！"说着就拉着花花兔往树上爬。没想到野鼠和鬣狗不一样，他们也跟着上了树。

花花兔着急地说："不成啊！非洲野鼠也会爬树。"

正在这危机的时候，随着一声凄厉的鹰啼，一群老鹰，从天而降。

领头的老鹰叫道："快来呀！这里有大批的野鼠！"

众老鹰欢呼道："抓野鼠啊！"

野鼠见克星老鹰来了，吓得四散逃窜。

花花兔高兴地说："幸亏救星来了！"

酷酷猴首先向老鹰致谢，又问老鹰："这片森林有多少老鹰？每天能吃多少只野鼠？"

老鹰的头领回答："这片森林里有 500 只老鹰。至于捉野鼠嘛，昨天有一半公老鹰每人捉了 3 只野鼠，另一半公老鹰每人捉了 5 只野鼠；

一半母老鹰每人捉了 2 只野鼠，另一半母老鹰每人捉了 6 只野鼠。你算算昨天一天我们一共捉了多少只野鼠？"

花花兔听了，皱着眉头说："我听着怎么这样乱哪！"

酷酷猴说："要想办法从乱中整理出头绪来。你想想，所有的公老鹰中，有一半是每人捉了 3 只野鼠，另一半是每人捉了 5 只野鼠，平均每只公老鹰捉了几只野鼠？"

花花兔想了一下说："嗯——平均每只公老鹰捉了 4 只野鼠。"

酷酷猴点点头说："对！你再算算，平均每只母老鹰捉了几只野鼠？"

花花兔说："其中的一半是每人捉了 2 只，另一半是每人捉了 6 只。平均每只母老鹰也是捉了 4 只野鼠。"

酷酷猴说："既然公的和母的老鹰平均每人都是捉了 4 只野鼠，500 只老鹰一共捉了多少只野鼠呢？"

花花兔眨巴一下大眼睛说："这还不容易！ 4×500＝2000，正好 2000 只野鼠！呵，可真不少！向灭鼠英雄致敬！"

老鹰微笑着向酷酷猴和花花兔点点头，说："谢谢你们的称赞！咱们后会有期！"说完老鹰就飞走了。

酷酷猴和花花兔又往前走，忽然看见两只大鱼鹰和一只小鱼鹰在树上吃鱼。每只鱼鹰脚下都有一堆鱼。

花花兔好奇地说："猴哥，你看，老鹰还吃鱼哪！"

酷酷猴笑着说："那不是老鹰，是鱼鹰。"

花花兔很有礼貌地向鱼鹰打招呼："鱼鹰你好！你们 3 人各捉了多少条鱼呀？"

个头最大的公鱼鹰说："我和我妻子、我的孩子每人捉的鱼数，都是两位数。这 3 个两位数组成的 6 个数码恰好是 6 个连续的自然数，而且每个两位数都可以被各自两个数码之积整除，你说我们捉了多少条鱼？"

花花兔皱着眉头说："两位数从 10 到 99，一共有 90 个哪！从这么

酷酷猴历险记 李毓佩
数学科普文集

多的两位数中，我怎么给你找出符合条件的 3 个两位数？我们要急着赶路，下次再给你们算吧！拜拜！"花花兔刚想走，3 只鱼鹰同时飞起，拦住了花花兔的去路。

公鱼鹰叫道："站住！你既然知道了我们家族的秘密，就必须把答案算出来才能走！否则，我们把你扔进河里！"

花花兔听说要把她扔进河里，可害怕了。她摆着手说："别，别，我不会游泳！把我扔进河里会淹死的！"

酷酷猴赶紧出来解围。他说："我来算。这个问题最难的是每个两位数都可以被各自两个数码之积整除。这 6 个数码不会太大，通过试验可以知道，15，24，36 符合要求。"

花花兔一看酷酷猴来算题，心里踏实多了。她挺着胸脯说："没错！15 可以被 $1×5＝5$ 整除，24 可以被 $2×4＝8$ 整除，36 可以被 $3×6＝18$ 整除，全对。咱们走！"

毒蛇挡道

花花兔和酷酷猴离开了鱼鹰，快步往前赶路。

花花兔越走越高兴："哈！咱俩快走完一圈啦！咱们就要胜利喽！"

酷酷猴可没有花花兔那样乐观，他说："不要高兴得太早，后面还不知有什么事呢！"

酷酷猴的话音未落，许多毒蛇就钻出来挡住了去路，有眼镜蛇，有银环蛇，另外还有大蟒蛇。

看到这些毒蛇，可把花花兔吓坏了。她惊得大声叫道："蛇，蛇，毒蛇！"

酷酷猴也感到奇怪："哪儿来的这么多蛇呢？"

树上出现了 3 只黑猩猩，只听一只黑猩猩叫了一声，群蛇向酷酷猴和花花兔发起了进攻。

3只黑猩猩站在树枝上，一边蹦，一边叫："伙计们，上啊！抓住酷酷猴、花花兔，我们的头领有奖啊！"

花花兔和酷酷猴转身就跑，毒蛇在后面追。

眼看就要追上了，树上的黑猩猩突然发出命令："行啦！行啦！别追啦！你们该干吗干吗去吧！"毒蛇还真听话，听到命令，立刻停止了追击。

花花兔惊魂未定，捂着自己的胸脯说："吓死我了！"

这时，3只黑猩猩从树上跳了下来。

花花兔认识他们："嗨，这不是瘦子、秃子和红毛吗？"

红毛笑着说："你们不要害怕！这些毒蛇是我们3个养的。"

"真不够朋友！用这些毒蛇来吓唬我们？"花花兔说，"咱们既然是朋友，就让我们过去吧！"

秃子站出来说："放你们过去不难，你们要帮我们算一道题。"

听说算题，花花兔可不怕。她指着酷酷猴说："有我们神算大师在，什么难题也不怕！"

秃子说："我们3人每人养了100条蛇。每人养的蛇都是眼镜蛇、银环蛇和蟒蛇。每人养的3种蛇的数目都是质数，每人养的蟒蛇数都相同，而眼镜蛇和银环蛇的数目各不相同。你们给我算算，我们每人养的3种蛇各多少条？"

花花兔打了一个哆嗦："哎呀！一提起这些蛇我就害怕。猴哥，你快给他们算算吧！"

酷酷猴说："3个质数之和是100，其中必然有一个偶数，2是偶数中唯一的质数。所以，他们每人必然养了2条蟒蛇。"

花花兔指着3只黑猩猩说："你们好可恨哪！每人养的100条蛇中，只养2条无毒蛇，余下的98条是毒蛇！"

李毓佩
数学科普文集

红毛龇牙一笑说："毒蛇好玩！"

酷酷猴接着往下算："下面就是把98分解成两个质数之和了。98可以表示成下面两个质数之和：$98=19+79=31+67=37+61$。"

花花兔突然明白过来了，她抢着说："你们听好！答案出来了，你们3人养的3种蛇的数目分别是2、19、79；2、31、67；2、37、61。"

酷酷猴问："题目已经做出来了，该让我们走了吧？"

红毛让毒蛇让出一条路，花花兔和酷酷猴走了过去。

花花兔远远看见长颈鹿的头了，她知道转了一圈后又回到起点了。

"猴哥你看哪！那是长颈鹿的头，咱俩走几步就到起点了！"花花兔高兴地说。

酷酷猴也很高兴："快走！"

眼看就要回到起点了，突然，一头大犀牛挡住了去路。

"站住！"大犀牛凶悍地说。

花花兔一看大犀牛也来挡道，心里这个气呀。"嘿！你这大头牛长得真奇怪，怎么鼻子上长出一个角？"花花兔没好气地说。

大犀牛把眼一瞪："可气啊！连我这大名鼎鼎的犀牛都不认识，我顶死你！"

"饶命！"花花兔吓得一蹦跳出去好远。

酷酷猴往前走了一步："大犀牛你平常看着挺仁义的，怎么你也出来捣乱！你想怎么着？"

大犀牛往南一指说："我是让狒狒兄弟给气的！"

花花兔问："狒狒兄弟怎么气你了？"

大犀牛说："你听我说呀！狒狒兄弟4人，他们常跑过来和我玩。他们都长得差不多大小。有一次，我问他们都多大岁数了，其中一个狒狒说，'我们兄弟4人恰好一个比一个大1岁'。另一个狒狒说，'我们4个人的年龄相乘恰好等于3024'。让我算算他们每人有多大？"

花花兔轻蔑地说："嗨！这还不简单？你找那个看上去最小的狒狒，偷偷问问他有多大，然后你加1岁，加1岁，再加1岁，其他3个狒狒的年龄不就都知道了嘛！"

大犀牛听了花花兔的话，气不打一处来："我要是能问出来，还求你干什么！你不想帮忙，还来奚落我？吃我一顶！"说完低头用独角向花花兔顶去。

酷酷猴深知大犀牛独角的厉害，赶紧出来解围。

"大犀牛，请别生气，我来算！既然4个狒狒年龄相乘恰好等于3024，我们就从3024入手考虑。"酷酷猴赔着笑脸说。

"这怎么考虑啊？"花花兔觉得无从下手。

"既然是相乘的关系，兄弟4人的年龄一定都包含在3024中。我们可以先把3024分解成质因数的连乘积。"说着酷酷猴在地上写出了算式：

$$3024 = 2 \times 2 \times 2 \times 2 \times 3 \times 3 \times 3 \times 7。$$

大犀牛摇了摇脑袋，问："分解成8个数的连乘积有什么用？"

"既然他们兄弟4人恰好一个比一个大1岁，我可以把这8个数重新组合。"酷酷猴接着往下写：

$$3024 = 2 \times 2 \times 2 \times 2 \times 3 \times 3 \times 3 \times 7$$
$$= (2 \times 3) \times 7 \times (2 \times 2 \times 2) \times (3 \times 3)$$
$$= 6 \times 7 \times 8 \times 9。$$

"算出来啦！狒狒兄弟的年龄分别是6岁、7岁、8岁和9岁。"花花兔高兴了。

"高，实在是高！"大犀牛服了，他握着酷酷猴的手说："谢谢酷酷猴！"

酷酷猴和花花兔返回原地。

花花兔高兴地说："我们转了一圈又回来啦！"

长颈鹿站起来宣布比赛结果："我宣布，酷酷猴取得最后胜利！"

黑猩猩金刚叹了一口气，说："唉，我们真没有酷酷猴聪明！我服了！"

2. 寻找大怪物

神秘的来信

花花兔拿着一封信一路小跑来找酷酷猴。

"酷酷猴，这里又有你的一封信。"

"又有人给我来信了？我的非洲朋友还真不少。"酷酷猴打开信一看，见信上写道：

聪明的酷酷猴：

我听说你聪明过人，此次来非洲还战胜了黑猩猩。可是别人都说我非常聪明，因此我很想和你比试一下，有胆量的来找我！我的地址是一直向北走'气死猴'千米。

大怪物

花花兔摸着脑袋说："这个大怪物是谁呢？这'气死猴'又是多少

千米？这个人和你有什么仇？非要把你气死？"

面对花花兔的一连串的问题，酷酷猴没有说话，他信手把信翻过来，发现信的背面还有字：

要想知道"气死猴"是多少千米，请从下面的算式中去求：

气死猴气死猴÷气÷死死÷死猴＝气死猴。其中气、死、猴各代表一个一位数的自然数。

花花兔看到这个算式，气得跳了起来："这也太气人了！一个算式中有 3 个'气死猴'，两个'死'字，最气人的是还有一个'死猴'！"

酷酷猴却十分平静，他笑了笑说："他采用的是激将法，就怕我不去找他。"

花花兔怒气未消："不管他是用'鸡将法'还是用'鸭将法'，他欺人太甚，咱们非要找到这个大怪物不可！"

酷酷猴说："要找到大怪物，先要算出'气死猴'所表示的千米数。"

花花兔看着这个奇怪的算式，一个劲儿地摇头"这个算式里除了'气'就是'死'就是'猴'，可怎么算呀？"

"既然这三个字代表三个自然数，咱们就可以把这三个字像三个数那样运算。我可以把算式左端的除数，移到右端变成乘数。"说着酷酷猴开始进行运算：

由　气死猴气死猴÷气÷死死÷死猴＝气死猴，

可得　气死猴气死猴＝气死猴×气×死死×死猴。

花花兔着急地说："还是一大堆'气死猴'，往下还是没法做呀！"

酷酷猴说："关键是要把算式左端的'气死猴气死猴'变成'气死猴×1001'！"

花花兔摇晃着脑袋："不懂！不懂！"

酷酷猴非常有耐心："我先给你举一个数字的例子，你一看就明白了。你看：六位数658658是由两个658连接而成，就像'气死猴气死猴'是由两个'气死猴'连接而成一样。而658658＝658×1001，同样，气死猴气死猴＝气死猴×1001，明白了吗？"

花花兔勉强点点头："好像是这么回事。"

酷酷猴接着往下算："上面的式子就可以写成：

$$气死猴×1001＝气死猴×气×死死×死猴，$$

两边同用'气死猴'除，可得：

$$1001＝气×死死×死猴。"$$

"往下做，是不是把1001因数分解了？这个我会！"花花兔开窍了，她边说边写：

$$"1001＝7×11×13，$$

也就是

$$1001＝气×死死×死猴＝7×11×13。$$

算出来啦！气＝7，死＝1，猴＝3。"

酷酷猴皱了皱眉头，说："要往北走713千米，可不近哪！"

花花兔却满不在乎："为了找到这个可气的大怪物，再远咱们也要去！"

这时一匹斑马跑过来，斑马说："聪明的酷酷猴，让我送你们去吧！"

花花兔一听，高兴地跳了起来："太好了！谢谢你！"

斑马驮着酷酷猴和花花兔飞一样地向北跑去。

花花兔站在马背上喊着："哎呀！跑得真快呀！简直是火箭速度！"

花花兔问斑马："你知道火箭为什么会跑得那么快吗？"

斑马答道："因为火箭的后屁股着了火，谁的后屁股着火还不拼命往前跑？"

"火箭后屁股着了火？哈哈哈哈……"花花兔被逗得仰面大笑。由于笑得太厉害，花花兔一不小心从斑马背上掉了下来。斑马跑得太快了，酷酷猴和斑马愣是没有发现花花兔掉下去，还一个劲儿地往前跑呢。

一只猎豹偷偷从后面赶上来，一口咬住了花花兔："哈哈，送上嘴的美餐！"

"救命啊！"花花兔的呼救声，惊动了酷酷猴。他回头一看，猎豹正叼着花花兔向远处跑去。

"停！停！停！不好了！花花兔掉下去了！让猎豹逮走了。"酷酷猴说。

斑马大吃一惊："糟了！猎豹跑得最快了，我也追不上他！"

酷酷猴也觉得事态严重，问斑马："你认识猎豹的家吗？"

"认识。我带你去！"斑马掉头就朝猎豹家跑。

跑到一处土坡前面，斑马停了下来，他大声叫道："猎豹——猎豹——你在哪儿？"

猎豹从土坡后面走了出来，问："我在这儿，找我有事吗？"

斑马问："你在忙什么哪？"

猎豹喜滋滋地说："我刚捉到一只肥嫩的兔子，正准备熬一锅兔子粥请客，让客人尝尝花花兔的肉是什么滋味。"

斑马小声对酷酷猴说："花花兔是让他捉来了。"

要喝兔子粥

为了跟猎豹套近乎，酷酷猴上前问猎豹："你一共捉了几只兔子？"

猎豹说："就捉到一只，我要捉多了就分肉吃了，不用喝粥了！"

酷酷猴又问："你请了多少客人哪？"

猎豹低头想了想："我也说不清有多少客人。按原来准备的碗，如果客人都来齐，要少8只碗；若增加原来碗数的一半，则又会多出12只碗。你说会来多少客人？"

酷酷猴说："我要是给你算出来有多少客人来，你怎样酬谢我?"

猎豹痛快地说："也请你喝一碗兔子粥。"

酷酷猴摇摇头："兔子粥我是不喝，我吃素。我算出来，让我和你一起熬粥，行吗?"

"行，行。没问题。"猎豹痛快地答应了。

酷酷猴开始计算："可以设原来准备的碗数为 1，把原来的碗数增加一半，就是 $1+\frac{1}{2}$。这 $\frac{1}{2}$ 是多少呢？就是原来差的 8 只碗和后来多出的 12 只碗之和。"

猎豹把脑袋摇晃着："不明白! 不明白!"

酷酷猴在地上画了一张图，然后指着图说："以客人数为标准，你可以看出，增加的 $\frac{1}{2}$ 恰好是 $8+12=20$。"

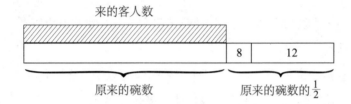

"对，对。"猎豹点点头说，"有图就明白多了。"

酷酷猴说："原来碗数的 $\frac{1}{2}$ 是 20 只，原来的碗数就是 40 只。"

猎豹接着往下算："客人数就是 $40+8=48$（位）。哈，来这么多客人!"

"你把花花兔放到哪儿了?"

"就捆在那棵大树的后面。"

酷酷猴自告奋勇地说："我去把兔子杀了，收拾好了，你好熬粥。"

猎豹点头："你去吧! 我在这儿招呼客人。"

酷酷猴三蹿两跳就到了大树的跟前，转过去见到了被捆绑的花花兔。

花花兔见酷酷猴来了，忙说："猴哥快救我!"

"嘘——别出声，我把绳子给你解开。"

李毓佩
数学科普文集

这时斑马也跑来了。斑马催促："你们快骑到我的背上，我带你们逃走！"

酷酷猴想了想说："不成，猎豹跑得快，他会追上你的。"

斑马着急地问："那怎么办？"

酷酷猴眼珠一转，说："咱们给他来个调虎离山计，你们这样，这样……"斑马和花花兔不住地点头称是。

突然，酷酷猴大声喊道："不好了！花花兔骑着斑马逃走了！"叫完拉着花花兔上了树，斑马则撒腿向远处跑去。

猎豹正在用大锅烧水，听到喊叫大吃一惊："什么？兔子跑了！她跑了这48位客人来了吃什么呀！追！"猎豹撒腿朝斑马逃跑的方向追去。

猎豹边追边喊："你好大的胆！敢和我比速度！看来你是活腻了！"猎豹到底是猎豹哇，没多久，他就跑到了斑马的前面，拦住了斑马。

猎豹瞪着通红的眼睛命令："给我站住！交出兔子！"

斑马停住了脚步："站住是可以的，但是兔子可是没有！"

猎豹逼问："兔子呢？"

酷酷猴从后面赶上来："我知道兔子跑哪儿去了。我骑着你去追好吗？"

为了得到花花兔，猎豹也顾不得这些了，他对酷酷猴说："你这个小猴子，反正也没多重，快上来吧！"猎豹驮着酷酷猴飞快跑去。

酷酷猴说："我骑过马，骑过牛，真还没有骑过猎豹。一直往北追！"酷酷猴用手向北一指。

猎豹说："你坐稳了，我让你体会一下'飞'的感觉。"说完一塌腰，四脚腾空，飞奔向前。

斑马叫花花兔从树上溜下来："花花兔，快下来，我驮着你跟着他们。"

"好极了！"花花兔从树上下来，骑上斑马："走！"

猎豹虽说在追捕猎物时，短距离冲刺速度非常快，但是耐力较差，跑不了多远。结果没跑多久，猎豹就跑不动了。

猎豹一屁股坐在地上，上气不接下气地说："不行了，我跑不动了。"

这时后面的斑马和花花兔追了上来。

花花兔还喊着："猴哥，我们追上来了！"

酷酷猴"噌"的一下从猎豹背上蹿到斑马的背上："猎豹，谢谢你送了我这么一大段路。"

"啊！你们原来是一伙的！可惜我没劲儿追你们了。"猎豹此时才恍然大悟。

长尾鳄鱼

斑马驮着酷酷猴和花花兔跑到河边。

花花兔高兴了："哈哈，我们终于逃脱了猎豹的魔爪。"

酷酷猴问斑马："咱们要过河吗？"

斑马没有回答，他表情十分严肃，小心翼翼地走到河水中。

花花兔奇怪地问："大斑马，你的腿为什么乱颤啊？"

"嘘！这条河里有鳄鱼。"斑马小声说。

听说河里有鳄鱼，花花兔的脸吓得更白了，她趴在斑马背上左顾右看。

这时一条鳄鱼露着鼻孔向斑马这边游过来。

还是酷酷猴的眼尖："快看，那是什么东西！"

说时迟那时快，鳄鱼一口咬住了斑马的后腿。鳄鱼高兴极了："哈哈，可逮着这拨儿了，我可以美餐一顿了！"

斑马痛苦地挣扎："哎呀，疼死我了！"

酷酷猴大声问鳄鱼："出个价吧大鳄鱼，在什么条件下，你可以不吃斑马？"

"这个……"鳄鱼想了一下,"如果斑马能算出我有多长,说明这匹斑马很聪明,我从不吃聪明的动物。"

酷酷猴答应:"好,你说吧!"

花花兔吃了一惊:"哎呀,原来鳄鱼专吃不懂数学的傻动物!"

鳄鱼说:"我是长尾鳄鱼,我的尾巴是头部长度的三倍,而身体只有尾巴的一半长。我的尾巴和身体加在一起是1.35米,问我有多长?"

斑马开始计算:"可以想象把鳄鱼分成几等份,头部算一份。由于尾巴是头的三倍,尾巴就应该占三份。"

鳄鱼插问:"我的身体应该占几份呢?"

斑马想了一下:"身体是尾巴长度的一半,因此身体应该占$\frac{3}{2}$份。"

斑马好像找到了头绪:"这样一来,鳄鱼的总长是$1+\frac{3}{2}+3=5\frac{1}{2}$(份),其中头部恰好占一份,所以可以先把头长算出来:

$$头长=1.35÷(1+\frac{3}{2}+3)=1.35÷\frac{11}{2}=\frac{27}{110}（米）。"$$

鳄鱼瞪大眼睛问:"照你这么说,我的头长是$\frac{27}{110}$米喽?"

斑马毫不犹疑地说:"对!"

斑马的回答可急坏了酷酷猴,他偷偷地用力在斑马的屁股上掐了一把,疼得斑马跳了起来。

斑马大叫:"哎呀,疼死我了!唉,我想起来了,我刚才做得不对!"斑马显然明白了酷酷猴掐他的用意。

鳄鱼问:"怎么又不对了?"

酷酷猴趴在斑马耳朵上小声说:"不对!1.35米只是鳄鱼的身体和尾巴的长度,不包括头的长度。求头长时,应该用$\frac{3}{2}+3$去除才对。"

斑马"嘿嘿"一笑,说:"我刚才是想试试你会不会算。正确的算法是:

$$头长=1.35÷(\frac{3}{2}+3)=1.35÷\frac{9}{2}=0.3（米），$$
$$总长=1.35+0.3=1.65（米）。"$$

鳄鱼发怒了："你死到临头，还敢试我！我要给你点颜色看看！"说着就要翻身打滚撕咬斑马。原来鳄鱼不会咀嚼食物，他吃大型动物时，是靠身体打滚撕下肉来，再整块吞进去的。

"慢！"酷酷猴对鳄鱼说，"你不能说话不算数啊！你刚才说算出你有多长，你就不吃斑马了。"

鳄鱼瞪着眼睛说："我不吃他，我饿！"

酷酷猴小声对花花兔说了几句，花花兔点点头说："好的，我先走了。"说完就跳到了对岸。

花花兔从岸上扔过一柄鱼叉："猴哥，接住！"

酷酷猴喊了一声："来得好！"

鳄鱼不明白酷酷猴要搞什么名堂，问："你要鱼叉干什么？"

酷酷猴举着鱼叉说："扎你啊！"

"扎我？"鳄鱼笑着摇摇头说，"你没看见我背部鳞甲有多厚吗？你根本就扎不进去！"

酷酷猴问："你鳄鱼吃大型动物时，是不是靠打滚儿撕猎物的肉吃？"

鳄鱼点头："对呀！"

酷酷猴又问："你的腹部是不是没有鳞甲，很容易扎进去。"

鳄鱼稍一愣神："这——也对！"

酷酷猴说："你胆敢打滚撕咬斑马，我就趁机用鱼叉扎你的肚皮！"

鳄鱼一听慌了神："这斑马我不吃啦！我跑吧！"说完潜进水里，跑了。

鳄鱼搬蛋

"好啊！好啊！鳄鱼逃跑喽！"花花兔高兴的时候总是跳起来。

这时一条更大的母鳄鱼突然从水中钻了出来："谁说鳄鱼逃跑了？

小鳄鱼走了，老娘我还在!"

酷酷猴迎上前去，问："你是不是也想吃斑马?"

母鳄鱼点点头说："你说得对。不过，他能帮助我解决一个难题，我也放他一马。"

斑马也来了勇气，他问："你说说看，是什么难题?"

母鳄鱼把自己生的蛋一字排开放在河岸上。

母鳄鱼说："我们几条母鳄鱼一共生下了 100 个蛋。一时高兴，想显示一下我们的生育能力，我们把这 100 个蛋一字排开放到了河岸上，相邻两个蛋的距离为 1 米。"

母鳄鱼生气地说："谁想到大蜥蜴想偷吃这些蛋。这当然不成! 我和大蜥蜴进行了殊死的战斗。大蜥蜴被我咬伤逃走了。为了防止大蜥蜴再来偷蛋，我决定把这 100 个蛋集中放在一起，便于看管。"

花花兔问："你怎样看管?"

母鳄鱼说："我把最靠左边的蛋叫第一个蛋，从第一个蛋出发，依次把其他蛋取回放到第一个蛋处。我的难题是，要把这 99 个蛋全部搬完，一共要走多少路?"

斑马小声问酷酷猴："这个问题从哪儿下手计算?"

酷酷猴回答："算出她搬前三个蛋各走多少路? 找出其中的规律来。"

"我来给你解算这个难题。"斑马开始计算，"你从第一个蛋出发，爬到第二个蛋，要爬行 1 米。你用嘴衔起第二个蛋，爬回到第一个蛋处，又爬行了 1 米，这一来一去共爬行了 2 米。"

母鳄鱼点头表示同意。

斑马继续算："你从第一个蛋爬行到第三个蛋要爬行 2 米;把第三个蛋衔回来，又要爬行 2 米，合起来是 4 米。搬第四个蛋要爬行 6 米。你的爬行规律是 $2=1\times2$，$4=2\times2$，$6=3\times2\cdots$搬第 99 个蛋应爬行 $99\times2=198$（米）。"

母鳄鱼急着要算出结果来："我一共要爬行（2＋4＋6＋…＋196＋198）米。哎呀！这么长的加法，我怎么算呀？"

酷酷猴说："我教你一个好算法。由于式子里任何相邻两项之差都是2，你再给它加上一个顺序倒过来的式子：

$$2＋\ \ 4＋\ \ 6＋…＋196＋198$$
$$＋\ \ 198＋196＋194＋…＋\ \ 4＋\ \ 2$$
$$\overline{200＋200＋200＋…＋200＋200}$$

这一共是99个200相加。"

"我明白了！"母鳄鱼也不傻，说："总数是$200×99÷2＝9900$（米）。哎呀妈呀！我总共要爬行9900米，在陆地上爬这么长距离，还不累死我啊！"

斑马说："你的难题我给你算出来了，该放我走了吧！"

"不成！"母鳄鱼拦住斑马，"你斑马在陆地上善于奔跑，你要帮我把这些鳄鱼蛋收集到一起，不然的话，我还是要把你吃了！"

"好吧！"斑马把鳄鱼蛋放到光溜溜的马背上，"我给你运蛋可以，摔坏了我可不管啊！"

斑马往前一跑，放在马背上的鳄鱼蛋"啪！""啪！"滚落在地上。母鳄鱼心痛地大叫："哎呀，我的宝贝蛋啊！"

趁母鳄鱼走神儿之际，斑马招呼酷酷猴和花花兔："快上来！"

"噌！""噌！"酷酷猴和花花兔跳上马背，一溜烟似的逃走了。

后面传来母鳄鱼的骂声："该死的斑马，你等着，你下次过河我绝饶不了你！"

破解数阵

斑马脱离开鳄鱼的纠缠，驮着酷酷猴和花花兔一阵狂奔，当停下来时，已经分不出东南西北。他们迷路了。

斑马懊丧地说："虽说我们逃出了鳄鱼的魔爪，可是我们也不知道现在是在什么地方？"

酷酷猴环顾四周，发现周围有许多条道路。

酷酷猴数了一下说："周围有 10 条小路，我们走哪一条才能找到大怪物呢？"

花花兔发现在其中一条路上写有菱形数阵。

(1)	(2)	(3)	(4)	(5)	(6)	(7)
			2			
		4		6		
	8		10		12	
14		16		18		20
	22		24		26	
		28		30		
			32			
		34		36		
	38		40		42	
44		46		48		50

…

花花兔指着数阵喊："你们看！这是什么？"

只见数阵下面写着：

写着数阵的这条路算 1 号路，顺时针数第 n 号路是找到大怪物的唯一道路，其他路充满危险，万万不可走！n 是 2000 在这个数阵中所在的列数。

花花兔瞪着大眼睛说："n 号路究竟是哪条路？ 走错了，非让狮子、豹子给吃了不可!"

斑马:"我随便去一条路探探,看看是否真的有危险?"说完斑马向一条小路走去。

没过多久,斑马狼狈地逃了回来,后面还传来阵阵的吼声。

花花兔忙问:"这是怎么了?"

斑马擦了一把头上的汗:"我的妈呀!前面有 10 头大狮子拦住了去路!"

酷酷猴想了一下,说:"看来真不能瞎闯,必须把这个 n 算出来才行。"

"那就算吧!"花花兔看着数阵说,"最上面写在括号中的数肯定是列数。可是,2000 是个很大的数,它到底在哪一列中啊?"

酷酷猴提醒说:"你仔细观察一下数阵中的数都有什么特点?"

花花兔看了好半天,突然一拍腿:"我看出来了!数阵是由一个接一个的菱形组成,里面的数全部是偶数。"

"对!"酷酷猴说,"你再观察一下,每一个菱形最上面的一个数都是多少?"

"第一个是 2,第二个是 32,第三个应该是 62,往下我就不知道了。"

"应该通过观察找出规律来。"酷酷猴还是强调找规律。

花花兔又看了一会儿:"有什么规律呢?"

酷酷猴说:"每个菱形都是由 16 个偶数组成,把前一个菱形最上面的数依次加上 15 个 2,就得到下一个菱形最上面的数。比如 $2+2\times15=32$,$32+2\times15=62$。"

花花兔打断酷酷猴的话:"我会算了。往下是 $62+2\times15=92$,$92+2\times15=122$,可以一直算下去……"

酷酷猴拦住说:"够了,够了,别往下算了!"

"为什么不让我往下算了?"花花兔显然还没算过瘾。

酷酷猴说:"我已经算出来 2000 所在的菱形,最上面的数是 1982,

在这个菱形中，2000 排在第 7 列。"

花花兔很快就找到了第 7 条路："这就是顺时针数第 7 条路，咱们走吧！"

斑马心有余悸："想起刚才那些大狮子心里就害怕，我不去了。"

见斑马不想去，酷酷猴也不好勉强："你一路辛苦了，谢谢你送我们这么远的路。再见！"

斑马说："再见！"

花花兔说："再见！"

斑马告别酷酷猴和花花兔，追赶自己的伙伴去了。

酷酷猴和花花兔沿着第 7 条路一直往前走，走了很长一段路，也没见到大怪物的踪影。

花花兔有点不耐烦了："咱们这样一直往前走，走到哪儿算一站呀？"

酷酷猴往前一指："你看，前面那三个大家伙是什么？"

花花兔跷起脚向远处眺望，只见两大一小 3 个金字塔矗立在远方。"啊！那是著名的埃及金字塔！快过去看看！"

酷酷猴和花花兔快速向金字塔奔去，他们在金字塔中间发现了一扇门。

酷酷猴好奇地说："瞧！这儿有一扇门。"

花花兔催促："进去看看！"

守塔老乌龟

酷酷猴和花花兔沿着金字塔的通道往里走。

酷酷猴说："听说金字塔里有法老的木乃伊。"

"什么是法老？什么是木乃伊？"花花兔从没听说过。

酷酷猴解释："简单地说，法老就是国王，木乃伊是用特殊方法把死人做成的干尸。"

花花兔身上一激灵："啊？干尸？死尸就够可怕的了，干尸不就更可怕了！"

这时，前面出现一道关闭的大门，花花兔过去看了看："这扇大门打不开，咱俩还是回去吧！"

酷酷猴指着门上的图说："你看这是什么？"

花花兔仔细看了看："这上面有小鸭子，有小人头，还有小甲虫。"

突然，里面传来一种奇怪的声音。

酷酷猴侧耳细听："你听，这是什么声音？"

花花兔也听到了："这声音离咱们越来越近，是不是木乃伊复活了？啊，咱俩赶快跑吧！"

"吱呀"一声，大门打开了一道缝，从缝里慢悠悠地爬出一只大乌龟，随后大门又"咣"的一声自己关上了。

"谁在那儿胡说八道哪？干尸怎么能复活呢？"大乌龟厉声问道。

"是一只大乌龟！"酷酷猴松了一口气，"金字塔里怎么会有这么大的乌龟？"

大乌龟爬到酷酷猴的跟前，喘了一口气："从修建金字塔时我就在这儿了，我在塔里守护了几千年了。"

花花兔称赞说："真了不得！怪不得人家说，千年的王八万年的龟。要论辈分，我要叫你老老老老老老老爷爷了！"

酷酷猴问："老乌龟，你知道如何打开这扇门吗？"

"当然知道。"老乌龟慢条斯理地说，"这门上画的不是画，而是一道用古埃及象形文字写的方程题。"

花花兔又吃了一惊："什么？这是一道方程题？"

李毓佩
数学科普文集

"咳，咳。"老乌龟先咳嗽两声，"我把这道方程题从左到右读一下，你们好好听着：最左边的三个符号表示'未知数'、'乘法'和'括号'，第四个符号表示$\frac{2}{3}$，第五个符号小鸭子表示'加法'，第六个符号的上半部分表示$\frac{1}{2}$，下面是加法。"

"嘻嘻，真有意思！快往下说。"花花兔越听越高兴。

老乌龟慢吞吞地接着往下说："第七个符号表示$\frac{1}{7}$，第九个符号上半部有一个小人头，旁边写数字1，表示'全体'或者'1'，第十、第十一、第十二连在一起表示括号和等号，最右边的是37。"

花花兔边听边写，老乌龟说完了，她也把方程写出了：

$$x(\frac{2}{3}+\frac{1}{2}+\frac{1}{7}+1)=37。$$

老乌龟赞许地点点头："这可是 3000 多年前的方程！你们能把这道方程解出来，把答数写在大门上，大门就会自动打开。不过……"

花花兔追问："不过什么？"

老乌龟严肃地说："如果你们把答数算错了，就不要再想走出这座金字塔，你们将和我一样，永远守护这里。"

花花兔问："这么说，当初你是解错了方程，才被留在金字塔里的！"

老乌龟笑着说："聪明的花花兔！"

花花兔有些得意，她把胸脯一挺："你放心，我猴哥的数学特别棒！解这样的小方程，不在话下！"

酷酷猴瞪了花花兔一眼："不许吹牛！我来解解试试。"

酷酷猴开始解方程：先把括号里的 4 个数相加，得

$$\frac{97}{42}x=37，\quad x=\frac{1554}{97}。$$

花花兔忙着要把答数写到大门上。

酷酷猴赶紧拦住了她："慢！解完方程需要检验。解错了，咱俩就要在金字塔里待一辈子了！"花花兔吓得把舌头吐出老长。

酷酷猴开始算："把 $x = \dfrac{1554}{97}$ 代到方程的左边，计算一下看看是否等于右边。"

花花兔抢着说："我来算：左边 $= \dfrac{1554}{97} \times (\dfrac{2}{3} + \dfrac{1}{2} + \dfrac{1}{7} + 1) = \dfrac{1554}{97} \times \dfrac{97}{42} = \dfrac{1554}{42} = 37$，右边 $= 37$。左右相等，答数正确。"

花花兔迅速地把答数写在门上，刚一写完，果然门就自动打开了。

金字塔与圆周率

酷酷猴和花花兔跨进门，刚想往里走，突然里面刮起一阵狂风，把他们又吹出了金字塔。

酷酷猴大叫："好大的风啊！"

花花兔说："是啊，我们都被吹飞起来了！"

风一停，两人发现都坐在了地上，花花兔的头上还蒙着一块红布。

酷酷猴开玩笑说："嘻嘻！花花兔要当新娘啦！头上还蒙着一块红盖头呢。"

花花兔拿下盖头布，发现上面也写着许多稀奇古怪的字。她愣了一下："这上面的字，我还是一个都不认识。"

"可能又是古埃及的象形文字，只好请教老乌龟了！"酷酷猴把红盖头递给了老乌龟。

老乌龟看着上面的字，念道："请你测量出这座金字塔的高，再测出底面正方形的一条边长，计算比值：

$$\dfrac{\text{一条边长} + \text{一条边长}}{\text{高}}。$$

看看这个比值有什么特点？为什么？答出此问题，可见木乃伊。"

花花兔一撇嘴："看看木乃伊，还这样难？"

酷酷猴说："木乃伊还有活的？咱俩快动手测量吧！"

酷酷猴和花花兔测出金字塔底面正方形的一条边长是 230.36 米。

"这金字塔的高该如何测量呢?"酷酷猴望着金字塔发愣,自言自语地说。

"这还不容易。"花花兔出主意说,"你爬到塔尖上去量量,不就成了嘛!"

"成!"酷酷猴爬金字塔还不是小菜一碟,只见他"噌噌"几下,就到了塔顶。

"我爬上来了!"酷酷猴扔下测量用的绳子。突然酷酷猴喊道:"哎,不对呀! 这样量出来的并不是金字塔的高呀!"

"对,这是斜着量的,不是金字塔的高。"花花兔也发现不对了。

"这可怎么办哪?"花花兔发愁了。

"啊,我有办法了!"酷酷猴又爬了下来,在金字塔旁边立起一根垂直地面的木棍。

酷酷猴说:"这根木棍 1 米长,你测量一下它的影子有多长?"

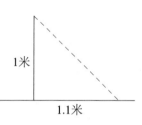

花花兔量了量说:"影长是 1.1 米。"

酷酷猴说:"你再测一下金字塔的阴影长。"

花花兔说:"金字塔的阴影长是 46.08 米。"

酷酷猴先画了一个图 ,然后说:"金字塔的高和它的影长的比,应该等于木棍的长和它的影长的比。"

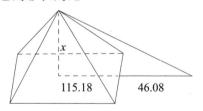

花花兔点点头说:"我知道这是利用相似的原理。"

设金字塔的高为 x 米,则

$$\frac{x}{115.18+46.08}=\frac{1}{1.1},$$

$$\frac{x}{161.26}=\frac{10}{11},$$

$$x=146.6。$$

花花兔说出了答案："金字塔高是 146.6 米。"

酷酷猴说："有了金字塔的高就可以算出它给的比值了：

$$\frac{一条边长＋一条边长}{高}=\frac{230.36+230.36}{146.6}=\frac{460.72}{146.6}\approx3.142。"$$

花花兔皱着眉头问："猴哥，你不觉得这个比值有点眼熟吗？"

"我想起来了！"酷酷猴说，"3.14 不是圆周率的近似值吗？这金字塔怎么和圆周率扯在一起了呢？"

"我也觉得奇怪。"花花兔问老乌龟，"老乌龟你知道这其中的道理吗？"

"当然知道。"老乌龟说，"当时，我就在旁边看着哪！修金字塔时，他们用的是轮尺。轮子在地上滚动一周的距离恰好等于轮子的周长。"

老乌龟怕他们听不明白，又画了一个图进行解释。

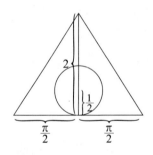

老乌龟说："修金字塔时，他们先定塔高为 2 个单位长，取高的一半为直径在中心处画一个大圆。这时半径 $R=\frac{1}{2}$，让大圆向两侧各滚动半周，这样就定出金字塔底座一边的长度，它就等于大圆的周长，也就

酷酷猴历险记　李毓佩
数学科普文集

是 $2 \times \pi \times R = 2\pi \times \frac{1}{2} = \pi$。"

"明白了！明白了！"花花兔挺聪明，"这样就有

$$\frac{\text{一条边长} + \text{一条边长}}{\text{高}} = \frac{\pi + \pi}{2} = \pi。"$$

"原来是这么个道理，你要不说，还真想不到！"酷酷猴恍然大悟。

"我给你们讲个新鲜事儿。"老乌龟知道的事情还真不少，他说："前几年，英国一家杂志的主编约翰，对金字塔的各部分尺寸进行过仔细的计算，他也发现了金字塔里隐藏着 π。他百思不得其解，最后竟导致神经错乱！"

"哈哈，天底下还有这种事？"花花兔笑得前仰后合。

酷酷猴突然也做神经错乱状，他问："你看我是不是也神经错乱了？"

花花兔说："你这是饿的吧！我们真该吃点东西了，吃完我们去看木乃伊。"

老猫的功劳

酷酷猴和花花兔进金字塔没多久，就从里面跑了出来。

酷酷猴摇着头说："木乃伊可真难看哪！"

花花兔捂着脑袋："真吓死人了！"

酷酷猴猛地想起了自己的使命，赶紧问老乌龟："你知道附近有个叫大怪物的吗？"

"大怪物？"老乌龟摇摇头，"不知道。不过，你可以问老猫，他到处跑，知道的事儿多！"

酷酷猴又问："我到哪里去找老猫？"

"这个好办！"老乌龟待人真是热情，他扯着嗓子叫道："老——猫！你在哪儿啊？"

不一会儿，老猫拿着一张纸跑了过来："来了，来了。别跟叫魂儿似的！有什么要紧的事？"

老乌龟说："有人打听大怪物，你知道吗？"

"知道，知道。不过，我现在遇到一个难题，没工夫管闲事。"老猫只顾看纸上的字。

花花兔对老猫说："你只要告诉我们大怪物在哪儿，我们可以帮你解决难题。"

"真的！"老猫用怀疑的目光看了花花兔一眼，"一只兔子能比我老猫还聪明？"

花花兔一把拉过酷酷猴："这里还有酷酷猴哪！酷酷猴的聪明才智可是世界有名！"

"这只猴子还差不多。"老猫把纸递给酷酷猴，"这是刚发现的古埃及的文献，上面记载了我们猫家族的丰功伟绩，可是我看不懂啊！"

酷酷猴见纸上有一串数字，数字下面画着图。

7	7×7	$7 \times 7 \times 7$	$7 \times 7 \times 7 \times 7$	$7 \times 7 \times 7 \times 7 \times 7$
房子	猫	老鼠	大麦	斗

花花兔见酷酷猴看着纸直发愣，一把抢了过来："什么难题，我来看看！"

花花兔左看看右看看，摇着头说："这上面有数又有图，都是些什么乱七八糟的！"

"不，这些图之间是有联系的，它说明了一件事。"酷酷猴在耐心思考。

"一件事？什么事？"老猫来了兴趣。

酷酷猴解释："它上面是说：从前有7座房子，每座房子里有7只猫，每只猫吃了7只老鼠，每只老鼠吃了7穗大麦，每穗大麦种子可以长出7斗大麦。让你计算一下这些东西的总和是多少？"

"不对呀！你说的都是 7，可是纸上写的有 7×7、 $7\times7\times7$ 、 $7\times7\times7\times7$ 呀！"花花兔又开始有点糊涂。

酷酷猴说："有 7 座房子，每座房子里有 7 只猫，那么猫的总数就是 7×7。而每只猫吃了 7 只老鼠，被吃掉的老鼠总数就是 $7\times7\times7$。"

"傻兔子！这点小账都算不清楚。"老猫更看不起花花兔了。

花花兔一听老猫叫她"傻兔子"，立刻气不打一处来："说我傻兔子？你才傻呢！这里哪记载你们猫家族的丰功伟绩了？"

老猫骄傲地说："这上面只写了 $7\times7=49$（只）猫，就吃了 $7\times7\times7$ $=343$（只）老鼠，保护了 $7\times7\times7\times7\times7=16807$（斗）大麦，你要记住我们保住了 16807 斗大麦！这功劳还小吗？"

酷酷猴一看花花兔和老猫争执起来了，赶紧打圆场，"不小，不小！你的难题解决了，该告诉我们大怪物在什么地方了吧？"

老猫瞪了一眼花花兔："好吧！你跟我走。"

酷酷猴冲老乌龟一抱拳："谢谢老乌龟！"

花花兔也对老乌龟招招手："老乌龟再见！"

"再见！"老乌龟也摆摆手说，"祝你们好运！"

酷酷猴和花花兔告别了老乌龟，跟着老猫上路了。

老猫带着他俩走啊，走啊，走了很长的路，来到了两座大山前。这两座山几乎靠在了一起，山与山之间只留一道细缝，俗称"一线天"。

花花兔抬头望着这两座山："好高的山哪！"

老猫往前一指："我们要通过这两座山，必须先通过这个'一线天'。"

花花兔三蹦两跳，抢先向"一线天"跑去。

没跑几步，花花兔调头就往回跑："天哪！那、那、那、那里卧着一只母狼！"花花兔浑身哆嗦着。

"哈哈，我正愁分不过来哪！又来了一只兔子，这就好分了！"说着，母狼就朝花花兔扑来。

花花兔吓得大叫："猴哥救命！"

酷酷猴勇敢地把花花兔挡在自己的身后，大声说："站住！这花花兔是我的朋友，你不能吃！"

"不吃？"母狼上下打量了一下酷酷猴，"不吃也行，但你必须帮助我，把我老公留下的肉分清楚，否则我一定要吃兔子肉！"

母狼的烦恼

酷酷猴问母狼："你老公留下什么肉？为什么要分？"

"咳，说来话长，往事不堪回首啊！"母狼的眼睛里充满了泪水，"有一次，我老公和一只母狮同时发现了一只小鹿，两人开始争夺起来。我老公虽然体格健壮，但是和身体比他大两倍的母狮争斗，还是吃了亏。"

花花兔急着问："你老公怎么了？"

母狼伤感地说："我老公虽然抢得了小鹿，但是身负重伤。他虽然伤势严重，但还是把小鹿拖回了家。到了家，我老公已经奄奄一息了。"

母狼停顿了一下，又说："我老公向我交代了后事。他说，我是不行了。你有孕在身，就把这只小鹿留给你和我们未出生的孩子吧。我问他，这肉怎样分法？"

花花兔插话："对呀！这肉怎样分哪？"

"我老公说，如果生下一只小公狼，你把这只小鹿的 $\frac{2}{3}$ 给他，你留下 $\frac{1}{3}$；如果生下一只小母狼，你把小鹿的 $\frac{2}{5}$ 给她，你留下 $\frac{3}{5}$。说完他就死了。"说到这儿，母狼已是泪流满面。

花花兔摇摇头，说："怪！怪！怪！狼也重男轻女呀！"

酷酷猴问："你就按着你老公说的去分吧！"

母狼着急地说："不成啊！我生下的不是一个，而是一儿一女双胞胎，这可怎么分哪？"说着，两只小狼从洞里爬出来，依偎在母狼的身边。

花花兔一皱眉："真是添乱！这可没法分了！"

"既然没法分，我就把小鹿给我的儿女平分，我吃了你就算了。"说完，母狼两眼冒着凶光，向花花兔逼来。

"慢！"酷酷猴站出来说，"我有办法分，可以按比例来分。"

母狼停住了脚步："什么？按比例分？怎样分法？"

酷酷猴说："按着你老公所说，小公狼和你的分配比例是$\frac{2}{3}:\frac{1}{3}=$ $2:1$；小母狼和你的分配比例是$\frac{2}{5}:\frac{3}{5}=\frac{2}{3}$。而$2:1=6:3$，由此可知，小母狼：你：小公狼$=2:3:6$。"

"知道了这个比例又有什么用？"母狼还是不明白。

酷酷猴解释说："你把小鹿分成 11 份，小母狼拿 2 份，你拿 3 份，小公狼拿 6 份，不就成了嘛！"

小公狼听了高兴了："哈哈，我分得的肉比你俩合在一起还多哪！"说着撒着欢儿跑了起来。

"分得不公平！你必须分给我点！"小母狼在后面追赶着。

"不要乱跑，留神母狮啊！"母狼边追边叮嘱道。

老猫一看机会来了，赶紧说："母狼走了，咱们快通过一线天！"

酷酷猴、花花兔在老猫的带领下迅速通过了一线天。

酷酷猴和老猫边走边聊天。酷酷猴问："你见过大怪物吗？"

老猫摇摇头说："没有，我听说大怪物长得又高又大，身上披着黑毛或者棕色毛，力大无穷，抓住一只狼，一撕就能撕成两半，另外听说大怪物还聪明过人哪！"

老猫指着前面的一片大森林，说："大怪物就住在前面的大森林里，你们去找他吧！"

酷酷猴冲老猫鞠了一躬，和老猫道别："谢谢老猫的帮助。"

不到一刻钟，酷酷猴和花花兔就到了大森林，越往里走，光线越暗。突然一条大蟒蛇蹿了出来，拦住了他们的去路。

花花兔大叫："妈呀！大蟒蛇！"

酷酷猴走上前对大蟒蛇说："请问，大怪物住在这座森林里吗？"

蟒蛇仰起头说："不错，伟大的大怪物就住在里面。不过，我现在非常饿。你们两个商量一下，谁给我当午餐，我就放另一个过去。"

"啊！要吃我们当中的一个？"花花兔的全身又开始哆嗦了。

酷酷猴自告奋勇地说："我愿意让你吃，只要你能捉住我，我就让你吃。"

花花兔在一旁急得直喊："猴哥，这万万使不得！"

"你来吃呀！你来吃呀！"酷酷猴在前面逗引着，蟒蛇在后面追。

酷酷猴边跑边回头对花花兔说："花花兔，你快进森林里去找大怪物！"

蒙面怪物

酷酷猴在前面跑，蟒蛇在后面紧追不舍。

酷酷猴回头说："我酷酷猴没多少肉，吃了我你也吃不饱！"

蟒蛇喘着粗气："吃了你先垫个底儿，待会儿再吃那只肥兔子！"

突然从树上跳下一个头戴面具，全身披着黑毛的高大怪物，挡住了蟒蛇的去路。

怪物大吼一声："大胆蟒蛇，不许伤害酷酷猴！"

蟒蛇气不打一处来："嘿！来个管闲事儿的！我把你再吞了，就差不多饱了。"

蟒蛇迅速地缠住了怪物："你比酷酷猴个儿大，我先把你吞了吧！"

怪物发怒了。"让你尝尝我的厉害！嗨！"只见他双手用力往外一拉，活生生地把蟒蛇拉成了两段。

酷酷猴冲怪物一抱拳："谢谢这位壮士救我！还想请问壮士，你知

李毓佩
数学科普文集

道大怪物在什么地方吗?"

"跟我来!"怪物冲酷酷猴点点头。

酷酷猴跟着怪物来到一座小山前。

酷酷猴问:"你这要带我去哪儿呀?"

转身,怪物不见了。酷酷猴正在纳闷儿,山后边传来了说话声:"这可怎么办哪?"

酷酷猴转过小山,看见花花兔左手拿着圆柱形的木块,右手拿着一把刀,正在发愣。

"是你!"酷酷猴问,"你在这儿干吗哪?"

花花兔指着山洞的门说:"这山洞有一个门,门上有 3 把锁,让拿这个木头块,削出一把钥匙,能打开这 3 把锁。"

酷酷猴问:"开这扇门干什么?"

花花兔往门上一指:"你看上面。"

只见门上写着"大怪物之家"几个字。酷酷猴高兴地说:"好啊!我们终于找到大怪物了!"

花花兔把双手一摊:"找到了大怪物的家,可我们也进不去呀!"

酷酷猴又仔细地观察门上的钥匙孔。

花花兔说:"这 3 个钥匙孔,一个是圆形,一个是正方形,另一个是正三角形。一个破木头疙瘩,怎么削也削不出能同时打开这 3 把锁的钥匙来呀!"

酷酷猴点头说:"是很难。"他拿着这块木头在钥匙孔上比画着。

酷酷猴自言自语地说:"一块木头开 3 把锁,必须要考虑木头的正面、侧面和上面 3 个不同方向才行。"

花花兔没有信心:"我看哪,考虑 8 个方向也白搭!"

"有了!可以这样来削!"酷酷猴灵机一动,他开始用刀削木头。

"我看你能削出一个什么来?"

不到一个小时,酷酷猴削出一把形状十分怪异的钥匙来。

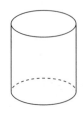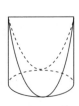

酷酷猴拿着这把特殊的钥匙,说:"这个东西叫'尖劈',如果用手电筒从前往后照,影子是正方形;从右往左照,影子是正三角形;从上往下照,影子是圆。"

"太好了! 3 个都有了。"花花兔高兴了。

酷酷猴找准一个方向:"这样往里放是开正方形钥匙孔的锁。"只听"嘎嗒"一响。

酷酷猴换了一个方向:"这样往里放是开三角形钥匙孔的锁。"又是"嘎嗒"一响。

酷酷猴又换了一个方向:"这样往里放是开圆形钥匙孔的锁。"随着第三次的"嘎嗒"声,山洞的门打开了。

"门开了!一把钥匙开 3 把锁,绝了!"花花兔带头冲进了洞里。

洞里非常黑,还不时传来"咕!咕!"的怪声。

花花兔没走几步又退了出来:"我有点害怕!"

可是好奇的花花兔又不甘心,还不时地探着头往洞里看。

突然,从洞里飞出一个东西。

酷酷猴大叫:"留神!"话声未落,一个西瓜正砸在花花兔的脸上。

花花兔被砸了个满脸桃花开,一屁股坐到了地上:"哎呀妈呀!什么秘密武器呀?"

"哈哈,打中了!""嘻嘻,真好玩!"洞里传出一阵欢笑声。

花花兔急了,她站起来,双手叉腰,冲洞里喊:"躲在暗处使阴招儿,算不了什么本事!有本事的出来!姑奶奶跟你单挑!"

酷酷猴一哈腰,说了声:"别跟他们废话了,跟我往里冲!"

看谁最聪明

酷酷猴和花花兔穿过一段山洞,来到了一片大森林,一个大怪物带着两个小怪物正等着他俩呢。

大怪物说:"欢迎酷酷猴和花花兔来我家做客!"

小怪物:"刚才我已经用西瓜欢迎过你们了!嘻嘻!"

酷酷猴问大怪物:"你就是请我来的大怪物吧?"

大怪物点点头:"不错,我就是大怪物。"

酷酷猴又问:"你找我来干什么?"

大怪物说:"外面都传说酷酷猴聪明得不得了!我把你请来,想跟你进行一次智力比赛,看谁最聪明!"说着大怪物拿出 9 个口袋,口袋里装有苹果。

大怪物指着口袋说:"这 9 个口袋里分别装着 9、12、14、16、18、21、24、25、28 个苹果。让我儿子拿走若干袋,再让我女儿拿走若干袋,我儿子拿走的苹果数是我女儿的两倍,最后剩下 1 袋送给你作为见面礼。你能告诉我,送给你的这袋里有多少个苹果吗?"说完,两个小怪物开始拿口袋。

两个小怪物分别把 8 袋苹果拿走,剩下了 1 袋苹果。

花花兔说:"我想这些怪物没那么好心,准是把苹果数最少的那袋留给了你!你说 9 个准没错!"

酷酷猴却不这样想："人家救了我们的命，又送我苹果，对咱们不错。我要算一下才能知道有多少苹果。"

花花兔把脖子一歪："这可怎么算呢？"

"可以这样算，"酷酷猴说，"设他女儿拿走的苹果数为 1 份，那么他儿子拿走的苹果数就是 2 份，加在一起是 3 份。"

"是 3 份又怎么了？"花花兔不明白。

酷酷猴解释："这说明他俩拿走的苹果总数一定是 3 的倍数。"

花花兔点点头说："这个我懂。"

酷酷猴说："你把 9 袋的苹果数加起来，再除以 3，看看余数是多少？"

"这个我会算。"花花兔在地上计算：

$$9+12+14+16+18+21+24+25+28＝167,$$
$$167÷3＝55……2。$$

花花兔说："余 2。"

酷酷猴又让花花兔继续算："你再算一下，这 9 个数中哪个数被 3 除余 2？"

"这个简单。"花花兔说，"我心算就成！ 9、12、18、21、24 都可以被 3 整除；16、25、28 被 3 除余 1；只有 14 被 3 除余 2。"

酷酷猴果断地说："送给我的这袋苹果有 14 个！"

花花兔赶紧把苹果倒在地上，开始数："1，2，…，14。一个不多，一个不少，正好是 14 个！"

"神啦！"两个小怪物看得两眼发直。

大怪物也连连点头："果然够神的！ 你来说说其中的道理。"

"道理很简单。"酷酷猴说，"你儿子和女儿拿走的苹果数是可以被 3 整除，但是总数却被 3 除余 2，这个余数 2 显然是最后留下的 1 袋苹果造成的，所以剩下的 1 袋苹果数应该被 3 除余 2。"

"有道理！"大怪物说，"该你出题考我了。"

酷酷猴没说话，先在地上写出一串数：

1，2，3，2，3，4，3，4，5，4，5，6，…

酷酷猴说："你看我写的这串数，让你在 30 秒钟之内把它的第 100 个数写出来。"

大怪物一听只有 30 秒的时间，赶紧让他的儿女轮着往下写："孩儿们，你们俩一人写一个，玩命往下写！"

"得令！"两个小家伙答应一声，就拼命地写起来。

儿子刚说："第 48 个。"

女儿就接着说："第 49 个。"

刚数到第 49 个，酷酷猴下令："停！ 30 秒钟已到。"

儿子摇摇头："哎呀妈呀！写这么快，还没写到一半。"

大怪物一脸怀疑："酷酷猴，你来写写看。我就不信你在 30 秒钟之内能写出来！"

酷酷猴冲大怪物做了一个鬼脸："傻子才一个个地写呢！"

"不傻应该怎样写？"大怪物有点动气。

酷酷猴不慌不忙地说："根据这串数的规律，我每 3 个数加一个括号：(1，2，3)，(2，3，4)，(3，4，5)，(4，5，6)，…每个括号中的第一个数就是按 1，2，3，4…排列的，第 100 个数应该是第 34 个括号中的第一个数，必然是 34。"

两个小怪物一同竖起大拇指："还是酷酷猴聪明！"

大怪物却大叫一声："不服！"

露出真面目

大怪物说："算个数，乃是雕虫小技！咱们来点真的！你敢吗?"

"你说说看。"酷酷猴艺高人胆大，并不在乎大怪物的挑战。

大怪物略显神秘地说："北边有一个恶狼群，共有 99 只，为首的是一只黑狼，这群狼凶残而好斗。咱俩到那儿去玩玩?"

酷酷猴问："怎么个玩法?"

大怪物说："咱俩分别到狼群前去叫阵，每次可以叫出 1 到 3 只狼，然后和它们搏斗。黑狼肯定是最后一个出来，谁能把黑狼斗败，谁就算胜利!"

酷酷猴点点头说："可以。"

"不可以!"花花兔急了。"大怪物长得又高又大，你却又小又瘦，别说出来 3 只狼，就是 1 只狼，你也对付不了，你这是白白送死啊!"

酷酷猴冲花花兔狡猾地一笑："不要着急，我自有办法。"

酷酷猴转身对大怪物说："这里一个重要问题是，由于每次最少叫出 1 只狼，最多叫出 3 只狼，你必须赶上有黑狼在的那一拨儿，否则黑狼就归对方来治了。"

大怪物点点头说："你说得不错! 那么谁先去叫阵。"

"当然是我了!"酷酷猴挺身向前，"你要跟在我的后面。花花兔，你来报告出阵的恶狼数目。"

"呜，呜——"花花兔开始哭泣了，"完了! 完了! 这次猴哥肯定没命了! 呜、呜……"

酷酷猴安慰说："别哭，别哭，没事儿!"

酷酷猴、花花兔和大怪物一同向北行进。走了一段路，进了一片树林，大怪物说："到了!"

酷酷猴开始叫阵："怕死的恶狼，今天猴爷爷来收拾你们了，快出来 3 只恶狼受死!"

大怪物点点头："嘿，口气还挺狂!"

"嗯"的一声，3 只狼从对面蹿出来。

花花兔开始报数："出来了 3 只狼!"

为首的一只狼，目露凶光："这只小猴子活腻了! 嗷——"直奔酷

李毓佩
数学科普文集

酷猴扑来。

酷酷猴并不着慌，他拉住树条，随着一声"起！"身子腾空而起，让过了狼群，结果3只狼直奔大怪物冲去。

大怪物立刻慌了神："啊！不好！3只狼冲我来了？"

大怪物躲不过去，只好奋起反击："让你们尝尝我的厉害！""嗨！嗨！"大怪物拳打脚踢抵挡狼的进攻。

为首的狼，头上挨了重重的一拳，大叫一声，倒在地上死了。剩下的两只狼，一看带头的死了，转头就往回跑。

大怪物大吼一声："哪里跑！"大步追了上去一手抓住一只狼，狠命地往一起一撞，只听"嗷——"的一声，两只狼也命归西天了。

"打得好！"酷酷猴蹲在树上对大怪物说，"嘿，该你叫阵了！"

大怪物自言自语地说："我刚打死了3只狼够累的！这次我只叫出1只狼来。"

大怪物在阵前叫阵："给我滚出1只恶狼来！"

花花兔数道："第四只狼出来了。"没几下，大怪物把第四只狼打伤，跑了。

酷酷猴从树上下来，又开始叫阵："再出来3只恶狼受死！"

花花兔数着："第五、第六、第七只狼出来了。"

酷酷猴照方抓药，喊一声："起！"又腾空而起还是大怪物迎战这3只恶狼。

大怪物边打边喊："嘿，怎么回事？这狼全归我来打！嗨！嗨！"

酷酷猴在树上笑得前仰后合："哈哈，这叫作能者多劳啊！"

……

这时花花兔郑重宣布："98只恶狼已经打死，最后一只黑狼归酷酷猴叫阵。"

大怪物吃惊地说："啊！前面的98只狼都是我打死打伤的。最后的黑狼却归了他了！"

大怪物心里想："狼都是我打死打伤的，你酷酷猴一只也没打。这次我躲起来，看你酷酷猴怎样对付这只最凶狠的大黑狼！"大怪物躲在树后看热闹。

只见酷酷猴找来一条绳子，用绳子的一端做了一个绳套，另一端绕过树杈让花花兔拉住。酷酷猴站在绳套前，正好把绳套挡住。

酷酷猴大声喊道："黑狼，快快出来受死！"

"嗷——"的一声，黑狼冲了出来，眼看就要扑到酷酷猴了，酷酷猴抓住树条"噌"的一下蹿上了树，黑狼一头钻进了酷酷猴预先放好的绳套里。

黑狼此时才知道上当了："呀——坏了！进套了！"

"黑狼完喽！"花花兔用力一拉绳子，把黑狼吊在了树上。

大怪物从树后走出来，问酷酷猴："黑狼为什么让你碰上了？"

"规律。"酷酷猴解释，"要掌握规律，你想抢到99，必须抢到 $4m-1$ 形式的数。我先报出1、2、3，你报了4，我必须再要3只，到5、6、7，因为 $7=4×2-1$，7是属于这种形式的数。我每次都这样选，99就一定归我。"

酷酷猴趁大怪物听得入神，一把拿掉大怪物的面具："嘿嘿！你给我露出真面目吧！"

花花兔惊叫："原来神秘的大怪物是黑猩猩！"

"不，不。"大怪物连忙解释，"我们不是黑猩猩，是大猩猩。"

花花兔问："大猩猩和黑猩猩有什么不同？"

大猩猩说："我们大猩猩是猩猩中最大的，身高可以达1.8米，体重可以接近300千克。我们吃素，老年大猩猩背部长出白毛，称为银背，我们的毛发灰黑色。而黑猩猩比我们小多了，他们的毛发是黑色的，他们动植物全吃，是杂食。你们和黑猩猩成了朋友，愿意不愿意和我们大猩猩也成为朋友？"

花花兔拉着大猩猩的手："谁会不愿意和最大的猩猩交朋友呢？"

3. 非洲狮王

雄狮争地

酷酷猴和花花兔一同往住地走，一路上，边走边聊。

突然，一只鬣狗挡住他俩的去路。

鬣狗傲慢地说："二位慢走！我们非洲狮王梅森，听说酷酷猴战胜了黑猩猩的头领金刚，狮王请智勇双全的酷酷猴和美味可口的花花兔去做客，一定要去！不去不行！"

花花兔大惊失色："什么？去狮子那儿！我还是美味可口的客人？叫我去送死呀！"说完，花花兔撒腿就跑。

"花花兔！你上哪儿去呀？"酷酷猴刚要去追，鬣狗一把拉住了酷酷猴。

鬣狗说："兔子可以走，猴子不能走。"

花花兔回过头来对酷酷猴说："酷酷猴多保重，我先走啦！再见！"

说完一溜烟地跑了。

鬣狗带着酷酷猴七转八转，来到一块大石头前。只见到一头雄伟、漂亮的雄狮蹲在石头上。

鬣狗赶紧向雄狮敬礼，然后说："报告狮王梅森，我把酷酷猴请到了。"

狮王梅森冲酷酷猴点了点头，说："欢迎！欢迎！久仰酷酷猴才智超群，今天能把你请到我的领地，真是三生有幸啊！"

酷酷猴问："不知狮王找我有什么事？"

梅森皱着眉头，先叹了一口气，说："我有一件难事想请你帮忙。"

酷酷猴说："狮王尽管说，我能帮忙就一定帮。"

狮王梅森刚要说，突然，从左右两边各杀出一头雄狮，左边的雄狮毛色发红，右边的雄狮毛色发黑。

左边的红色雄狮冲着狮王梅森大吼一声："嗷——什么时候分领地？"

右边的黑色雄狮也大吼："嗷——梅森快点分领地！"

狮王梅森发怒了，脖子上的鬃毛向上立起。

狮王梅森吼道："你们好大胆！敢对我狮王下命令！我要教训教训你们两个浑球！"说完"嗷——"的一声向左边的红色雄狮扑去。

狮王梅森和左边的红色雄狮咬在了一起。

狮王梅森叫道："嗷——我咬你头！"

红色雄狮吼道："嗷——我咬你尾！"

右边的黑色雄狮一看打起来了，大吼一声："咱俩一起斗狮王梅森！"说着也扑过来助阵。3只狮子打成了一团。

"嗷——"

"嗷——"

"嗷——"

红黑两只雄狮不是狮王梅森的对手，且战且退，最后战败逃走。

酷酷猴竖起大拇指，称赞说："狮王就是狮王，果然厉害！"

狮王梅森却没因为胜利而高兴："他俩不会死心的，他们会引来更强大的雄狮，继续和我争夺领地。"

酷酷猴问："你的领地有多大？"

狮王梅森说："我也说不好。这样吧，我带你走一圈儿，你把它画下来。"

狮王梅森带酷酷猴一边用鼻子闻，一边走。路上遇到的狮子都起立向狮王梅森敬礼。

酷酷猴问："你怎么知道哪块地是你的领地？"

狮王梅森回答："凡是我的领地，我都留下了我的气味。"

酷酷猴又问："你是怎样留自己的气味的？"

"撒尿，或在树上、石头上蹭痒痒，都可以留下气味。"狮王梅森一边说一边做动作，逗得酷酷猴"嘻嘻"直笑。

酷酷猴跟着狮王梅森沿着他的领地转了一圈，很快就把领地的地图画了出来。

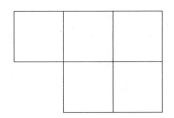

酷酷猴指着地图说："你的领地是由5个同样大小的正方形组成的。"

狮王梅森看着地图想了想，说："你把我的领地分成形状相同、面积一样大的4块。"

酷酷猴有点糊涂，他问："顶多是你们3只雄狮分，为什么要分成4块呢？"

"嗨！"狮王梅森摇摇头说："以后你就明白了。"

话音刚落就传来了阵阵的狮吼声。酷酷猴循声望去，果然不出狮王梅森所料，两只败走的雄狮带来了一头更健壮的雄狮。

红色雄狮指着狮王梅森，说："梅森，我们请来的雄狮绰号'全无敌'！你不是不知道他的厉害，识相点，你赶紧把领地分了，我们还给你留一份。不然的话，我们要把你驱逐出境，让你没有安身之地！"

雄狮"全无敌"不断怒吼，随时都要扑过来和狮王梅森决斗。

狮王梅森问："如何分法？"

红色雄狮说："把你的领地分成面积相等的 4 块。"

黑色雄狮插话："不仅面积相等，外形也要一样。"

雄狮"全无敌"也凑热闹："而且每块土地都要连成一片。"

狮王梅森冲酷酷猴一抱拳，说："这分领地的事，只好请老弟帮忙了。"

"好说。"酷酷猴拿出刚才分好的地图说："分好了！"

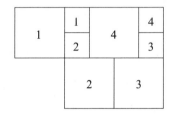

3 个雄狮接过地图，开始争着要自己的领地。

红色雄狮："我要这块！"

黑色雄狮："我要这块！"

雄狮"全无敌"大吼一声："我先挑！不然我把你们都咬死！"

听"全无敌"这么一说，红、黑两头雄狮乖乖地退了出来。"全无敌"挑了一块自己满意的领地，红、黑两头雄狮也各自挑了领地。

狮王梅森说："为了避免我们之间因争夺领地而相互残杀，我同意把领地划分，现在领地分完了，今后谁也不许侵犯别人的领地！"

众雄狮答应一声："是！"

追逐比赛

狮王梅森陪着酷酷猴在领地内散步，一群小狮子在相互追逐。

酷酷猴感到十分奇怪，问狮王梅森："他们为什么互相追咬呀？"

狮王梅森解释："追逐猎物是我们狮子生存的基本功，狮子从小就要把同伴假想为猎物进行追逐的练习。"

这时一头瞪羚快速跑了过来。

酷酷猴叫道："看，一只瞪羚！"

一头母狮小声说："追！"两只母狮立即追了上去。

突然，一只雄狮跑了过来，拦住了母狮的去路。

雄狮大声命令："不许追，那是我的猎物！"两头母狮停住了脚步。

狮王梅森见状立刻跑了过去，站在了这头雄狮的面前。

狮王梅森大声咆哮："你侵犯了我的领地！"

这头雄狮自知理亏："我——跑得太快了！刹不住了！"

狮王梅森问道："难道你跑得比猎豹还快？"

雄狮很自信地说："我跑得肯定比猎豹、鬣狗都快！"

这时，猎豹和鬣狗从两个不同方向同时出现。

猎豹撇着大嘴说："一头小公狮子也敢吹牛？"

鬣狗拍了拍胸脯，大声说："是骡子是马咱们拉出来遛遛！你敢和我们比试比试吗？"

狮王梅森点点头说："好主意。我建议你们来一次追逐比赛，让酷酷猴当裁判，看看到底谁跑得更快。"

鬣狗一听，来了精神："好！让我先和狮子比。"

酷酷猴拿出皮尺，量出 100 米。

酷酷猴说："你们俩同时跑 100 米的距离，看谁先到终点。"

雄狮跺了跺脚说："我一定先到！"

鬣狗把头向上一仰："我准赢！"

酷酷猴举起右手："预备——跑！"

一声令下，鬣狗和雄狮都奋力向前。

结果雄狮领先到达终点。

雄狮："哈！我先到了！我胜利啦！"

鬣狗垂头丧气地说："累死我了！"

酷酷猴郑重地说："狮子领先鬣狗 10 米先到达终点，狮子胜！"

鬣狗不服气地摇摇头："倒霉！我今天状态不好。"

酷酷猴又宣布："下面是狮子和猎豹比赛。预备——跑！"

雄狮和猎豹飞一样地跑了起来。

猎豹领先到达了终点。

猎豹高兴地说："哈哈！我胜了！"

雄狮把眼一瞪："我不服！咱们再比！"

酷酷猴做出裁决："我宣布，猎豹领先狮子 10 米到达终点，猎豹最后取得胜利！"

鬣狗跑过来，"呜呜"乱叫："不对！不对！我还没和猎豹比赛哪！怎么就宣布猎豹最后取得胜利哪？"

猎豹把嘴一撇，说："这还用比赛？我领先狮子 10 米，狮子领先你 10 米，咱们俩比赛我肯定领先你 20 米！"

鬣狗把头一歪，坚定地说："我不信猎豹能领先我 20 米！"

对于鬣狗的问题，大家不知如何回答，都把目光投向了酷酷猴。

酷酷猴镇定地说："猎豹肯定领先，但是领先不了 20 米，只能领先 19 米。"

猎豹忙问："为什么？"

酷酷猴说："我们来算一下：100 米距离猎豹领先狮子 10 米，狮子的速度是猎豹的 90%，而同样的距离狮子领先鬣狗 10 米，鬣狗的速度是狮子的 90%。这样鬣狗的速度是猎豹的 90%×90%＝81%。"

鬣狗忙说："这么说，猎豹跑 100 米，我只能跑 81 米了！"

酷酷猴点点头说："对！"

雄狮恼羞成怒，瞪大了眼睛说："你跑得比我快？我吃了你这个小豹子！"

狮王梅森大吼一声："有我狮王在，谁敢乱来！"

智斗野牛

一阵哀号声打断了狮王和酷酷猴的谈话，寻声望去，只见一只母狮一瘸一拐地走来——她负伤了。

狮王梅森跑过去，关切地问："怎么回事？你怎么伤得这么厉害？"

母狮说："我发现了一只小野牛，我迅速靠近，突然向小野牛发起了攻击。眼看我就要抓住了小野牛。"

狮王梅森着急地追问："后来怎么样？"

母狮说："谁知，忽然从侧面杀出一头大公牛。大公牛用尖角把我顶伤。大公牛还说，就是狮王来了也照样把他顶翻在地！"

狮王梅森大怒："可恶的大公牛，敢口出狂言，竟敢顶伤我的爱妻，我找他算账去！"说完狂奔而去。

梅森很快追上了大公牛，怒吼道："大胆狂徒，给我站住！"

大公牛迅速回过身来，做好了迎击的准备。狮王梅森和大公牛怒目而视。

一旁的小牛依偎在大公牛的身边小声说："爸爸，我害怕！"

大公牛满不在乎地说："有我在，狮王也没有什么可怕的！"

大公牛的话有如火上浇油，气得狮王梅森鬃毛全立。

梅森大吼一声："拿命来！"张着血盆大口向公牛扑去。

大公牛也不示弱，低下头，两只角像两把利剑向狮王梅森刺去。一时狮吼牛叫，狮王梅森和大公牛打在了一起。

狮王梅森绕到了大公牛的背后，跳起来一口咬住了大公牛的后脖颈。

狮王梅森从鼻子里挤出一句话："你的死期到了！"

大公牛疼得"哇哇"乱叫。

突然大公牛把牛眼一瞪，用力一甩头，大叫一声："去你的吧！"把梅森甩到了半空。

狮王梅森在半空中腿脚乱蹬："呀！我飞起来了！"

接着就听到"咚！"的一声，梅森重重地摔到了地上。

大家急忙跑过去把狮王梅森扶了起来。

狮王梅森问酷酷猴："你能帮助我制服大公牛吗？"

酷酷猴问："大公牛有什么特点吗？"

狮王梅森想了一下，说："他看见新鲜事特别喜欢琢磨，一琢磨起来就把周围别的事情都忘了。"

酷酷猴趴在梅森的耳朵边小声说："你可以这样、这样……但是有一条，你不许杀死大公牛！"梅森点头答应。

过了一段时间，梅森把一张狮王的头像挂在了树上，下面还写着一行字：

在狮王这张头像中有多少个不同的正方形？只有聪明人才能数出来。

大公牛看到这张头像，立刻来了兴趣，他认真思考着："这里有多少正方形呢？1个、2个……"

酷酷猴看到时机已到，对狮王梅森说："上！"狮王梅森飞似的冲向了大公牛。

小牛看到情况危急，赶紧提醒道："爸爸，狮王冲过来了！"可是大公牛数方格数上了瘾，根本没有听到小牛的提醒。

狮王梅森又跳起来咬住了大公牛。

大公牛还在数正方形。

狮王梅森趴在大公牛的背上问："你服不服？"

大公牛好像没听见一样，"4个、5个、6个……"继续数正方形。

大公牛这种漠视的态度，激怒了狮王梅森。他"嗷——"的一声狂叫，向下一用力，只听"扑通"一声把大公牛按倒在地上。

酷酷猴赶紧跑过来喊："停！停！"

公牛倒在地上，嘴里继续数着："8个、9个……"

狮王梅森张嘴咬住了大公牛。酷酷猴一看着了急，大喊："不许咬死大公牛！"

这时大公牛躺在地上说出了答案："我数出来了，一共有9个正方形。"

酷酷猴为大公牛这种专注、执着的精神所感动，他对大公牛说："不对，是11个正方形。你虽然数得不对，但是你的精神可嘉！"

大公牛不明白，他躺在地上问："我为什么数得不对？"

"数这种大正方形套小正方形的图形，最容易重复数或者数漏了。"酷猴连说带画："为了不数重，不漏数，应该把它们分成大、中、小三种正方形分别来数。"

小正方形5个 中正方形5个 大正方形1个

"你看。"酷酷猴指着图说,"小正方形有 5 个,中正方形也有 5 个,而大正方形只有 1 个,合起来一共是 11 个。"

"对!还是把正方形分成几类,数起来清楚。"大公牛回过头来,狠狠地瞪了狮王梅森一眼,"哼,趁我数正方形的时候攻击我,算什么本事,否则,你狮王斗不过我的!"说完,大公牛轻蔑地瞟了一眼梅森,带着小公牛,愤然离去。

梅森呆呆地站在那儿,若有所思地望着大公牛远去的背影……

狮王战败

经过一番较量,狮王梅森亲眼见证了酷酷猴的聪明。他对酷酷猴说:"我也要变聪明一些,有什么诀窍吗?"

酷酷猴严肃地说:"学习。只有学习。随时随地地学习。"酷酷猴转身看到地上有许多蚂蚁正在搬运一只死鸟。

酷酷猴指着蚂蚁说:"你算算这里一共有多少蚂蚁?"

"这个好办。我问问他们就知道了。"狮王梅森低下头问,"喂,小蚂蚁,你们这儿一共有多少只呀?"

一只蚂蚁抬头看了看狮王梅森,说:"有多少只我可说不好,只知道这只死鸟被我们的一只蚂蚁发现了,他立刻回窝里找来了 10 只蚂蚁。"

另一只蚂蚁接着说:"可是这11只蚂蚁拉不动这只鸟,于是每只蚂蚁又回窝找来10只,仍然拉不动。每只蚂蚁又回窝找来10只。拉起来还是很费力。第四次搬救兵,每只蚂蚁又回窝找来10只,这才搬动了。"

狮王梅森听完这一串数字,捂着脑袋一屁股坐到了地上:"我的妈呀!每次每只蚂蚁都搬来10只蚂蚁,这么乱,可怎么算哪?"

一只母狮看到狮王梅森着急,赶紧跑过来安慰。

母狮说:"您是伟大的狮王,难道连小小的蚂蚁也对付不了?"

狮王梅森一听,母狮说得有理,他立刻站起来,又端起狮王的架子:"说得也是,我狮王想知道的事,还能不知道!酷酷猴快告诉我怎样算?"

酷酷猴看狮王梅森真的想学,就说:"蚂蚁第一次回窝搬兵一共回来了1+10=11(只),第二次一共回来了11+10×11=121(只),以后的几次你自己算吧!"

"我会了!"狮王梅森当然也不是笨货,他接着算,"第三次一共回来了121+10×121=1331(只),第四次一共回来了1331+10×1331=14641(只)。"

酷酷猴说:"其实,用每次回窝的蚂蚁数乘以11,就等于这次搬回来的蚂蚁数。"

狮王梅森摇摇头:"乖乖,14000多只蚂蚁才能搬动一只小鸟,我狮王动一下手指头,就能让小鸟飞出20米远!"说着梅森用前掌轻轻一弹,死鸟就飞了出去。

这一下蚂蚁可急了:"哎,我们费了很大的劲儿才从那边搬过来,你怎么又给弹回去了?"

狮王梅森眼睛一瞪,吼道:"弹回去了又怎么样?"

一只蚂蚁说:"狮王梅森不讲理,走,回窝搬兵去!治治这个狮王!"

众蚂蚁也十分生气:"对!搬兵去,让他知道知道我们蚂蚁的厉害!"

不一会儿,大批蚂蚁排着整齐的队伍朝这边涌来,一眼望不到头。

一头母狮见状大惊，对梅森说："狮王，不好了！无数的蚂蚁向咱们冲过来了！"

梅森把大脑袋一晃："不用怕！我堂堂的狮王难道怕这些小小的蚂蚁不成？哼！"

众蚂蚁在蚁后的指挥下，向狮工梅森发起进攻。蚁后大叫："孩儿们，上！"

梅森也不示弱，张开血盆大口猛咬蚂蚁："嗷——嗷——怎么咬不着啊？"

不一会儿，蚂蚁爬满梅森的全身，咬得梅森满地打滚。

梅森痛苦地叫道："疼死我了！疼死我了！"

酷酷猴一看情况不好，赶紧跑过去向蚁后求情。

酷酷猴说："我是狮王梅森的朋友，狮王不该口出狂言，我代表他向你赔礼道歉！"

蚁后也是见好就收，她命令："孩儿们停了吧！"然后对梅森说："狮王你要记住，我们每个蚂蚁虽然很渺小，但是人多力量大，我们倾巢而出，可以战胜任何敌人！"

梅森喘了一口气，问蚁后："你这一窝蚂蚁有多少只？"

蚁后说："有 $4 \times 4 \times 8 \times 125 \times 25 \times 25$ 只，自己算去吧！"

梅森想了想："我来做个乘法。"

酷酷猴说："不用做乘法。可以这样做，把 4 和 8 都分解成 2 的连乘积，把 125 和 25 都分解成 5 的连乘积：

$$4 \times 4 \times 8 \times 125 \times 25 \times 25$$
$$= (2 \times 2) \times (2 \times 2) \times (2 \times 2 \times 2) \times (5 \times 5 \times 5) \times (5 \times 5) \times (5 \times 5)$$
$$= (2 \times 5) \times (2 \times 5) \times (2 \times 5) \times (2 \times 5) \times (2 \times 5) \times (2 \times 5) \times (2 \times 5)$$
$$= 10 \times 10 \times 10 \times 10 \times 10 \times 10 \times 10$$
$$= 10000000 \text{。"}$$

"这么多零呀！"梅森瞪大眼睛问，"1后面跟着7个零，这是多少啊？"

酷酷猴回答："一千万只蚂蚁！"

梅森捂着脑袋："我的妈呀！我一个哪斗得过一千万只蚂蚁呀！撒吧！"

训练幼狮

"嗷——嗷——"几只小狮子在草地上互相撕咬着，就像撕咬猎物一样。酷酷猴怕他们受伤，跑过去想劝开他们。

酷酷猴说："大家都是兄弟，不要打架，不要打架！"

几只小狮子不识好歹，转过头来都来咬酷酷猴，吓得酷酷猴撒腿就跑。

酷酷猴边跑边喊："你们这些不知好歹的小崽子，我好心没好报！救命啊！"

小狮子们不管那套，继续在后面猛追。

酷酷猴跑到狮王梅森面前，说："狮王救我！"

梅森对小狮子吼道："不得对客人无理！"小狮子们乖乖地停住了脚步。

狮王梅森叫出4只小狮子来，说："小勇、小毅、小胖、小黑你们4个采取巡回赛的方式，进行格斗比赛，给我的客人露一手。"

一只小狮子问："大王，什么叫作巡回赛？"

梅森说："4只狮子的巡回赛，就是每一只狮子都要和其余的3只狮子，各斗一场。现在开始！"

4只小狮子答应一声："是！"就两两一对咬在了一起：

"嗷——"

"嗷——"

撕咬了一阵子，狮王梅森喊："停！"

梅森问一只小狮子："小黑，你胜了几场？"

小黑气喘吁吁地说："胜几场？我都斗糊涂了。我知道小勇胜了我，而小勇、小毅、小胖胜的场数相同，我也不知道我胜了几场。"

梅森不满意："一笔糊涂账！还是请聪明的酷酷猴给算算吧！"

酷酷猴见推辞不了，就开始计算："4只小狮子巡回赛一共要赛6场。由于小勇、小毅、小胖胜的场数相同，所以这3只小狮子或各胜一场，或各胜两场。"

一只小狮子问："怎样才能知道这3只小狮子是各胜一场，还是各胜两场？"

"你的问题提得好！"酷酷猴解释说，"如果这3只小狮子各胜一场，那么剩下的3场都是小黑胜了，也就是小黑3场全胜。可是小黑败给了小勇，说明这3只小狮子不是各胜一场，而是各胜了两场。"

小黑着急了，忙问："我究竟胜了几场啊？"

酷酷猴冲小黑一笑："你胜了0场！"

小黑不明白："我胜0场是怎么回事？"

小勇说："你胜了0场就是一场没胜，全都败了呗！哈哈！"

小黑低下了头，觉得自己很没面子。

酷酷猴走到小黑的跟前，抚摸他的头说："不要灰心，下次努力！"

这时，一只独眼雄狮走进了狮王梅森的领地，梅森大吼一声冲了过去。

梅森愤怒地说："你侵犯了我的领地，赶紧出去，不然我就要咬死你了！"说完就要扑上去。

独眼雄狮并不害怕，他说："狮王不要动怒，我是来考查4只小公狮子的。刚才我看到4只小公狮子骁勇善斗，我想考查考查他们的智力如何？"

梅森发现独眼雄狮不是来侵占领地的，态度也有所缓和："你怎样考查？"

独眼雄狮拿出6张圆片，上面分别写着1、1、2、2、3、3。

独眼雄狮对4只小狮子说："谁能把这6个数摆成一排，使得1和1之间有一个数字，2和2之间有两个数字，3和3之间有三个数字。"

梅森问："你们谁会摆这些数？"除小黑外其余3只小公狮子都摇头。

独眼雄狮"哈哈"大笑："你们是一群只会打斗的傻小狮子，长大了也不会有什么出息……"独眼雄师把后半句话咽了回去。"嘿嘿！将来狮王梅森一死，这块领地就是我的了！"他在心里念叨着。

酷酷猴趴在小黑的耳朵上小声说："你这样，这样。"

小黑点点头："好，我明白了！"

小黑站了出来说："你不要高兴得过早！我不但能给你摆出来，还能给你摆出两种来！"说完他用圆片首先摆出了312132，接着又摆出231213。

小黑说："你看，1和1之间有一个数字2，2和2之间有两个数字1、3，3和3之间有3个数字1、2、1，符合你的要求吧？"

"啊！"独眼雄师吃惊地大叫一声，半晌说不出话来。

送来的礼物

小狮子小黑取得了胜利，可是狮王梅森还是一脸发愁的样子。

酷酷猴问："小黑取得了胜利，你为什么还发愁？"

"嗨！"梅森叹了一口气，"那头独眼雄狮是不会甘心的，他还会再来的。"

果然不出梅森所料，没过多久，独眼雄狮又来了。

独眼雄狮对梅森说："狮王，我有一头活的瞪羚想送给4只小狮子吃，你看怎样?"

梅森知道独眼雄狮不怀好意:"白白送瞪羚，恐怕没有那么好的事儿吧?"

独眼雄狮先是"嘿嘿"一笑:"我只是想做个小游戏。小狮子请跟我来。"

独眼雄狮先在地上画出一个4×4的方格，每个点上都标有数字。

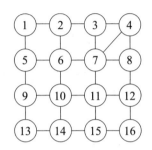

独眼雄狮说:"13号位上有一头瞪羚，让一只小狮子站在7号位。小狮子沿着这些小正方形的边去捉瞪羚，而瞪羚也沿着小正方形的边逃跑。每次都必须走，每次只能走一格。"

梅森问:"瞪羚和小狮子，谁先走呢?"

独眼雄狮说:"由于小狮子是捕猎的一方，当然是小狮子先走。10步之内能够捉住瞪羚，这只瞪羚就归他们享用了。"

梅森又问:"如果10步之内捉不到呢?"

独眼雄狮把独眼一瞪叫道:"捉不到，这只小狮子必须捉来2只瞪羚赔我!"

"我先来! 送到嘴边的美食，岂能不要!"小狮子小勇自告奋勇站到了7号位。

小勇说:"我从7号位跑到11号位。"

瞪羚说:"我从13号位逃到9号位。"

"嘿，你跑到9号位了?"小勇说，"我从11号位追到10号位，看你往哪儿逃?"

瞪羚迅速从 9 号位逃到 5 号位:"我逃到 5 号位,你还是捉不着!"

"我从 10 号位追到 6 号位,你没处跑了吧?"

"我再退回到 9 号位。你还是捉不着!气死你!"

"我再追回到 10 号位。"

"我也再逃到 5 号位,你就是捉不着!"

"追!追!追!真要气死我了!"

"逃!逃!逃!气死活该!"

独眼雄狮把手一举,叫道:"停! 10 步已到,这头小狮子没捉到瞪羚,捕猎失败,要赔我 2 只瞪羚!"

狮王梅森气得脸色像猪肝一样难看:"小勇是废物!"

酷酷猴悄悄地把小狮子小黑叫到一边,趴在小黑耳朵上小声说道:"你只要先绕一个小圈儿,一定能够捉住瞪羚。"

小黑点点头说:"好!我去试试!"

见到小黑要出场,独眼雄狮得意地说:"又一个想赔我 2 只瞪羚的。好!小狮子你也站到 7 号位,让瞪羚还站在 13 号位。开始!"

小黑说:"我从 7 号位追到 4 号位。"

小黑这一追可把瞪羚追糊涂了:"怪了事了,他怎么越追越远哪?我怎么办?我往哪儿走?干脆,我先从 13 号位走到 14 号位,看看情况再说。"说完就跑到 14 号位。

小黑不慌不忙地又连追了两步:"我追到 8 号位,再从 8 号位追到 7 号位。"

瞪羚更糊涂了:"这个小狮子肯定有毛病!转了一圈儿,又回到 7 号位。我从 14 号位跑到 15 号位再跑到 16 号位。"这时瞪羚跑到了右下角。

小黑又开始追击:"我从 7 号位追到 8 号位,再追到 12 号位。"小黑直逼瞪羚。

瞪羚一看不好，赶紧就往左边跑："我从 16 号位先逃到 15 号位，再逃到 14 号位。"

此时小黑可是步步紧逼："我追到 11 号位，再追到 10 号位。"

"我先逃到 13 号位。"但是瞪羚很快发现自己跑进了死角，下一步不管是跑到 9 号位，还是 14 号位都将被捉。

瞪羚说："坏了，我跑不掉了！只好跑到 9 号位了。"

小黑立刻从 10 号位扑向 9 号位，捉住了瞪羚。

小狮子们高兴得又蹦又跳："噢！我们胜利喽！小黑在 10 步之内捉住瞪羚喽！"

眼前的这一切，独眼雄狮都看在眼里，他自言自语地说："看来，要想得到狮王梅森的这块领地，必须先要除掉那只给他出主意的酷酷猴！"

"后会有期！"独眼雄狮说完掉头就走。

独眼雄狮有请

几天之后的一个清晨，一只陌生的小狮子向狮王梅森的领地飞奔而来。

梅森高度警惕地盯着这只小狮子："你是谁家的孩子？怎么跑到我的领地里来了？"

狮子立即停住了脚步，先向梅森敬礼："向狮王致敬！"然后拿出一封信递给梅森，"独眼雄狮让我给您送一封信。"

"他给我写信？"梅森心里十分疑惑地打开信，只见上面写道：

尊敬的狮王梅森：

我想请您的尊贵客人——酷酷猴来我的领地做客，调教一下我的孩子。您不会拒绝吧?

独眼雄狮　跪拜

梅森十分犹豫，面露难色。

酷酷猴不知发生了什么事，就跑过来问："狮王，出了什么事?"

梅森拿着信说："独眼雄狮请你到他的领地去做客。"

"他请我能有什么好事?"酷酷猴一摇头，"我不去!"

梅森解释说："按照我们狮子的规矩，有人请，就不能不去。"

"还有这种规矩?"酷酷猴无可奈何地说，"为了不破坏你们狮子的规矩，我只好去喽!"

梅森把胸脯一挺，说："兄弟，你放心! 如果独眼雄狮敢动你一根毫毛，我定把他碎尸万段!"

酷酷猴告别了狮王梅森，独自一人前往独眼雄狮的领地。

跨进独眼雄狮的领地，一只小狮子迎面跑来。

小狮子见到酷酷猴，忙说："欢迎聪明的酷酷猴! 我赶紧回去告诉独眼雄狮去。"说完立刻往回跑。

酷酷猴笑了笑："接待规格不低呀! 还有专人迎接哩。"

随着一声低沉的吼声，远远看见独眼雄狮正向这边走来，刚才那只小狮子又一次率先跑来。

酷酷猴对小狮子说："你怎么又跑回来了?"

小狮子擦了把头上的汗："独眼雄狮马上就到。"

酷酷猴和独眼雄狮又见了面。

独眼雄狮用一只眼盯住酷酷猴："欢迎你来帮助我们增长智慧。我先要请教一个问题。"

"请问吧!"

独眼雄狮说："从狮王梅森的领地到我的领地，是 10 千米。你来我

李毓佩
数学科普文集

这儿的速度我测量过，是 4 千米/小时，我去迎接你的速度是 6 千米/小时。这只小狮子跑的速度是 10 千米/小时。"

"不知你想问什么？"酷酷猴有点等不及了。

独眼雄狮并不着急，他慢慢地说："假设你、我和小狮子是同时出发的，小狮子跑得比我快，他最先遇到你。遇到你以后他又跑回来告诉我，告诉我之后又回去迎接你。小狮子就这样来回奔跑在你我之间。请问，当我们俩相遇时，小狮子一共跑了多少路？"

酷酷猴对独眼雄狮出的问题有点吃惊："哎呀！我说独眼雄狮呀！我一进你的领地，你就给我来个下马威呀！"

独眼雄狮"嘿嘿"一阵冷笑："聪明过人的酷酷猴，不会连这么简单的问题都不会解吧？"

酷酷猴也"嘻嘻"一笑："这个问题的确不难。你、我、小狮子都是按着自己的速度运动。你和我从出发到见面共用了 $10 \div (6+4)=1$（小时），而在这 1 小时中，小狮子在不停地跑动，共跑了 $10 \times 1=10$（千米）。答案是小狮子一共跑了 10 千米。"

独眼雄狮一拍大腿："酷酷猴果然聪明过人，请吃刚捕到的瞪羚。"独眼雄狮立刻命两只母狮抬上了只瞪羚。

酷酷猴看着瞪羚皱了皱眉头："对不起，我吃素。"

听说酷酷猴不吃，几只狮子和几只鬣狗"嗷"的一声扑了上来，抢食瞪羚，眨眼间只剩下一堆骨头。几只秃鹫在半空中盘旋，等待着啄食骨头上的剩肉。

酷酷猴提了一个问题："你这儿是狮子的领地，怎么会有这么多的鬣狗？"

独眼雄狮神秘地对酷酷猴说："这是一个秘密，他们是我请来和我们共同进行军事演习的。"

酷酷猴十分警惕，忙问："你为什么要搞军事演习？都是些什么人参加?"

"嘿嘿!"独眼雄狮先神秘地一笑,然后才小声说:"这可是天大的军事秘密,我只告诉你一个人。参加的人员除了狮子还有鬣狗。"

酷酷猴又问:"一共有多少人参加?"

独眼雄狮想了想,说:"昨天全体人员参加了一次偷袭捕猎活动。出发前排成了一个长方形队列,回来后只排成了一个正方形队列。"

"长方形队列和正方形队列,这有什么不同?"酷酷猴不明白。

"当然不同了。"独眼雄狮解释说,"正方形的一边和长方形的短边一样长,但是比长边要少了 4 个人员。"

"为什么少了那么多人?"

独眼雄狮摇摇头说:"咳,别提了。有 20 只鬣狗嫌分给他们的猎物少,开小差溜了!"

独眼雄狮突然一抬头:"酷酷猴,你给我算一下,我现在手下还有多少兵?"

"这个不难算。"酷酷猴边写边算,"我先画个图,设正方形每边有 x 个人员,这时长方形长边为 $x+4$。由于长方形比正方形多出 20 个人员,

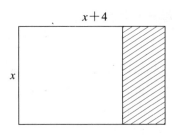

所以可以列出方程:

$$(x+4)x-x^2=20,$$
$$(x^2+4x)-x^2=20,$$
$$4x=20,$$
$$x=5,$$

李毓佩
数学科普文集

$$x^2 = 25。$$

你现在还有 25 个兵。"

独眼雄狮高兴地说:"好!我还有 25 个由狮子和鬣狗组成的精锐部队,够用了!"

正说着,狮王梅森手下的小狮子小黑,慌慌张张地朝这边跑来,"酷酷猴,不好了!狮王梅森中毒了!狮王让你马上回去。"

"啊!"酷酷猴听罢吓出一身冷汗。

变幻莫测

酷酷猴着急地对独眼雄狮说:"狮王梅森叫我,我要马上回去。"

独眼雄狮把独眼一瞪,咬着牙根说:"嘿嘿,你既然来了,就回不去了。来人,给我把酷酷猴捆起来!"

两只鬣狗将酷酷猴五花大绑,捆了个结实。

酷酷猴气愤地说:"我是你请来的客人!怎么能这样对待我?"

独眼雄狮十分得意地说:"不把你请来,我怎么去占领狮王梅森的领地呀!"

说完,独眼雄狮向狮子和鬣狗发布命令:"大家赶紧去做准备,明天一早就向狮王梅森发动进攻!"

狮子和鬣狗们齐声答应:"是!"

酷酷猴心里想:"狮王梅森中了毒,其余狮子没人指挥,肯定经不住独眼雄狮的进攻。我得想办法回去!"酷酷猴琢磨着该如何逃走。

这时,一只雌狮向独眼雄狮报告:"报告独眼大王,我活捉了一只小角马。"

酷酷猴心里说:"原来,这头独眼雄狮在他的领地里被称作独眼大王啊。"

独眼雄狮吩咐："捆起来，和酷酷猴放在一起，晚上一起吃了！明天好有力气攻打狮王梅森。"

酷酷猴见小角马非常悲伤，就小声对小角马说："咱俩不能在这儿等死，你把捆我的绳子咬断，咱俩一起逃吧！"

小角马用力点了点头："好！"

小角马的牙还真挺厉害的，只啃了几口，就把捆酷酷猴的绳子啃断了。酷酷猴又解开捆小角马的绳子。

小角马对酷酷猴说："快骑到我的背上，我跑得快！"酷酷猴点点头，骑上小角马飞奔而去。

一只放哨的鬣狗发现了他俩，赶紧跑回去向独眼雄狮报告："独眼大王，不好了！酷酷猴骑着小角马逃跑了！"

"啊！"独眼雄狮大吃一惊，忙下令："给我全体出动，快追！"

但是已经来不及了。小角马驮着酷酷猴很快就跑进了狮王梅森的领地。

酷酷猴直奔中了毒的狮王梅森的床前。

梅森躺在床上，有气无力地说："我是吃了独眼雄狮进贡来的角马肉中毒的。"

酷酷猴紧握双拳，愤愤地说："独眼雄狮是有预谋的，他们要来进攻了。"

听说独眼雄狮要来进攻，梅森忙问："要来多少人？什么时候发动进攻？"

酷酷猴说："独眼雄狮调集了25只狮子和鬣狗，明天一早就来进攻！"

"唉！"梅森十分着急，"我这儿许多狮子也中毒了，能参加战斗的只有12只狮子，偏偏我也中毒了！"

酷酷猴安慰梅森："狮王你放心，我来指挥这场保卫战！"

梅森紧握着酷酷猴的手，激动地说："太好了！有你指挥，我就放心了！"

梅森大声发布命令："我以狮王的身份发布命令，大家今后都要听从酷酷猴的指挥！有敢违反者，以军法论处！"

全体狮子异口同声地答道："遵命！"

酷酷猴对群狮说："只要独眼雄狮捉不到狮王梅森，他们就不能算占领狮王的领地，所以大家一定要保护好狮王。现在我们要动手修筑一个方形的土城，把狮王放到城里保护起来。"

众狮群情激奋，高呼："誓死保卫狮王梅森！"

大家一起动手，很快把方形土城修好了。

第二天一早，独眼雄狮率兵前来进攻。

一名探子鬣狗跑回向独眼雄狮报告："报告独眼大王，他们修筑了一座土城，把狮王梅森放到土城保护起来了。"

独眼雄狮点点头，说："这一定是酷酷猴的主意。他怕我擒贼先擒王啊！"

独眼雄狮往前走了几步："让我来看看，他们还有多少只没中毒的狮子。每边只有 3 只，一共才有 12 只，还不到咱们的一半。准备进攻！"

"当！当！当！"随着酷酷猴敲的一阵锣声，城上每边的狮子数突然增多了。

鬣狗指着土城说："独眼大王，你快看！每边不是 3 只而是 4 只了。"

独眼雄狮定睛一看："啊，怎么一眨眼的工夫，每边就变成 4 只狮子了？"

鬣狗："这样一来，他们的总数可就变成 16 只了！"

"当！当！当！"酷酷猴又敲锣了。

鬣狗指着土城，说："独眼大王快看，他们

每边狮子数又增加了！"

独眼雄狮又数了一遍每边的狮子数："啊！一眨眼的工夫，每边由4只增加到了5只，这也太可怕了！"

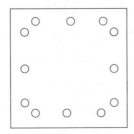

鬣狗问："独眼大王，咱们还进攻吗？"

独眼雄狮沉思了片刻："这个酷酷猴有魔法，趁他还没敲锣，咱们赶紧跑吧！"

小狮子小黑把刚才发生的一切，汇报给了狮王梅森。

梅森问酷酷猴："酷酷猴，你真有魔法吗？"

酷酷猴笑着说："我哪有什么魔法！我是不断把边上的士兵调到角上，角上的士兵一个顶两个用。因此，好像每边的狮子数在不断地增加。其实，总数一直没变，就是12只狮子。"

梅森一竖大拇指："好！再狡猾的独眼雄狮，也斗不过我们聪明的酷酷猴啊！"

"哈哈哈哈！"众狮子大笑起来。

寻求援兵

狮王梅森对酷酷猴说："根据我的经验，独眼雄狮决不会善罢甘休，他一定要卷土重来的。"

酷酷猴问："那怎么办？"

梅森说："你这种变换人数的方法，独眼雄狮很快就会识破。我们的狮子数少，我又中毒全身无力，你必须和小狮子小黑去寻求援兵，而且越快越好！"

酷酷猴安慰梅森："狮王，你安心养病，我一定完成任务。"

酷酷猴找到了小狮子小黑："小黑，咱俩先去哪儿搬救兵？"

小黑说："先去找猎豹，猎豹跑得最快！打起仗来是把好手。"

小黑一路走，眼睛不断地往高处看。

"你找猎豹，为什么总往高处看？"酷酷猴不明白。

小黑说："猎豹经常趴在高处休息。"

果然，酷酷猴看到两只猎豹正趴在高坡上。猎豹身上漂亮的花纹，十分醒目。

小黑冲猎豹叫道："喂，猎豹，请下来，我找你们有话说。"

猎豹一脸不高兴的样子："我们哥儿俩正做题呢！做不出来是不会下去的！"

小黑着急地说："狮王梅森中毒啦！独眼雄狮要来抢我们的领地，我是来请你帮忙的。"

猎豹犹疑了一下："这样吧！你能把这道题做出来，我们就去帮忙！"

"成！"小黑一听是解题就高兴了，他知道酷酷猴是解题能手。

猎豹把题目从高坡上扔下来。小黑捡起来一看，题目是："把1～9这九个数，填进下面的9个圆圈里，使得3个等式都成立。"

$$\bigcirc + \bigcirc = \bigcirc$$

$$\bigcirc - \bigcirc = \bigcirc$$

$$\bigcirc \times \bigcirc = \bigcirc$$

小黑摇了摇头："我一看这玩意儿就晕，酷酷猴，还是你做吧！"

酷酷猴并没有去接题，他对小黑说："其实你也很聪明，你完全有能力把它解出来。你解解看！"

小黑皱着眉头，看了半天题："我先做加法？"

酷酷猴说："不错，加法做起来最容易，可是你做容易的计算时，把有些重要的数给用了，做最难的乘法时怎么办？"

小黑想了想："照你这么说，我应该先做乘法。从1到9能组成乘法式子的只有两个：2×3＝6，2×4＝8。我先选定乘法运算2×3＝6试试。剩下1、4、5、7、8、9这六个数再考虑加法：1＋4＝5，1＋7＝8，4＋5＝9。"

"分析得很好！"酷酷猴在一旁鼓励，"继续往下做。"

小黑也来精神了："我选定加法运算1＋4＝5，这时只剩下7、8、9这三个数。这三个数显然不能组成一个减法等式，因为任何两个数相减，都不会得第三个数。"

酷酷猴说："不妨再换一组加法运算试试。"

小黑点点头："我选1＋7＝8，剩下4、5、9，这是能够组成一个减法等式的，9－5＝4。当我选4＋5＝9时，剩下的1、7、8也可以组成一个减法等式8－7＝1。"

小黑高兴地说："好啊！我至少可以做出两组答案啦！"一组是：

$$①＋⑦＝⑧$$
$$⑨－⑤＝④$$
$$②×③＝⑥$$

另一组是：

$$④＋⑤＝⑨$$
$$⑧－⑦＝①$$
$$②×③＝⑥$$

猎豹看到小黑把题做出来了，就对小黑说："你们先走，过一会儿我们就去！"

酷酷猴问小黑："咱俩再去找谁？"

李毓佩
数学科普文集

"大象!"小黑说,"大草原上人人都怕大象!大象的大鼻子一甩,不管是狮子还是鬣狗全都飞上了天!"

酷酷猴吐了一下舌头:"如果甩我一下,还不把我甩到天外去呀!"

小黑带着酷酷猴,很快就找到了一群大象。

小黑说:"狮王梅森请大象帮忙!"

为首的大象说:"我和狮王梅森是好朋友,朋友有难,理应帮忙。不过我们有一个问题一直没解决,心里总不踏实。"

小黑说:"这不要紧,聪明的酷酷猴是解决难题的专家。你说说看。"

大象说:"我特别爱喝酒。我只有3只装酒的桶,大桶可以装6升,中桶可以装4升,小桶可以装3升。"

大象停顿了一下,又说:"真不好意思,在我的影响下,后来我的老婆和儿子也喝上酒了。现在我只有一桶6升的酒,老婆非要5升,儿子也要1升,我用这3只桶怎么分法?"

酷酷猴说:"这样办。你先把6升的酒倒满中桶,这时大桶中还有2升的酒。再把中桶的4升酒倒满小桶。由于小桶只能装3升,这时中桶里还剩下1升。最后把小桶的酒再倒回大桶,大桶里就是5升了。你把大桶给你老婆,把中桶给你儿子就行了。"

大象一竖大拇指:"真棒!"

酷酷猴说:"棒是棒,可是你没有酒喝了。"

这时小狮子小勇急匆匆跑来。小勇擦了一把头上的汗,说:"独眼雄狮开始行动了,狮王让你们带着援兵赶紧回去!"

酷酷猴意识到事态严重,他把手一挥:"大家跟我走!"

酷酷猴带领大象、猎豹急速往回赶。

猎豹紧握拳头,发誓:"这次一定要和独眼雄狮血战到底!"

立体战争

独眼雄狮回到自己的领地之后，也一直在和鬣狗商量如何找到更多的帮手，再次进攻狮王梅森的领地。

独眼雄狮的独眼闪着凶光："这次多找点帮手，一定要拿下狮王梅森！"

鬣狗谄媚地说："拿下狮王，您就是我们的新狮王啦！"

独眼雄狮站起来，大声叫道："这次我要请天上飞的，地上跑的，土里钻的，给梅森来一个上、中、下一齐进攻！"

鬣狗拍着手喝彩："好，好。您这是现代化的立体战争啊！"

独眼雄狮问："天上飞的请谁？"

"秃鹫！"鬣狗毫不犹疑地说，"秃鹫心狠手辣，骁勇善战。"

"对！还可以再请几只乌鸦。"

独眼雄狮又问："地上跑的请谁？"

鬣狗想了想，说："再找几只我们大个的鬣狗，我们鬣狗以凶残著称，连豹子也怕我们三分！"

"地下钻的呢？"

鬣狗说："鼹鼠！听说狮王梅森请了大象，大象最怕鼹鼠了。鼹鼠能钻大象的鼻子，哈哈！"

独眼雄狮高兴地一拍胸脯："好极了！咱们分头去请！"

鬣狗掉头就走："咱们快去快回！"

这边，狮王梅森也在和酷酷猴、大象、猎豹商量对策。

梅森问："我们怎样迎击独眼雄狮的进攻？"

酷酷猴说："我们必须掌握独眼雄狮的兵力部署，这样才能做到'知己知彼，百战百胜'。"

大象问："怎样才能了解到独眼雄狮的兵力部署？"

李毓佩
数学科普文集

酷酷猴说："必须活捉他们一个成员，从他嘴里来摸清独眼雄狮的底细。"

两只猎豹站出来说："这个任务交给我们两个好了。"

"好！"梅森高兴地说，"猎豹是我们非洲草原上的百米冠军，又是伏击能手，你们去捉一个活口，定能马到成功！拜托了！"

两只猎豹埋伏在一个土坡后面，这时一只鬣狗走过来。

鬣狗边走边自言自语地说："秃鹫、鼹鼠都请到了，战胜狮王梅森是没问题了！"

猎豹哥哥小声说了句："上！"两只猎豹像离弦之箭扑了上去。

"啊！猎豹。快跑！"鬣狗撒腿就跑。

猎豹吼道："小鬣狗，你哪里跑！"

鬣狗哪里跑得过猎豹？没跑出 200 米，鬣狗就被猎豹扑倒在地。

猎豹兄弟把鬣狗押解回来，对梅森说："抓来一只独眼雄狮手下的鬣狗！"

"二位辛苦！"梅森先向猎豹兄弟道过了辛苦，然后开始审问鬣狗。

"独眼雄狮勾结了哪些坏蛋？你要从实招来！"

鬣狗把大嘴一撇，趾高气扬地说："我说出来怕吓着你！有高空霸王秃鹫，有地上精英鬣狗，有地下幽灵鼹鼠。怎么样？够厉害的吧！"

酷酷猴问："你说，他们总共来了多少个？"

"总共有多少嘛，"鬣狗眼珠一转说，"这个我还真说不清。"

狮王梅森一看鬣狗耍滑头，勃然大怒："不说我就咬死你！"说着张开大嘴扑向鬣狗。

鬣狗赶紧跪下："狮王饶命！我说！我说！"

梅森两眼圆瞪："快说！"

鬣狗战战兢兢地说："我虽然不知道总数是多少。但是我看见独眼雄狮在地上写过一个算式：

$$\bigcirc\bigcirc\bigcirc+\bigcirc\bigcirc\bigcirc=1996。$$

独眼雄狮说，我们的兵力总数是这6个圆圈中数字之和。"

梅森皱着眉头说："你都是什么乱七八糟的？是不想说实话吗？"

鬣狗一个劲儿地磕头："小的不敢，小的不敢。"

酷酷猴插话道："狮王不要动怒，有这个算式就足够了。这两个三位数的百位和十位上的数字都必须是9，不然的话，和的前三位不可能是199。"

小狮子小黑点点头说："说得对！"

酷酷猴又说："两个个位数之和是16，这样6个圆圈中数字之和就是：

$$9+9+9+9+16=9\times4+16=52。$$

算出来了，独眼雄狮兵力总数是52只。"

梅森听到这个数字，十分忧虑："独眼雄狮手下有50多只凶禽猛兽，又分上、中、下三路，我们很难对付啊！"

"那怎么办？"大象也没了主意。

酷酷猴想了一下说："大家不用着急，我自有退敌之法！狮子、大象、猎豹听令！"

大家异口同声地回答："在！"

激战开始

酷酷猴对大家说："现代战争的规律是空中打击开路，我想独眼雄狮一定会让秃鹫、乌鸦这些飞行动物，作为先锋来攻击我们！"

梅森着急地说："可是我们没有会飞的动物来迎击他们啊！"

酷酷猴说："这不要紧，请大象到河边用你们的长鼻子吸足了水，听候命令。"

"得令！"大象答应一声就出去做准备去了。

没过多久，就听到天空传来阵阵翅膀扇动空气的声音。

小黑往天上一指，喊道："你们快看，秃鹫飞过来了！"大家一看秃鹫和乌鸦以三角形编队飞来。

领头的秃鹫在空中高叫："狮王梅森拿命来！大家跟我攻击！"

秃鹫们一同朝梅森这边俯冲过来。

酷酷猴一举手中的令旗："大象预备，喷水！"几只大象举起长鼻子，鼻子里喷出的水柱，直射秃鹫和乌鸦。

秃鹫和乌鸦被水柱喷得东倒西歪："我的妈呀！这是什么武器？"

转眼间，秃鹫、乌鸦纷纷从空中掉下来。

狮子和猎豹立刻跑上去："投降不杀！""再动就咬死你！"

秃鹫和乌鸦被狮子和猎豹俘获。

小狮子向酷酷猴报告："报告指挥官，一共俘获 7 只秃鹫和 2 只乌鸦。"

酷酷猴问其中一只秃鹫："你们来了几只秃鹫？几只乌鸦？"

这只秃鹫说："连秃鹫带乌鸦一共来了 10 只，有一只跑回去报信去了。"

酷酷猴追问："逃走的是秃鹫呢？还是乌鸦？"

秃鹫回答："我不能告诉你。反正我们来的 10 只从 0 到 9 每只都编有一个密码，前几号是乌鸦，后几号是秃鹫，秃鹫比乌鸦多。"

酷酷猴眼珠一转，说："我不让你直接说出有多少只秃鹫，有多少只乌鸦。你只要告诉我，你能把被俘的 9 只分成 3 组，使各组的密码和都相等吗？"

秃鹫想了一下说："哦，可以。"

酷酷猴又问："你还能把这 9 只分成为 4 组，使各组的密码和都相等吗？"

秃鹫停了一会儿，说："哦，也可以。"

酷酷猴十分肯定地说："好了，我知道了，是 9 号逃走了，由于秃鹫比乌鸦多，9 号肯定是秃鹫！"

秃鹫吃惊地问："你怎么敢肯定是 9 号呢？"

酷酷猴分析说："因为 $0+1+2+3+4+5+6+7+8+9=45$，45 可以被 3 整除。逃走那只的密码必定可以被 3 整除，否则余下的密码之和不可能被 3 整除，也就是说不可能分成 3 组，使各组的密码和都相等。"

"说得对！"连狮王梅森都听明白了。

酷酷猴接着分析："这样，逃走的那只密码可能是 0，3，6，9。除去这几个密码余下密码之和分别是 45，42，39，36。由于还能把这 9 只分成为 4 组，只有 36 可以被 4 整除，$45-36=9$，逃走的必然是 9 号。"

狮王梅森竖起大拇指："分析得太棒了！"

酷酷猴又问："你们的三角形队列中为什么还加进两只乌鸦？"

秃鹫答："我们只有 8 只秃鹫，组成一个三角形队列需要 10 只，只好外找两只乌鸦来充数。"

逃走的秃鹫径直飞回大本营，向独眼雄狮报告："报告大王，大事不好了！秃鹫和乌鸦战斗队被大象的水枪打得溃不成军。他们都被俘了，只有我一人逃回来。"

"啊！这还了得！"独眼雄狮大惊，紧搓着双手来回走动。

突然，独眼雄狮两眼放出凶光，像个输红了眼的赌徒："鼹鼠战斗队立即出发，去钻大象的鼻子！给秃鹫和乌鸦报仇！"

众鼹鼠答应一声："是！"便迅速钻入地下，不见了踪影。

酷酷猴早有准备，他把耳朵贴在地面上，听地下传来的声音。

"嘘——地下有声音，是鼹鼠来了！大象快把鼻子举起来，防止鼹鼠钻鼻子。"酷酷猴嘱咐道。

大象"嘿嘿"笑着说："人们都传说大象最怕老鼠钻鼻子，这纯粹是谣言，我们堂堂大象怎么会怕小老鼠呢？真是笑话！"

大象话音刚落，"嗖嗖嗖！"一群鼹鼠钻出地面，直奔大象而去。

鼹鼠齐声喊着口号："钻大象鼻子，把大象痒痒死！"

大象先发出一声长叫："让你们尝尝大象的厉害！"说完大象抬起象脚，"咚！咚！咚！"狠踩几脚，几只鼹鼠立刻成了鼠饼。

剩下的鼹鼠赶紧又钻回地里，逃命去了。

小狮子小黑高兴地跳起来："好啊！鼹鼠也被我们打败了！"

最后决斗

一只狮子慌慌张张地跑来向独眼雄狮报告："报告大王，大事不好了！鼹鼠战斗队死的死，逃的逃，全军覆没了！"

独眼雄狮用力一跺脚，大叫："呀呀呀呀呀！这可如何是好！"

独眼雄狮用手拍着脑袋，独眼滴溜溜乱转。

突然，他想出一招棋。

独眼雄狮说："马上给狮王梅森写封信，约他和我单挑。我趁狮王梅森中毒，全身无力的时候，一举战胜他！"

"好主意！"鬣狗在一旁应和，"这叫作'乘人之危'。"

听了鬣狗的话，独眼雄狮眼睛一瞪："'乘人之危'不是什么好话吧！"

鬣狗讨了个没趣，红着脸走开了。

独眼雄狮的信很快就传到了狮王梅森的手里。

梅森一边看信，一边琢磨："独眼雄狮约我单打独斗，如果是从前，他绝不是我的对手。可是现在我中了他下的毒！浑身没有力气，如何能战胜他？"

猎豹在一旁说："狮王不用发愁，我打听到一种草药能解此毒，吃了这种草药只需一小时毒性全消。"

梅森听罢大喜，冲猎豹一抱拳："有劳猎豹老弟了！"

猎豹转身"噌"的一声，就蹿了出去，来了两个加速跑，就不见了踪影。

梅森连连点头："真是好身手哇！"

过了有半个小时，猎豹就把草药采了回来。

"狮王赶紧吃下去。"

梅森十分感动，拍着猎豹的肩头说："真要好好谢谢你！"

梅森吃完草药，美美地睡了一大觉。

小狮子小黑跑来报告："报告狮王，独眼雄狮已经到了！"

梅森一看时间，吃了一惊："啊！还没到一个小时，草药的药力还没有发挥作用呢！这可怎么办？"

大家也很着急。

酷酷猴想了一下，说："狮王，你可以先和他斗智，拖延一点时间，等过了一小时，药力起作用了，然后再和他斗力。"

"对呀！我怎么就没想到呢！"

说话之间，独眼雄狮已经到了。他气势汹汹指着梅森说："决战时刻已到，今天我们拼个你死我活！你输了，赶快从你的领地上消失！"

梅森说："我接受你的挑战，不过咱俩要先斗智后斗勇。怎么样？"

独眼雄狮知道梅森中毒未好，所以满不在乎地说："可以。你死期已到，你是斗不过我的！先下手为强，后下手遭殃，我先出题。"

独眼雄狮想了一下，说："我打败你之后，将从你的金库中得到了一批金币。我把这批金币分给我所遇到的每一个动物。给第一个动物 3 个金币，给第二个动物 4 个金币，依此类推，后面的总比前一个多 1 个金币。把金币分完之后，再收回来重新平均分配，恰好每个动物分得 100 个金币。你告诉我，我一共分给了多少个动物？"

梅森说："这个问题如果是在过去考我，我肯定不会。现在不同了，我在中毒期间，跟我的好朋友酷酷猴学了不少数学，你这个问题是小菜一碟！"

独眼雄狮斜眼看了一眼梅森："先别吹牛，做出来才算数！"

梅森边说边写："假设有 x 个动物参加了分金币。第一个分得 3 个，3 可以写成 $3=1+2$，第二个分得 4 个，$4=2+2$，最后一个 x 必然分得 $(x+2)$ 个。由于任意相邻的两个动物都是相差 1 个金币，所以第一次分时，第一个和最后一个分得的金币之和，恰好是收回来重新平均分配时，两个动物分得金币之和。列出方程：

$$3+(x+2)=100\times 2,$$

$$x=195。$$

算出来了！你一共分给了 195 个动物。"

梅森又说："该我出题了。我有红、黄、绿、黑、蓝 5 种颜色的动物朋友 100 个。其中红色的有 12 个，黄色的有 27 个，绿色的有 19 个，黑色的有 33 个，蓝色的有 9 个。我把这些朋友请到了一起。吃完饭天就黑了，看不清身上的颜色了。我想从中找出 13 个同样颜色的朋友，问从中至少找出多少个朋友，才能保证有 13 个同样颜色的朋友？"

独眼雄狮眉头一皱，说："你既然想找，为什么不趁天亮的时候去挑呢？非等黑灯瞎火时再挑！"

梅森把眼睛一瞪："我就想天黑了再挑！你管不着！"

独眼雄狮想了半天，也不会解这道题。他开始找辙："听人家说，13 这个数字可不好啊！你换一个数吧！"

梅森把狮头一晃，说："不换！你可耽误了太多的时间了！"

独眼雄狮目露凶光，他恶狠狠地说："反正我也不会做，我先咬死你吧！嗷——"独眼雄狮突然扑向狮王。

梅森对他的袭击早有防范，他往旁边一闪，说："早料到你就会来这一手！嗷——"独眼雄狮和狮王梅森厮杀在一起。梅森一个猛扑，把独眼雄狮扑倒在地。

独眼雄狮吃了一惊："你中了毒了，为什么还有这么大的力气？"

"哈哈！"梅森大笑，"我毒性已解，我力量无穷！嗷——"狮王又一次把独眼雄狮扑倒在地。梅森张开血盆大口，直向独眼雄狮的喉咙咬去。

"狮王饶命！狮王饶命！我认输！"独眼赶紧求饶。

梅森说："我饶你一命可以，但是按照狮群的规定，你必须离开你的领地。"

独眼雄狮无奈地点了点头，不过他提了个要求："我离开之前，你能告诉我问题的答案吗？"

"可以。"梅森说，"至少找出 58 个朋友，才能保证有 13 个同样颜色的朋友。考虑取不到 13 个同样颜色动物的极端情况：取了 12 个红色的，12 个黄色的，12 个绿色的，12 个黑色的，9 个蓝色的，总共是 57个。再多取一个必然有一种颜色的动物是 13 个。所以至少要找 58 个朋友。"

独眼雄狮凄然地说："都怪我老想着要做狮王，才落得今天的下场。以后我要到处流浪了！"

战斗结束了！

酷酷猴对狮王梅森说："我也出来好些日子了，有些想家了。再见吧！亲爱的梅森。非洲之行让我也长了许多见识，咱们后会有期！"

"再见！"大家依依不舍地和酷酷猴道别，含着泪水目送酷酷猴的身影渐渐消失在茫茫的草原上……

4. 黑森林历险

智擒人贩子

黑蛋是个聪明机灵、乐于助人的小男孩。他喜欢数学，和数学有关的东西他都去钻研。他非常爱看课外书，看起来还特别容易入神，随着故事情节的发展，他和书中的主人公同欢乐，共悲伤。看，寒假的第一天，黑蛋就捧着一本《明明历险记》看得入神啦。

"啪！"黑蛋用力拍了一下桌子说："大坏蛋钱魁，为了发财你把明明等小朋友骗走了，想像牲口一样卖掉，我绝不能袖手旁观，我要想办法把这些小朋友救出来！"

说也奇怪，书上原来有一张插图，画的是大坏蛋钱魁正在哄骗明明等几个小朋友去黑森林里逮野兔。不知怎么搞的，画中的景物和人物突然都动了起来——风在吹，树叶在动，小朋友在笑。

钱魁用沙哑的声音在讲话："小朋友，我要带你们去的那个大森林，

野兔可多啦！你拔几把青草，在树底下一蹲，野兔就会自动跑来吃你手中的草，你想捉几只就可以捉几只，好玩极啦！"

明明高兴得又蹦又跳："快带我们去吧！"

不知怎么搞的，黑蛋也进入了画面。钱魁回头看见了黑蛋，心想又来了一个上当的！他冲黑蛋说："喂，这位小朋友，你想不想去逮野兔呀？"

黑蛋随口答道："想去。"

钱魁一招手说："咱们一起去吧！"说完他领着大家朝一条小路走去。

明明主动向黑蛋伸出右手："我叫明明，今年五年级，喜欢文学，爱看小说，认识你很高兴！"

黑蛋紧握着明明的手说："因为我长得黑，大家都叫我黑蛋，今年六年级，喜爱数学，爱看课外书，愿意和你交个朋友！"

钱魁回头喊："你们俩还磨蹭什么？去晚了野兔都叫别人逮走了。"

黑蛋装着系鞋带，小声对明明说："这个钱魁是个人贩子，他想把咱们骗走，然后卖掉！"

"啊？！那咱俩快跑吧！"明明听后吓了一跳。

"不成！咱俩跑了，那几个小朋友怎么办？他们还会被卖掉的。"黑蛋紧握双拳说："咱们要把这个坏蛋抓起来，送公安局！"

钱魁跑过来对黑蛋吆喝说："你这个小孩真麻烦，系个鞋带系这么半天，快走吧！"

黑蛋干脆一屁股坐在地上不走了，说："我看你这个人，长得挺大的个子，可是有点傻。跟你这么个傻乎乎的人去逮野兔，能逮着吗？"

钱魁一听黑蛋说他傻，立刻把眼睛瞪圆了："什么？我傻？谁不知道我钱魁聪明过人，大家都说如果把我身上粘上毛，我比猴还精！"

黑蛋从口袋里掏出一张纸和一支红蓝两色圆珠笔，说："我们 8 个小朋友加上你共 9 个人，每个人用这支双色圆珠笔在纸上写'捉野兔'3

个字，3个字的颜色可以一样，也可以不一样，但至少每两个字的颜色必须一样。我们8个小孩先写，你最后写。我敢肯定，你写的3个字的颜色一定和我们之中某个人的相同。"

钱魁把脖子一梗说："我不信!"

黑蛋把双色笔递给了明明。明明用红笔写了"捉野兔"3个字。其他小朋友依次写了这3个字，但是颜色都不一样：蓝红红；红蓝红；红红蓝……

黑蛋趁钱魁不注意，悄声对明明说："我拖住这个坏蛋，你赶快去找警察!"

8个小朋友都写完了，双色圆珠笔传到了钱魁手里。他把8个颜色不同的"捉野兔"端详了半天，犹犹豫豫地写出了"捉野兔"3个字，颜色是蓝红蓝，一个小朋友指着自己写的字说："你这3个字的颜色和我的一样。"

钱魁一看，果然一样。他又换颜色写了3个字，又一个小朋友说："你写的字颜色和我的一模一样。"钱魁一连写了几次，次次都和某个小朋友写的颜色重复。

"啧啧，"黑蛋撇着嘴说："我说你有点傻，你还不服气。看看，你写字用的颜色总跟我们小孩子学，是不是有点傻?"

钱魁挠挠脑袋说："真是怪事，我怎么写不出颜色和你们不一样的字呢? 算啦! 咱们还是逮野兔去吧!"

钱魁一回头，发现明明不见了，他忙问黑蛋："喂，你知道明明到哪儿去了吗?"

"他可能去大便了，"黑蛋拉住钱魁说，"其实，你一点也不笨。因为用两种颜色写3个字，最多只能写出8种不同颜色的字来，你第9个写，当然和前面写的重复了。"

钱魁摇摇头说："我怎么听不懂啊!"

黑蛋在纸上边写边讲："我用 0 代表红色字，用 1 代表蓝色字，那么用红蓝两种颜色写'捉野兔'3 个字，只有以下 8 种可能：

0、0、0，即红、红、红；

1、0、0，即蓝、红、红；

0、1、0，即红、蓝、红；

0、0、1，即红、红、蓝；

1、1、0，即蓝、蓝、红；

1、0、1，即蓝、红、蓝；

0、1、1，即红、蓝、蓝；

1、1、1，即蓝、蓝、蓝。

这好比有 8 个抽屉，每个抽屉里都已经装进了一件东西，你再拿一件东西往这 8 个抽屉里装，必然有一个抽屉里装进了两件东西。"

钱魁突然凶相毕露，一把揪住黑蛋的衣领，恶狠狠地说："好啊！你是在耍把戏骗我，快说，明明到哪儿去了？"

"我在这儿！"随着明明一声喊，两辆警车飞快驰来，从车上跳下几名警察立刻把钱魁逮捕了。

右手提野兔的人

捉住了人贩子钱魁，警察就地审问。钱魁交代，他把骗来的孩子交给一个右手提一只野兔的人，每个小孩卖 5000 元，一手交钱一手交人。警察再追问，这个买小孩的人长得什么样？钱魁说他没见过，他又交代了接头地点、接头暗语。

黑蛋说："咱们就是抓住了那个右手提野兔的人，他死不承认，咱们又拿不出证据，还是不能逮捕他呀！"

"说得有理！"王警官点点头说，"你有什么好主意吗？"

黑蛋把王警官上下打量了一番："你就假扮成人贩子钱魁，领着我们去找那个买小孩的坏蛋，在一手交钱一手交人的时候当场捉住他！"

"好主意！"王警官用手使劲捋了一下黑蛋的头发，然后走到已被押上警车的钱魁身边说，"把你的外衣脱下来！"王警官脱下警服，穿上钱魁的衣服，带着8个孩子向黑森林走去。

走近黑森林，黑蛋连呼上当！原来黑森林附近有许多卖野兔的人。他们都是右手提着野兔的大耳朵，左手招呼过路的人，夸耀自己的野兔又肥又大。

王警官小声对黑蛋说："这么多右手提野兔的，咱们抓谁呀？"

黑蛋无可奈何地摇了摇头。突然，黑蛋听到了一阵阵极其轻微的呼救声："救命啊！救命啊！"黑蛋感到十分吃惊，他四处张望，可是没发现有人喊救命。

黑蛋又往前走了几步，"救命啊"的声音又传来了。这次黑蛋听清楚了，是那些被人们提在手上的野兔在呼救。"我能听懂野兔的语言！"黑蛋心里别提多高兴了。

当王警官领着8个小朋友，走到一个又矮又胖的人面前时，黑蛋听到他右手提的野兔在大声喊叫："哎哟，痛死我喽！你这个该死的胖子，怎么突然用力捏我的耳朵呢？"

黑蛋立刻站住，拉了一下王警官的袖口，冲矮胖子努了努嘴。王警官点了点头，径直向矮胖子走去。

王警官用左手指着矮胖子手中的野兔问："好大个的野兔，它咬人吗？"

矮胖子笑眯眯地说："这兔子是专门给孩子玩的，怎么会咬人呢？"暗语接对了，王警官把右手五指张开伸过去，问："还是这个数一个？"

矮胖子摇了摇头，似笑非笑地说："这次是个大买主，他说要智商高的，特别是数学要好。只要自身条件好，一个给二三万都成。"

王警官眼珠一转，问："你知道哪个小孩的智商高？"

"可以考一考嘛！"矮胖子从口袋里掏出一张纸，对孩子们说，"我这儿有道题，看看你们 8 个小孩谁会答。谁答对了，我把这只又肥又大的野兔送给他。"

明明一把抢过题纸，说："我先看看。"明明边看边读道：

"聪明的孩子，请你告诉我，什么数乘以 3，加上这个乘积的 $\frac{3}{4}$，然后除以 7，减去此商的 $\frac{1}{3}$，减去 52，加上 8，除以 10，得 2？"

明明皱着眉头想了想，摇摇头说："课堂上没做过这样的题。"其他几个小朋友挨着个儿把题目看了一遍，都说不会。

题目传到了黑蛋手里，他心算一下，从容地回答说："这个数是 128。"

听到这个答案，矮胖子眼睛一亮，他走到黑蛋面前，把黑蛋上下打量了好半天，然后点点头说："嗯，有两下子。你能把解题过程给我讲讲吗？"

"可以。用反推法来算，从最后结果 2 开始。"黑蛋边说边写，"反推法的特点是，题目中说加的，你就减；题目中说乘的，你就除。"

得 2，2；

除以 10，2×10；

加上 8，$2 \times 10 - 8$；

减去 52，$2 \times 10 - 8 + 52$；

减去此商的 $\frac{1}{3}$，$(2 \times 10 - 8 + 52) \times \frac{3}{2}$；

除以 7，$(2 \times 10 - 8 + 52) \times \frac{3}{2} \times 7$；

加上这个乘积的 $\frac{3}{4}$，$(2 \times 10 - 8 + 52) \times \frac{3}{2} \times 7 \div (1 + \frac{3}{4})$；

乘以 3，$(2 \times 10 - 8 + 52) \times \frac{3}{2} \times 7 \div (1 + \frac{3}{4}) \div 3$；

你要求的数就是：

$$(2 \times 10 - 8 + 52) \times \frac{3}{2} \times 7 \div (1 + \frac{3}{4}) \div 3$$
$$= 64 \times \frac{3}{2} \times 7 \times \frac{4}{7} \times \frac{1}{3} = 128。$$

矮胖子提了个问题："原来说'减去此商的 $\frac{1}{3}$'，你怎么乘呢？这步做错了吧？"

黑蛋十分肯定地说："没错！为了简单起见，可以设除以 7 之后的得数是 m。按照正常的顺序，再进行下几步，可以列出这么一个算式：

$$(m - \frac{1}{3}m - 52 + 8) \div 10 = 2，$$

倒推回去就得 $m = (2 \times 10 - 8 + 52) \times \frac{3}{2}$。"

矮胖子高兴地直拍大腿："好，好。我就要这位小朋友了！给，这只野兔归你了。你跟我到黑森林里去玩玩吧！那是片原始森林，里面树高林密，小动物可多了，非常好玩。"

黑蛋问："这些小朋友都去吗？"

矮胖子摇了摇头说："人多了我照顾不过来，我先带你去玩，回头我再带他们去。"

黑蛋想了想，说："好吧，我跟你去。不过，我要给妈妈写封信，免得她惦念着我。"黑蛋用极快的速度写了几行字，交给王警官："劳驾，把这封信带给我妈，让她放心。"

王警官把信看了一下，点了点头说："路上多加小心！"

"再见啦，朋友们！"黑蛋把野兔送给了明明，跟着矮胖子向黑森林深处走去……

蚂蚁救黑蛋

矮胖子领着黑蛋在阴暗的森林里绕来绕去，三四个小时过去了，还没到达目的地。这时，黑蛋又累又害怕，不由地问："这是什么地方？

你带我来干什么?"

"别问了,一会儿你就知道了。"矮胖子说完,把右手的拇指和食指放进嘴里,吹了一个长长的响哨。

过了一会,只见一个又瘦又高的老头和两个彪形大汉从一片树林中走出来。这个老头面色黝黑,身着黑衣黑裤,年纪60岁左右。矮胖子马上向老头鞠躬哈腰,走近老头低声讲了些什么。然后转过身来对黑蛋说:"这是黑森林的主子,大名鼎鼎的'黑狼',他想收你做干儿子,你小子可要识相点!"

黑蛋万万没有想到,矮胖子领他进黑森林,是让他当大恶魔"黑狼"的干儿子。黑蛋心里这个气呀!可是转念一想,自己这次来的目的,是要弄清这个贩卖儿童的犯罪团伙的底细,也只好有气往肚子里咽。

"黑狼"把黑蛋上下打量了一番,慢悠悠地说:"听说你很聪明,数学很好,不知你的胆量如何?"说完,向两壮汉使了个眼色。两壮汉从树林中抬来一只小黑熊。

"黑狼"从小腿上拔出一把雪亮的匕首递给黑蛋:"你用这把匕首,把这只小黑熊的胆取出来,熊胆可以卖个好价钱哪!然后再把4只熊掌砍下来,晚上咱们吃清炖熊掌,这可是道名菜。"说完带着矮胖子、两个壮汉走了。

黑蛋想用匕首把捆小黑熊的绳子割断,放开小黑熊。小黑熊小声对黑蛋说:"千万别放我!你割断绳子,不仅我跑不了,你也要遭殃!'黑狼'的打手们正躲在暗处监视咱们哪!"

"让我想想办法。"黑蛋用食指敲打着脑门儿。他小声对小黑熊说:"我拿匕首假装割你的肚皮,取你的胆。你大声呼叫你的父母,叫他们来消灭隐藏着的打手。"

小黑熊点点头说:"就这样办!"

躲在暗处的两名打手见黑蛋趴在小黑熊身上半天没起来,觉得事情奇怪，站起来想走过去看个究竟。忽听背后有响动，两人掏出枪刚一回头，只见两只巨大的狗熊走了过来，狗熊给每个打手一巴掌，两人立刻晕死过去了。

小黑熊发现亲人救它来了，对黑蛋说："割断绳子，咱们赶快逃走！"黑蛋迅速割断绳子和小黑熊的父母一起逃走了。

在黑森林里走路，黑蛋跑不过狗熊，慢慢地就落到了后面。走着走着，突然从树上落下一个大铁笼子，一下子把黑蛋罩到里面。

小黑熊和它的双亲返身相救，突然，从树上传出"哈哈"的一阵笑声，这笑声比猫头鹰叫还难听。听到这怕人的笑声，3 只狗熊扭头就跑；听到这笑声，鸟儿都不敢歌唱。黑蛋抬头向上看，什么也看不见，只觉得周围像死一样的宁静。反正也出不了铁笼子，黑蛋只好在铁笼子里转圈儿。

这时，一只小蚂蚁爬了进来，黑蛋对蚂蚁说："你能帮助我逃出铁笼子吗？"

蚂蚁头也不回地往前走，嘴里嘟囔着："让我帮助你？谁来帮助我呀！过一会儿再堆不起来，我的小命就完啦！"

"你堆什么呀？我能不能帮帮你？"黑蛋诚心诚意地问。

"你帮我？"蚂蚁怀疑地看着黑蛋，迟疑地说，"那就试试吧！我们找到了 45 个圆柱形的虫蛹，蚁后叫我把它们堆放整齐，可是我怎么也堆不整齐，蚁后生气了，说如果再堆放不好，就要处死我！"

"总共 45 个虫蛹，这好办！你先把 9 个虫蛹排成一排，两边用小石头垫好。别让它们滚动。然后在它们上面堆上 8 个虫蛹，就这样每次少放一个一直往上放，最后堆放成一个三角形的垛。"黑蛋在地上画了个图。

蚂蚁两眼盯着黑蛋画的图，摇摇头说："这是 45 个吗？我看怎么不够数啊？"

"你不信？我可以再画一个同样的三角形，和它倒着对接上。这样一来，横着数每行都是 10 个虫蛹，一共 9 行，总共是 10×9＝90（个）虫蛹。一半不就是 45 个吗？"黑蛋这么一讲，把蚂蚁讲服了。

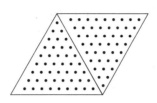

蚂蚁说："我回洞按你的方法试一试，如果真能堆放整齐，我就想办法救你。"说完就快步爬进自己的洞里去了。

过了一会儿，那只蚂蚁领着蚁后钻出了洞，蚂蚁指着黑蛋说："是他教我这样堆放的。"

蚁后说："多聪明的孩子呀！咱们一定要想办法把他救出来。"

这时走来两名"黑狼"的爪牙，其中一个留着大胡子，长着满脸横肉的家伙厉声对黑蛋说："我们的头儿想收你做干儿子，是你小子运气，你别不识抬举！"

另一个干瘦干瘦的家伙，尖声尖气地说："你如果不答应，就让你在笼子里饿死！"刚说到这儿，两个人不约而同地大叫："痛死我啦！"黑蛋仔细一看，原来，一群蚂蚁正顺着这两个人的裤腿往上爬，在这两个人身上一通乱咬，痛得两个人满地打滚。

得到黑蛋帮助的那只蚂蚁爬进来告诉黑蛋："你对他俩说，要立刻把你放了，不然就把他俩咬死！"黑蛋学说了一遍，两名爪牙实在受不了啦，站起来拉动绳子，把铁笼子升了上去，黑蛋脱险啦。

中了毒药弹

随着一声怪笑，"黑狼"从树上跳了下来。"黑狼"对黑蛋说："不要走嘛，我非常喜欢你。你不但聪明过人，还能懂鸟兽语。你今天做我的干儿子，明天就是黑森林的霸主！"

"哼，谁给你这个恶魔做干儿子？谁想当霸主！我要回去上学！"黑蛋说完扭头就走。

"唰"的一声，"黑狼"亮出了手枪。他恶狠狠地说："你再敢向前一步，我就打死你！"

黑蛋把脖子一梗说："你就是打死我，我也不当你的干儿子！"说完迈开大步就走。

"砰"的一声枪响，黑蛋觉得哪儿也不痛，怎么回事？这时，"呼"的一声从树上掉下一只大鸟。黑蛋跑过去一看，啊，是珍稀鸟类——褐马鸡。黑蛋把褐马鸡抱起来，发现它已经中弹死了。

黑蛋怒不可遏，指着"黑狼"说："你竟敢杀死受人类保护的褐马鸡，你应当受到法律的制裁！"

"法律？哈哈……法律还管得了我！"说完"黑狼"一抬枪，"砰、砰、砰"的又是3枪，3只野鸡应声落下，矮胖子赶紧跑过去把野鸡拾了起来。

"黑狼"收起手枪说："这褐马鸡不好吃，肉发酸。烤野鸡才香呢！"

矮胖子小声对"黑狼"说："这小子总不答应做您的干儿子，怎么办？"

"这小子有性格，我很喜欢。还是采取咱们的绝招吧！不怕他不就范。"看来"黑狼"对制服黑蛋充满信心。

矮胖子点点头，快步走到黑蛋的身后，猛地将黑蛋的上衣往上一撸，露出了肚皮。

黑蛋挣扎着喊叫："你要干什么？"

"黑狼"狂笑了几声，把手枪又掏了出来，向手枪里压进一颗红头子弹，然后将枪口对准黑蛋的肚皮。

黑蛋两眼一闭，心想这下子可完了。听人家说红头子弹进入人的身体以后就要炸开。看来，这一枪非把我的肚子炸出个大窟窿不可。

"砰"的一声枪响，黑蛋觉得自己的肚脐眼儿，钻进了一个什么硬东西，痛得他"哎呀"一声。

"黑狼"收起枪，哈哈一阵怪笑："我把这颗毒药弹片打进你的肚脐眼儿，药力会慢慢地扩散到你的全身，那滋味别提有多难受啦！当你受不了的时候，你会大声叫我干爹的，哈哈……"一阵狂笑后，"黑狼"带着一伙匪徒走了。

突然，黑蛋觉得渴得要命，他大声叫道："水，水，渴死我了！"

听到黑蛋的叫声，小黑熊用半个西瓜皮装着河水跑来了。黑蛋捧着半个西瓜皮，一口气把水都喝下去了。他用左手抹了一下嘴角，右手把半个西瓜皮又递给了小黑熊："我还要水喝！"小黑熊点点头，一溜小跑打水去了。黑蛋一连喝了3瓜皮水，肚子涨得像半个圆球。

好容易不太渴了，突然，黑蛋又觉得全身发热，把上衣、长裤都脱了还是热。急得小黑熊打来清凉的河水浇到他身上，还是不成。黑蛋这时候才明白，是打进肚脐眼里的红色毒药弹在发挥毒性。

必须把这颗毒药弹取出来！黑蛋就动手去抠，不成，抠不动。小黑熊力气大，想把毒药弹取出来，也没成功。怎么办？灰喜鹊在树上"喳喳"乱叫。灰喜鹊自言自语地说："大坏蛋'黑狼'为什么总要把毒药弹射进人的肚脐里呢？"

"这里面可有大学问，"黑蛋忍着身上极度的难受说，"因为肚脐眼儿是人体的黄金分割点。"

"黄金分割点？黄金分割点是个啥玩意儿呀？"灰喜鹊听不懂。

黑蛋解释说："从人的头顶到脚底的长度设为 l，从肚脐眼儿到脚底的长度设为 l'，这时比值 $\frac{l'}{l}$ 大约等于 0.618。数学上，把一条线段能分成这样的两段的点叫作'黄金分割点'，这种分割叫'黄金分割'，把0.618 叫作'黄金数'，灰喜鹊你明白了吗？"

灰喜鹊摇摇头说："他把毒药弹射入你身上的黄金分割点，有什么特殊作用？"

"我想，它的作用是可以使毒性更快地扩散到我的全身。"黑蛋刚说到这儿，突然全身冷得发抖，小黑熊把黑蛋紧紧搂在怀里，用身体给他取暖。

灰喜鹊飞到黑蛋的肩头上说："啄木鸟是树木的医生，它的嘴坚硬无比，多硬的树皮它都能啄出一个洞来。我想让啄木鸟把你肚脐眼儿里的毒药弹啄碎，然后取出来。"

黑蛋一琢磨，是个好主意，就强忍着寒冷，露出自己的肚脐眼儿。啄木鸟两只一组，开始啄那颗红色毒药弹。"砰、砰、砰"一组啄木鸟累了，换上另一组；"砰、砰、砰"这组啄木鸟累了，再换上一组。"只要功夫深，铁杵磨成针"，这颗红色毒药弹硬是给啄碎了。啄木鸟又把啄碎的毒药弹片全都取了出来，黑蛋立刻恢复了常态。

黑蛋忽然灵机一动："啄木鸟，你们能不能把褐马鸡身体里的子弹也取出来？"

灰喜鹊说："它已经死啦！"

"死了也请你们把子弹给它取出来！"

"我们试试吧！"啄木鸟开始给褐马鸡取子弹，工夫不大，把子弹取了出来。说也奇怪，子弹刚刚取出来，褐马鸡"扑"的一声从黑蛋手中飞了起来，啊，褐马鸡又活了！

褐马鸡十分兴奋，在地上又蹦又跳："好个'黑狼'，你打死了多少我们黑森林中的伙伴。我们褐马鸡可不是好惹的，我们有极强的战斗力。中国古代的武将，帽子上就插有我们褐马鸡的尾羽，表示英勇善斗。走，找'黑狼'算账去！"

梯队进攻

好斗的褐马鸡站在高处一声鸣叫，"呼啦啦"地飞来了一大群红脸颊黑颈深褐色羽毛的褐马鸡。众褐马鸡听说去找"黑狼"讨还血债，都十分兴奋，鸣叫声此起彼伏。

灰喜鹊说："我知道'黑狼'的老窝在哪儿，我带你们去！"

黑蛋忙拦住："慢着，'黑狼'手下有多少名匪徒我们还不清楚，他们手中都有枪，而且枪法都很准。我们这样一窝蜂地去攻击他们，恐怕损失会很惨重的！"

"我们要战斗，我们不怕死！"褐马鸡群情绪激昂，不听劝阻。

黑蛋伸开双臂拦住众褐马鸡："不能蛮干！褐马鸡在地球上已经为数不多了，人们想尽一切办法保护你们，我不能看着你们去送死！"

"怕死就不是褐马鸡！勇敢的斗士们，咱们向'黑狼'去讨还血债，冲啊！""呼啦啦"，褐马鸡群起飞了。

黑蛋知道，现在不让褐马鸡去战斗是不可能的了，只能尽量减少它们的伤亡！

黑蛋挥舞着双手大叫："我同意你们去进攻'黑狼'，但要讲究进攻的策略！"

听到黑蛋的叫声，褐马鸡都落了下来。死而复生的那只褐马鸡问："你说该怎样进攻？"

"应该由少到多，分若干个梯队去进攻。"黑蛋边画边说，"要把每个梯队编成三角形模样，一个角冲前，有极强的冲击力。第一梯队只安排一只褐马鸡，第二梯队 3 只，第三梯队 6 只，第四梯队 10 只，如此下去。"

第一梯队
第二梯队
第三梯队
第四梯队

褐马鸡都高兴极了："这队形有多漂亮啊！天

上的飞机也这样排队飞行!"

黑蛋继续说:"这种排法能使'黑狼'感到飞来的褐马鸡一队比一队多,摸不清究竟有多少褐马鸡,产生心理压力!"

褐马鸡高兴得又蹦又跳,一个劲儿地鸣叫。

黑蛋说:"相邻两个梯队之间要隔开一段时间进攻,不然的话,就显不出梯队的威力了。"黑蛋心想,我让大群的褐马鸡留在后面,一旦进攻失败,还能把大部分褐马鸡保护下来。

一只褐马鸡提出一个问题:"我们总共有 56 只,可以编成几个梯队呀?"

"这个……"这个问题把黑蛋给难住了,他低着头琢磨了一阵子。突然,黑蛋一拍脑袋说:"有啦!"

黑蛋先画了 3 个正方形,然后说:"第一梯队和第二梯队合在一起,正好组成 2×2 的正方形,$2 \times 2 = 2^2$;第三、第四梯队合在一起组成一个 4×4 的正方形,$4 \times 4 = 4^2$;第五、第六梯队合起来组成一个 6×6 的正方形,$6 \times 6 = 6^2$……这样组成的正方形都是偶数的平方。"

小黑熊跑过来说:"我也会算,$2^2 + 4^2 + 6^2 = 4 + 16 + 36 = 56$,哈,你们褐马鸡正好能编成 6 个梯队!"

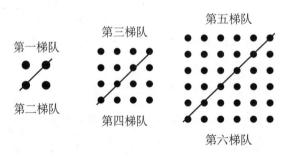

6 个三角形梯队很快就编好了。死而复生的那只褐马鸡报仇心切,争着当了第一梯队。它率先起飞,在灰喜鹊的引导下,直向"黑狼"的老窝飞去。

李毓佩
数学科普文集

"黑狼"正和矮胖子一边吃着烤野鸡，喝着酒，一边聊着天。

矮胖子咬了一大口野鸡肉，边嚼边说："现在那个叫黑蛋的孩子正折腾呢！一会儿冷，一会儿热，一会儿渴，一会儿饿，到头来还是要大声叫干爹救命！哈哈……"

"黑狼"十分得意，他呷了一口酒说："我这个绝招儿从来没失败过！从咱们手中卖出去的孩子不下几十个，哪个敢不听话？胖子，等把咱们手头这几只老虎、狐狸、天鹅卖出去，你再去骗几个孩子来卖。完了咱们再买卖一批毒品。"刚说到这儿，一只褐马鸡从天而降，直奔"黑狼"的右眼啄去。"黑狼"也身手不凡，用右手遮住右眼，左手把手枪掏了出来。

"黑狼"虽说保住了自己的右眼，但右手却被褐马鸡啄出了一个小洞，鲜血直流，痛得"黑狼"哇哇乱叫。

褐马鸡缠住"黑狼"不放，见肉就啄，"黑狼"身上已几处出血。"砰"的一声枪响，褐马鸡中弹了，临死前还用爪子在"黑狼"手上抓出几道血沟。

"黑狼"一直在黑森林里称王称霸，何时吃过这种亏！他恶狠狠地朝已经死去的褐马鸡连开数枪。

突然，一队3只褐马鸡飞来，向"黑狼"又发起进攻。慌得"黑狼"连连开枪，这时枪声惊动了其他匪徒，他们也向褐马鸡连连开枪，掩护着"黑狼"撤退。3只褐马鸡虽然都身负重伤，但它们仍然继续战斗，直至死亡。

四队褐马鸡全都战死了，黑蛋大喊一声："停止进攻！已经伤亡了20只褐马鸡，不能再蛮干啦！"

与狼同笼

黑蛋一看，褐马鸡这样进攻下去，必将全军覆没，立刻下令停止进攻。黑蛋正低头琢磨下一步的对策，"哗啦"一声，"黑狼"的一群打手把黑蛋围在了中间。这群打手围成一个正方形，人数分布如下图。他们个个手持武器，大声叫喊着让黑蛋投降。

3	8	1
7		5
2	4	6

北 ↑

"要冲出去！"黑蛋先向北边冲。正北边有 8 名打手、东北角有 1 名打手、西北角有 3 名打手。他们看黑蛋朝北冲来，就立刻向中间靠拢，12 个打手站在一排，12 把枪对准黑蛋大喊："往哪儿跑！"

黑蛋一看向北冲不成，转身向南冲，站在南边的三伙人往中间一靠拢，不多不少也是 12 个打手。黑蛋向东、西两个方向也做了试探，每个方向也都是 12 名打手。

"哈哈……"随着一阵怪笑，"黑狼"走了出来，他对黑蛋说，"你落入了我的迷魂阵。不管你往哪个方向冲，都有 12 名枪手阻拦你，可是我总的人数并不是 48 个，虽然你数学不错。但其中的奥妙你是不会知道的。"

黑蛋说："你不过玩了个三阶幻方的小小把戏。原来是用 0 到 8 这 9 个数排成 3×3 的方格图，不管你是横着加，还是竖着加、斜着加都是 12。你只不过是把各行的次序对换了一下，有什么了不起！"说完黑蛋在地上写了一行算式，画了一个图：

$$1+2+3+4+5+6+7+8=36。$$

7	0	5
2	4	6
3	8	1

"一共有36名打手，对不对？"黑蛋这一番话，说得"黑狼"一愣。

"对，对，好小子，你还真有两下子！我很喜欢你，非要你当我的干儿子！""黑狼"两只眼死死盯住黑蛋。

黑蛋坚定地回答："'黑狼'，你死了这条心吧！我怎么会给你这样的坏蛋当干儿子呢？"

"哼，还敢嘴硬。把他关进我爱狼的笼子里，等我爱狼醒来，让它教训教训他！""黑狼"一挥手，上来两个彪形大汉，架着黑蛋来到一个大铁笼子前，笼子里一只1米多长的灰狼正趴在一边睡觉，一个打手打开笼子门把黑蛋推了进去。

"黑狼"冷笑着说："我刚给我的爱狼注射了点毒品，它瘾劲还没过去。它已有两天没吃东西了，等它醒过来，可要吃你的肉。咱们先走！""黑狼"带着一群打手走了。

面对着这么一条大灰狼，黑蛋心里还真有点害怕。黑蛋心想，一个机智的少年不会等着让狼吃掉，我要想办法保护自己。这时跑来两只小猴，它俩对黑蛋说："可恨的'黑狼'，把你放进有狼的笼子里，你非被它咬死不可。要我们帮忙吗？"

黑蛋想了一下说："你们俩去找一条结实的长绳子来！"两只小猴答应一声就跑了，没过多久，两只小猴抬来一捆绳子，黑蛋把绳子从铁笼子两边穿进来，一头拴在大灰狼的脖子上，测好了距离，另一头拴在自己的腰上，这样把绳子拉紧后黑蛋和大灰狼相距约1米。黑蛋把多余的绳子扔出铁笼外。

刚刚拴好，大灰狼睁开了双眼，它一看见黑蛋，"呼"的一下从地上爬了起来。两眼发出凶光，不住地"嗷嗷"乱叫。突然，身子往下一低就扑向了黑蛋。这时，绳子把黑蛋猛地往后拖，一直拖到铁笼子角上。黑蛋死死抱住铁栏杆，这样绳子的一头固定了，尽管大灰狼拼命往前扑，无奈绳子已经拉紧，绳子的另一头紧勒它的脖子，就是够不着黑蛋。

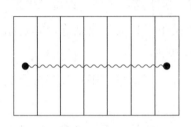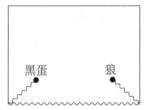

大灰狼急红了眼，黑蛋仍嬉皮笑脸成心气它，慢慢地大灰狼也发现了，自己越用力往前，拴在脖子上的绳子勒得越紧，越喘不过气来。大灰狼往后退了两步，想喘口气再往前扑。它这样一退，黑蛋不乐意了，赶紧向大灰狼迈了两大步，刚刚松弛的绳子立刻又勒紧了，大灰狼又感到喘不过气来。

大灰狼和黑蛋在铁笼子里斗了起来，你进我退，你退我进，不管怎么折腾，大灰狼与黑蛋的距离总保持在1米左右，黑蛋总不让绳子松下来，大灰狼总得不到喘息的机会。黑蛋与大灰狼的这番"表演"，两个小猴看得可高兴了。它们俩在笼子外面又拍手，又跺脚，又蹦又跳，一个劲儿地给黑蛋加油。

一只小猴对黑蛋说："这只大灰狼特别坏，依仗着'黑狼'的势力，大量捕杀各种动物，光我们猴子就叫它咬死了好几十只。"

另一只小猴说："咱们把这只恶狼勒死吧！"

黑蛋一听，是个好主意。再一看，大灰狼也被折腾累了，"机不可失，时不再来"，黑蛋对两只小猴子说："我用力向大灰狼那边走，你们在笼子外面帮我拉绳子！"两只小猴答应了。

黑蛋用足力气向大灰狼面前走，绳子拖着大灰狼往后退，没一会儿就把大灰狼拖到铁笼子角上无法再动了。黑蛋喊着"一、二"，与两个小猴子一起用力拉绳子，拴在大灰狼脖子上的绳子越勒越紧，勒得大灰狼一个劲地蹬腿，不一会儿，大灰狼就不动弹了。

小猴和黑蛋高兴地跳了起来："好啊，我们胜利喽！"

喊叫声惊动了"黑狼"。"黑狼"带着打手走过来。一看，啊，心爱的大灰狼被勒死了，而黑蛋在笼子里却安然无恙。"黑狼"再一看绳子的拴法，心中暗道："真是个不好斗的小家伙呀！"

"黑狼"看见心爱的大灰狼被黑蛋勒死了，心里非常生气。再一看黑蛋设计的方法又转怒为喜。"黑狼"说："虽然我失去了心爱的狼，但是我得到了一个聪明的干儿子，值啦！"

"黑狼"叫人把黑蛋从铁笼子里放了出来。"黑狼"拍拍黑蛋的肩头："将来你替代我当黑森林的主宰，除了有好头脑、会算计，还要有好枪法。来人，摆好玻璃瓶，让这孩子练练枪法！"

只见两名匪徒抬出一张一条腿的圆桌，在桌上放好 4 个同样大小的玻璃瓶，每个玻璃瓶下面扣着一只活蹦乱跳的小松鼠。

"黑狼"招了招手，立刻走出 4 名匪徒，一字站好，举起手枪，每人瞄准一个玻璃瓶，"砰、砰、砰、砰"4 声枪响，4 个玻璃瓶全都碎了，4 只小松鼠也全部被杀死。

"哈哈"，"黑狼"看到被射杀的小动物发出了狂笑。黑蛋看到小动物被残杀，恨得直咬牙。

"黑狼"又命令摆上 4 个玻璃瓶，每个玻璃瓶中仍各扣一只小松鼠。"黑狼"掏出手枪也不瞄准，一抬手"砰、砰"两枪，每枪都射中 2 只瓶子，4 只小松鼠也全部被杀死。

"好！""真准！"众匪徒发出阵阵喝彩声。

"黑狼"洋洋得意地看了看黑蛋。他又命令匪徒再摆上 4 个玻璃瓶，下扣 4 只小松鼠。"黑狼"把枪递给了黑蛋："不但要打碎玻璃瓶，还要打死瓶子里活蹦乱跳的小松鼠，打瓶子容易打松鼠难。你来试试，如果你 10 枪能把这 4 个瓶子打碎、松鼠杀死，就很不错啦！"

黑蛋二话没说，从"黑狼"手中接过枪，举枪瞄准圆桌，"砰"的一枪把圆桌的独腿打断了，桌面一歪，"哗啦"一声玻璃瓶全都摔碎了，4 只小松鼠趁机都跑掉了。

黑蛋这一枪，出乎"黑狼"的意料，他眼珠一转，说："噢，我明白啦！你长了一副菩萨心肠，舍不得杀死这些小松鼠。好，咱们换个花样，不以动物为目标。"

两名匪徒抬上一张 4 条腿的方桌，桌上整齐地摆好 5 行 5 列，共25 支点燃的蜡烛。矮胖子先掏手枪，"砰"的一枪，最左边的一行的 5 支蜡烛同时熄灭。众匪徒发出一阵叫好声。

依次又有 3 名匪徒，各自打了一枪，打灭了 3 行 15 支蜡烛。接着，"黑狼"又打灭了最右边一行的 5 支蜡烛。这群匪徒枪法确实都够准的。

25 支蜡烛重新点着了。"黑狼"把枪递给黑蛋："如果你一枪能打灭一支蜡烛，就算你的枪法不错！"

黑蛋有点犹豫了。蜡烛头那么小，自己绝不可能一枪就把它打灭，黑蛋正为难，突然听到头顶上有一只小山鹰对他说："我可以帮你把蜡烛先扇灭。"当然鸟兽的语言，除了黑蛋以外，别人是听不懂的。

黑蛋想了一下说："我在地上画个图，凡是我画圈的蜡烛你都把它扇灭。"小山鹰很痛快地答应了。

"黑狼"问："你自言自语说些什么？快打呀！"

黑蛋说："我需要先画个图，想办法让子弹拐着弯儿走，而且我打灭 5 支蜡烛后，你们谁也不可能再一枪同时打灭 5 支蜡烛！"说完黑蛋在地上画了一个图，其中有 5 个圆圈。黑蛋这番话把众匪徒都听愣了，议论纷纷。"子弹会拐弯儿？""他打过这一枪后，别人再也不可能同时打灭 5 支蜡烛？神啦！"

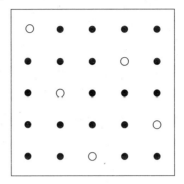

"黑狼"当然也不信，他说："你打一枪给兄弟们看看，也好让他们长长见识。"

黑蛋把枪举了起来，与此同时小山鹰从树上飞了下来，在蜡烛上面盘旋。黑蛋故意地说："小山鹰快飞走，以免误伤了你！"小山鹰不但不飞走，而且越飞越低。"黑狼"叫喊："讨厌的山鹰，找死呀！"说完就要拿枪。不能再迟疑，黑蛋一扣扳机，"砰"的一枪，小山鹰假装受伤，歪着身子往蜡烛上扑，两只翅膀左右扇动，把 5 支蜡烛扇灭了。由于这个过程是在一瞬间完成的，很难分清这灭掉的 5 支蜡烛是枪打的，还是小山鹰给扇灭的。

黑蛋对"黑狼"说："看，我这一枪，把不在同一行的 5 支蜡烛打灭了。你们谁再能一枪打灭 5 支蜡烛，我就服谁！"

众匪徒一看，都感到奇怪，这灭的蜡烛是一行里一支，就是斜着打，至少也要两枪才行。有的匪徒想找出一行同时点燃的 5 支蜡烛，但是不管你是横着找，竖着找，还是斜着找，都找不到。众匪徒不得不佩服黑蛋的本事！

"黑狼"发出"嘿嘿"一阵冷笑，这声音似笑，似哭，似狼嚎！使人感到毛骨悚然！"黑狼"一抬手，"叭"的一枪，小山鹰应声落地。"黑狼"说："跟我耍这种小把戏，想骗过我？再高明的枪手也不能叫子弹拐弯！"

黑蛋急忙跑过去，轻轻地抱起了小山鹰，眼里噙着泪水说："小山鹰，是我害了你！"小山鹰胸部中弹受了重伤，鲜血浸湿了羽毛。它有气无力地对黑蛋说："你……抱着我去见'黑狼'。"黑蛋抱着小山鹰慢步走近"黑狼"，把小山鹰托到"黑狼"的面前。

"黑狼"微微一笑，问道："死了吗？"他的话音未落，小山鹰"噌"地蹿了起来，照着"黑狼"的右眼狠命地啄了一下。"黑狼"没有防备，右眼立刻血流如注。"黑狼"大叫一声，抓起小山鹰狠狠地摔到了地上。

逃离地堡

勇敢的小山鹰临死前啄瞎"黑狼"的右眼。"黑狼"一怒之下将黑蛋打入监牢。

两名匪徒将黑蛋架到一个地堡前，门口有一个拿枪的匪徒在看守，他从口袋里掏出钥匙打开地堡的门。一名匪徒对看守说："这名儿童可是非卖品，千万别让他跑了！你要是让他跑了，'黑狼'非揪掉你的脑袋不可！"

黑蛋被推进了地堡，呀！地堡里还关着十几名儿童，这些儿童肯定和自己一样是被骗来的。小伙伴见面分外亲热，互相问长问短。从这些儿童嘴里知道，"黑狼"给他们饱饭吃，怕饿瘦了会影响卖出去的价钱。只是不许他们走出这座地堡。

黑蛋忽然想起来，在临来前警察叔叔曾送给他一个纽扣样的东西，不知有什么用。他拿出来一看，和一个普通的大衣纽扣没有什么区别，中间有两个孔，圆圆的，只是比一般纽扣重。黑蛋把纽扣翻到背面，见后面有一个小红点，无意中用手按了一下，一个细微但清晰的声音从纽扣中传出来："黑蛋吗？你好！这是一个微型对讲机，你现在情况怎样？"

黑蛋听出是警察王叔叔的声音，心里那个激动劲就别提了，他把进入黑森林的经历简单汇报了一下。王叔叔夸奖他干得好，并给他布置了三项任务：弄清匪徒的确切人数和武器配备情况；弄清楚被骗走的儿童有多少，藏在什么地方；掌握"黑狼"贩卖毒品、残杀珍稀动物的证据。

黑蛋心想："我被送进地堡里出不去，怎么了解这些情况呢？"他想起了林中的鸟兽。通过地堡的小窗户，他看到窗外有一只小麻雀在地上啄食，黑蛋央求小麻雀把小猴子找来。不一会儿，小猴子活蹦乱跳地跑来了。黑蛋让它偷看守腰上的钥匙，小猴子点点头答应了。

黑蛋用力敲门："我要喝水！渴死我了，我要喝水！"

"吧嗒"一声，门开了一个小缝，一双凶狠的眼睛向里看："喊什么？再喊我枪毙了你！"当他看清是黑蛋要喝水，态度立刻好起来。他递进一个水碗说，"你要喝水呀！给你水，喝吧！"

黑蛋接过碗，一边喝水，一边聊天："你一个人在这儿看着我们，不闷得慌吗？"

"怎么不闷？闷了就抽口烟。'黑狼'交给的任务，不能不完成啊！"

"我教你玩一个'幸运者游戏'，可好玩啦！你要能算出数字100来，3天以内你必定走好运！"

"真的？怎么个玩法？"匪徒很感兴趣。

黑蛋说："你随便找一个自然数，将它的每一位数字都平方，也就是自乘一次，然后相加得到一个答数；将答数的每一位上的数字再平方、相加……这样算下去，如果你能得到答数是100，3天之内我保你发大财。"

"嗯……我想到一个数85，我按你说的方法做一下。"匪徒真的算了起来：

$$8^2 + 5^2 = 64 + 25 = 89;$$
$$8^2 + 9^2 = 64 + 81 = 145;$$
$$1^2 + 4^2 + 5^2 = 1 + 16 + 25 = 42;$$

$$4^2+2^2=16+4=20;$$
$$2^2+0^2=4+0=4;$$
$$4^2=16;$$
$$1^2+6^2=1+36=37;$$
$$3^2+7^2=9+49=58;$$
$$5^2+8^2=25+64=89;$$
$$\cdots$$

这个匪徒并没有发现，这里又出现了前面已经出现过的 89，他为了得到答数 100，为了发大财，傻呵呵地一直算下去，算出的答案仍旧是 145，42，20⋯

黑蛋看到时机已到，向窗外做了个手势。小猴子偷偷地绕到匪徒的身后，从他腰上把地堡门的钥匙轻轻地摘了下来。

突然，两只野兔出现在前面的草地上。两只野兔乱蹦乱跳惊动了这个匪徒，他自言自语地说："好肥的两只兔子，逮住它晚上烤烤吃，别提有多香啦！"他刚想拿枪，又想到这里不能随便开枪，因为一开枪就表示地堡出事啦！匪徒想抓活的，他轻轻地向两只野兔摸去。

两只野兔好像没有感到危险的来临，仍旧在那儿又蹦又跳。当匪徒向野兔全力扑过去时，野兔敏捷地跑开了。它们并不跑远，继续在不远的地方蹦跳，匪徒又一次扑过去，又扑了一个空。野兔引着这名匪徒越走越远……

小猴子赶紧拿出钥匙把地堡门打开，黑蛋领着十几名儿童跑了出来，他们消失在密林之中。

匪徒扑了一身土也没能逮住野兔，骂骂咧咧地走了回来。他回想刚才做的数字游戏，仔细一琢磨，嗯？怎么算出来的总是这几个数啊？我掉进了数字陷阱里了。他探头往地堡里一看，一个小孩也没有了。再一摸后腰上的钥匙，啊，钥匙也不见了！坏了，这群小孩逃跑啦！

匪徒一边跑一边喊："不好啦！小孩都逃跑啦！"

"黑狼"右眼戴着一个黑色眼罩从屋里走了出来。他"嘿嘿"一阵冷笑："一群孩子想逃出这黑森林？做梦！他们不知道怎么走法，插翅难飞。不过，那个黑蛋懂得鸟兽的语言，我们要多加小心。全体弟兄，4人一组，给我向各个方向搜查，一定要把他们抓回来！"

夺枪的战斗

黑蛋带领十几名儿童逃离了地堡。一名儿童问黑蛋："咱们往哪儿走？"

是啊，在这茫茫林海中哪一条是回家的路？黑蛋心里没底。有的说，任意乱走总能碰到一条通往外面的路；有的说，大家分成几拨，各自走自己的路。黑蛋认为这些走法都不成，这么大的一片森林，瞎闯是很难闯出去的。即使不被"黑狼"抓住，也会饿死。

忽然，一只大山鹰飞来了。它对黑蛋说："我带你们走吧，我认识路……"说到这儿大山鹰有点说不下去了。

黑蛋觉得十分奇怪，忙问："你怎么啦？"

大山鹰说："我的小山鹰被'黑狼'杀死了，我要替我的儿子报仇！"

原来它是勇敢的小山鹰的妈妈，黑蛋心里十分感动。他让大山鹰带领这十几名儿童赶快逃离黑森林。

孩子们问："你呢？"

"我现在还不能走，有些事情还没办完。"黑蛋看着大家走远了，返身又往回走。按照警察王叔叔的布置，他还得把"黑狼"匪帮的人数以及罪证调查清楚。他看见地上有一行蚂蚁在忙碌地搬运着食物。

黑蛋俯下身来问："你们从哪儿搬来这么多好吃的？"

"从厨房搬来的。"一只蚂蚁放下食物说，"'黑狼'的厨房新来了一个厨师，做了好多好吃的，我们就是从那儿弄来的。"

黑蛋看到有的蚂蚁把食物放到窝里以后，又向厨房跑去。黑蛋跟着这些蚂蚁向厨房走，厨房周围没有匪徒，大概都去抓逃跑的儿童了。黑蛋溜到厨房门口偷偷地往里看，只见一名胖胖的厨师正在切肉。黑蛋一回头，发现一只黑熊闻着香味，向厨房走来。

黑蛋把黑熊叫了过来，让它进去把厨师抱住。黑熊点点头，蹑手蹑脚地溜进了厨房。突然，厨房里发出"嗷"的一声嚎叫，接着有人喊："狗熊吃人啦！快救命啊！"黑蛋立即走进厨房，只见黑熊紧紧地搂住了胖厨师，胖厨师吓得浑身打战。

黑蛋问："你是厨师，一定知道'黑狼'这儿一共有多少人。"

胖厨师战战兢兢地说："我是……刚刚被抓来的，我……真不知道他们有多少人。"

黑蛋看到大盆里有许多还没洗的碗，问："这是他们刚用过的碗吗？"

"是，是，"胖厨师说，"中午我给他们做了 3 个菜。2 个人一碗红烧鹿肉，3 个人一碗蛇羹，4 个人一碗清炖山鸡。'黑狼'单独吃，他一个菜用一个碗。"

黑蛋数了一下，总共有 68 只碗，除去"黑狼"一个人用了 3 只碗以外，还剩下 65 只。黑蛋心想，我可以根据这 65 只碗，算出一共有多少匪徒。

2 个人一碗红烧鹿肉，每人占 $\frac{1}{2}$ 只碗；

3 个人一碗蛇羹，每人占 $\frac{1}{3}$ 只碗；

4 个人一碗清炖山鸡，每人占 $\frac{1}{4}$ 只碗。

用总的碗数除以每人所占的碗数，就是吃饭的人数：

$$65 \div (\frac{1}{2} + \frac{1}{3} + \frac{1}{4}) = 65 \div \frac{13}{12} = 60 \text{（人）}。$$

加上"黑狼"总共 61 人。黑蛋知道了匪徒的确切人数，拿出微型对讲机，向警察王叔叔做了汇报。

下一步是弄清楚这群匪徒的武器装备情况。忽然，黑蛋听到一阵嘈杂的脚步声和叫骂声，知道"黑狼"他们回来了，赶紧放开胖厨师，拉着黑熊躲到厨房的后面去了。

"黑狼"显得异常恼怒，他大声呵斥着众匪徒："你们都是干什么吃的？连几个小孩都抓不回来！他们人生地不熟难道能飞上天？"众匪徒都低着头，一动也不敢动。

"他们如果逃出了黑森林，必然被警察发现。警察一旦发现我们的藏身地点，肯定会来进攻。"说到这儿"黑狼"停顿了一下，倒背双手在地上踱了两步，回头命令道，"黑胖子，你速去秘密武器仓库，清点一下那里的轻重武器各有多少，速来汇报！"

"是！"黑胖子答应一声转身就跑。

"好机会！"黑蛋立刻跟在后面。别看黑胖子长得又黑又胖，跑起来却很快，不一会儿就把黑蛋甩在后面，再加上林密草高，三转两转就找不到黑胖子了。黑蛋正着急，忽然觉得腰上顶上了一个硬邦邦的东西，刚想回头，就听后面有人喝道："不许动！我以为是什么动物跟着我呢！原来是你呀！走，跟我见你的干爹去！"

没办法，黑蛋只好被他押着往回走，没走几步惊动了草丛中的一条眼镜蛇，它直立着上身，晃动着板铲似的头部，一副要进攻的样子。黑蛋小声对眼镜蛇说："我后面的人刚刚吃完用你们蛇肉做成的菜，他要发现了你，一定会打死你做菜吃。你帮帮我……"黑蛋如此这般地交代了一番。

黑胖子没看见眼镜蛇，一个劲儿地催促黑蛋快走。突然，他觉得腿被什么东西缠住了，低头一看，是一条眼镜蛇，顿时吓坏了。他刚想用手枪打，黑蛋趁他不注意，双手紧握住手枪柄夺枪。黑胖子虽说是大人，可是也架不住人和蛇两面夹攻，枪被黑蛋夺去了。

黑蛋用枪捅了黑胖子一下说："带我去秘密武器仓库！"

黑胖子冷笑了两声说："那儿有两个兄弟把守，没有口令别想靠近仓库！"

黑蛋想了一下说："这样吧，我让眼镜蛇钻进你的衣服里面。"

"啊啊！"黑胖子怕极啦。

秘密武器库

黑胖子听说让眼镜蛇钻到自己衣服里面，吓坏啦！他哆哆嗦嗦地哀求说："别钻，别钻，我最怕蛇，我投降！"

黑蛋还是让眼镜蛇从黑胖子的裤腿钻进了裤子里。黑蛋把手枪里的子弹拿了出来，把黑胖子身上的子弹夹搜了出来，一起扔掉。然后又把手枪交还给胖子说："你用枪押着我去秘密武器库，你照我说的去做，不然的话，你留神趴在腿上的毒蛇！"

"是，是。"黑胖子频频点头。黑蛋前面走，黑胖子拿着枪小心翼翼地在后面跟着。拐了几个弯儿来到了一个洞口旁，黑蛋探头往里看，只见这个洞黑乎乎的深不见底。

黑胖子说："往里走吧！秘密武器就在这个洞里。"黑蛋点点头勇敢地走进了洞中。他们在洞里拐了几个弯儿。当拐过第一个直角弯儿时看到了微弱的灯光。再拐过一个直角弯儿，就看到了明亮的灯光。忽听有人大喝一声："口令？"

黑胖子赶紧回答："狼吃羊！"两个人站住了。

黑蛋心想："连口令都弱肉强食，真是一伙十恶不赦的坏蛋。"黑蛋一抬头无意中看见左右两边的洞壁上挂着许许多多的蝙蝠，它们一个抓住一个形成了两个大的倒三角形。数了一下，一个三角形的底边由 98 只蝙蝠组成，另一个三角形的底边由 89 只蝙蝠组成。

李毓佩
数学科普文集

这时走出一个拿长枪的守卫，看见黑胖子点点头说："是胖哥呀！到这儿来有事吗？"

"'黑狼'叫我把军火库清点一下，警察可能要来进攻。"

"这个小孩是干什么的？"

"这个……这个……"黑胖子不知说什么好。

黑蛋接过话茬说："我是被你们骗来的小孩。"

守卫又问："有专门关押小孩的地堡，把你带到这儿来干什么？这个地方是你随便来的吗？"

"外面嚷嚷什么？"又一名守卫从里面走了出来。黑胖子一看来了两个同伙，心里有了底气儿。他把手枪换为左手拿，右手顺着蛇身摸向蛇的七寸。这个地方是蛇的要害，一旦蛇的七寸被人握住，就会被置于死地。

黑胖子的这些动作，黑蛋都看在了眼里。怎么办？面前是 3 个持枪匪徒，我只是一个赤手空拳的孩子，硬斗是斗不过他们的。突然，黑蛋想到洞内的蝙蝠，它们总共有多少只呢？

它们排成的外形虽然是三角形，在计算总数时，可以按梯形面积公式来计算。由于是个倒放的梯形，把其中一个梯形上底看作 98，下底看作 1，总共有 98 排，高就是 98，这样可求出：

$$蝙蝠数 = \frac{(98+1) \times 98}{2} = 4851（只）；$$

同样可求出另一个倒三角形的蝙蝠数：

$$蝙蝠数 = \frac{(89+1) \times 89}{2} = 4005（只）。$$

好，合在一起共有 8856 只蝙蝠，这是一股不小的力量。

黑胖子一下子抓住了蛇的七寸，他大声对两名守卫说："这小孩是警察派来的奸细，快把他抓起来！啊……"刚说到这儿，黑胖子"扑通"一声倒在了地上。

两名守卫端起枪命令黑蛋举起手来。黑蛋在举手的同时，向蝙蝠发出了攻击命令。刹那间，近9000只蝙蝠一起从墙上飞了下来，轮番扑向两名守卫。尽管两名守卫连连开枪，但是蝙蝠太多，铺天盖地而来，两名守卫只好抱头鼠窜，跑到里面见无路可逃就举手投降了。

黑蛋看见黑胖子倒在地上已经死了，但他的右手还死死地握着眼镜蛇的七寸，眼镜蛇被掐死了。黑蛋跟随大批蝙蝠向秘密火药库——山洞跑去。进了洞的大门，看到里面都是大大小小的木箱子，他抓住一名守卫问："枪支弹药呢？"

守卫指着木箱子说："都在这些木箱子里。"

"总数有多少？"

"总数只有'黑狼'和黑胖子两个人知道。"

"你们当守卫的，难道一点儿情况都不知道？"

"我记得黑胖子在给我们讲这些枪支的来历时，曾给我出过一道题。"守卫说，"黑胖子说这些枪支是从一列军用列车上劫来的。那次黑胖子亲自带着8个弟兄去劫车：黑胖子抱走了军用列车上枪支的 $\frac{1}{12}$；'黑豹'每7支枪他拿走1支；$\frac{1}{8}$ 被'黑虎'抱走；'黑熊'抱走的枪支比'黑虎'多1倍；'黑猫'最废物，只拿走了全部枪支的 $\frac{1}{20}$；你别看'黑鼠'个小，他拿的枪支是'黑猫'的4倍。最后3个弟兄也个个不空手；'黑蛇'拿了30支。'黑鹰'拿了120支，'黑狐'拿走300支，最后还剩下50支枪实在拿不了啦！"

黑蛋说："有数就能算，数多也不怕。先求出黑胖子、'黑豹'、'黑虎'、'黑熊'、'黑猫'、'黑鼠'6个人抱走的枪支占总数的：

$$\frac{1}{12}+\frac{1}{7}+\frac{1}{8}+\frac{1}{4}+\frac{1}{20}+\frac{1}{5}=\frac{715}{840}=\frac{143}{168}。$$

剩下的占 $1-\frac{143}{168}=\frac{25}{168}$，而剩下部分的枪支数为：

$$30+120+300+50=500（支），$$

　酷酷猴历险记　李毓佩
数学科普文集

这样就可以求出军用列车上的枪支总数是 $500 \div \frac{25}{168} = 3360$ （支），减掉没拿走的 50 支枪，这里共有 3310 支枪。真不少！"黑蛋拿起微型对讲机，把"黑狼"所藏枪支总数及地点报告给警察王叔叔。

王叔叔告诉黑蛋，围剿"黑狼"的警察部队已经出发，战斗即将打响，黑蛋高兴地喊道："'黑狼'的末日到啦！"

活捉"黑狼"

黑蛋得知警察部队已开进黑森林围剿"黑狼"，心里非常高兴。他琢磨了一下，觉得"黑狼"一定会往这里跑，一来这里有大量武器弹药；二来这个地方易守不易攻。"我应该断了他的退路！"黑蛋召集黑森林里的许多动物，布置消灭"黑狼"匪帮的任务。这些动物平日被"黑狼"肆意杀戮，今天听说要消灭"黑狼"匪帮，个个摩拳擦掌，跃跃欲试。

黑蛋刚刚布置好，"乒乒、乓乓"，警察部队和"黑狼"匪帮就交上火了。双方打了一个多小时，"黑狼"这边的子弹快用完了。"黑狼"一招手，喊了声："往秘密武器库撤！"匪徒们边打边撤，慢慢地靠近了洞口。

在洞口前面，黑蛋让 100 多只鼹鼠在地下挖出一个大陷阱，上万只黑蚂蚁在陷阱底下埋伏好，等待着"猎物"掉进陷阱中。

枪声越来越近，黑蛋从洞口已经看到匪徒了。黑蛋说了声："准备！"忽听"扑通""妈呀"的声音，5 名匪徒掉进了陷阱里，上万只蚂蚁立刻扑了上去，狠咬他们。

"黑狼"大喊一声："留神，有陷阱！"匪徒们小心翼翼地绕过陷阱来到了洞口。黑蛋大喊一声："出击！"埋伏在洞里的狗熊、狐狸、梅花鹿一齐冲了出去，它们或扇、或咬、或顶，匪徒们没有思想准备，吓得

"嗷嗷"乱叫。与此同时，从树上飞下来一大群山鹰，跳下了几百只猴子，它们或啄、或抓、或挠。蛇和蚂蚁从地下进攻，形成了陆上、地下、空中三面夹攻的阵势。尽管匪徒们手中有枪，此时也不知道打谁好。警察部队追了上来，也被这里的人兽大战惊呆了。

带队的王叔叔高声喊道："放下武器，举手投降！"匪徒们纷纷扔掉手中的武器，高举双手。黑蛋也命令动物们停止攻击。这一场人兽大战，使匪徒个个伤痕累累。

警察清点了匪徒人数，连死带伤总共 59 人。黑蛋忙说："不对，应该是 61 人。"仔细一查对，发现"黑狼"和一名叫"鬼机灵"的匪徒漏网了。

警察审讯被俘的匪徒，得知"鬼机灵"曾给"黑狼"挖掘过一个秘密通道。通道一直通往黑森林的外面，至于通道的具体位置谁也不知道。

"一定要把'黑狼'和'鬼机灵'抓住，要斩草除根！"王叔叔想了想说，"我想秘密通道肯定离这儿不远。刚才我亲眼看见'黑狼'朝这个方向逃跑的！"

黑蛋说："这些匪徒中，不可能一个也不知道秘密通道在哪儿，要动员他们坦白交代。"

经过做工作，一个和"鬼机灵"很要好的匪徒说出了一个重要情况。他说："前几个月，'鬼机灵'每天晚上都出去，我问他干什么去，开始，他总笑而不答，后来被我问得没办法了，便给我出了一道题。"

"一道题？"黑蛋觉得很新鲜。

"'鬼机灵'对我说，他每天晚上都去一个秘密地点挖地道。地道位置是从这个洞口往南走若干米，虽然路程不远，但是中间却要休息三次。第一次当走到全程的 $\frac{1}{3}$ 时，坐下来休息一会儿；第二次当走到余下路程的 $\frac{1}{4}$ 时，又休息 2 分钟；第三次当走完再余下路程的 $\frac{1}{5}$ 时，又站着休息了一会儿，这时总共走了 240 米。你有能耐就自己算吧！"这名匪徒摸了摸脑袋说，"我一直没能算出来秘密地道的具体位置。"

"我来算。"黑蛋自告奋勇地说，"这个问题只要先算出'鬼机灵'走的三段路各占全部路程的几分之几就成了：

第一段走了全部路程的 $\frac{1}{3}$；

第二段走了全部路程的 $(1-\frac{1}{3})\times\frac{1}{4}=\frac{1}{6}$；

第三段走了全部路程的 $(1-\frac{1}{3}-\frac{1}{6})\times\frac{1}{5}=\frac{1}{10}$。

三段合在一起走了全部路程的 $\frac{1}{3}+\frac{1}{6}+\frac{1}{10}=\frac{3}{5}$。这样，全部路程为 $240\div\frac{3}{5}=240\times\frac{5}{3}=400$（米），好了，秘密地道从洞口往南走 400 米。"

两名警察立刻拿出米尺，从洞口向南量了 400 米，发现了一个锅口大小的洞口。这就是那个秘密通道？这么小的洞口，仅能容一个人。黑蛋说自己个子小，往里钻容易，低头就要往里钻。王叔叔赶紧一把拉住了黑蛋说："危险！"

王叔叔掏出手枪朝洞口内"砰、砰"连开两枪，"砰、砰、砰"里面向外连开三枪。吓得黑蛋直吐舌头。王叔叔向洞里喊话，叫"黑狼"和"鬼机灵"投降。但是，里面只是一个劲儿地向外开枪。有人建议在洞口放上树枝，点着用烟熏，可是警察接近不了洞口，有一名警察勇敢地冲了上去，结果胳膊上中了一枪。

有人建议用火焰喷射器向洞里喷火。王叔叔摇摇头说："要抓活的！从'黑狼'那儿还可能得到许多重要的线索。"

既不能把"黑狼"打死，又不能冲进洞里抓活的，这可怎么办？

黑蛋用手拍了拍自己的大脑门儿，说："我有主意啦！"黑蛋会动物的语言，他让蛇、蚂蚁、鼹鼠钻进去，把里面的两个坏蛋轰出来。

只见无数的蚂蚁、几十条蛇和鼹鼠从洞口或地下，以及一些通往洞里的小洞，一齐向洞里发起进攻。没过多久，就听到里面乱喊乱叫。又过了一会儿，里面喊："别开枪，我投降！"只见"鬼机灵"在前，"黑狼"

在后，从洞口爬了出来，他俩身上爬满了蚂蚁，胳膊和腿上都缠有几条蛇。

"黑狼"匪帮被全歼，被拐卖的小孩全部得救了。只是有一件事让黑蛋非常伤心，因为他再也听不懂动物的语言了。只见百灵鸟对他叫，小猴子对他叫，胖黑熊对他叫……黑蛋知道，它们都是和他道别。可是，道别的话儿是什么呢？只好由黑蛋去猜测了。

李毓佩
数学科普文集

5. 沙漠小城的奇遇

神秘之门

铁蛋和铜头是同班同学，两人利用放暑假的机会，参加了沙漠旅行团。

到达沙漠之后，一望无际的沙漠吸引了他们俩。两个人十分兴奋，手拉手在沙漠中狂奔，在沙子里打滚。玩得太高兴了，他们竟忘记了旅行团集合的时间。等想起该归队时，又迷失了方向。

怎么办？两人大声喊叫，周围一点声音也没有。铜头一屁股坐在地上，低着头小声说：“完了！咱俩要被困死在沙漠里了。”

“唉，都怪咱俩不遵守旅行团的纪律，又迷失了方向，旅行团的叔叔也要急死了！”铁蛋突然眼睛一亮说，“咱俩不能坐在这儿等死，一定要想办法找到旅行团！”

两人站起来向四周察看，想找一个高一点的地方，登高望远，也许

能发现旅行团的踪迹。铜头向北一指，说："看，那里有一个沙丘！"两人直奔沙丘跑去，铁蛋往沙丘上爬去，脚下不知被什么东西绊了一下。

铁蛋用手扒了扒，发现沙子里埋着一块方方正正的石板。石板上画了许多小圆圈，还刻着一行字：

这块石板是通往奇妙世界的神秘之门，从上面正中间的小圆圈开始，按箭头所指的方向，一笔画出四条相连的线段，使得这些线段恰好通过这9个小圆圈。线段经过的最后一个圆圈，就是开启神秘之门的钥匙。

铜头来神了，说："咱俩一定要打开这扇神秘之门，到奇妙世界去玩玩！"说完就开始画，铁蛋也在一旁出主意，不一会儿，他俩便画出来一个图。

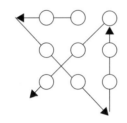

铜头问："就是这个圆圈！怎么办？"

铁蛋果断地说："按！用力按！"

铜头闭上眼睛，用力去按最后一个圆圈。

沙漠之城

铜头对准圆圈，用力一按，只听"轰隆"一声响，石板向左边挪开，露出一个黑洞洞的入口。两人急忙往旁边一跳，铜头大叫："真玄啊！

差点儿没掉进去。"

铁蛋扒着洞口往里看:"里面还挺大,咱俩下去看看?"

铜头用手摸了一下铁蛋的前额,问:"你是不是有点发烧啊?你知道这下面是什么地方,就敢往里跳?"

铁蛋说:"下面是奇妙的世界啊!这下面一定很神秘,很有趣。我想下去看看。"

"我不能让你一个人去冒险,要下去咱俩一起下去!"说着铜头就要往洞里跳。

"慢着!"铁蛋拦住铜头说:"咱们在石板上留下几句话,如果旅行团的人找到这儿,就会知道咱俩在洞里。"说着铁蛋掏出笔,在石板上写了一行字:

铜头和铁蛋进洞到奇妙的世界去了!

铁蛋带头,铜头跟随其后,两人"扑通""扑通"跳进了洞里。他揉着眼睛,借助洞口透进的阳光,发现脚下是石板铺成的人行道,道路的尽头是两扇大门。两人走近大门,见大门旁放着许多火把。铁蛋掏出打火机,点着了两支火把。他俩看见门上写着:

欲开此门,要填对下面 10 个对立的概念:奇与□,有界与□□,善与□,左与□,少与□,雄与□,直与□,正与□,亮与□,静与□。

铁蛋说:"咱俩一人填 5 个,我先填:奇与偶,有界与无界,善与恶,左与右,少与多。"

"看我的!"铜头也不含糊,"雄与雌,直与曲,正与反,亮与暗,静与动。"两人核对无误,就填在门上。

刚刚填完,只听"轰隆隆"一声响,两扇门自动打开了。两人手拉手跑进门里，里面有一条小河，河上架有一座石头桥，桥旁还立着一块牌子。铜头也不看牌子上写的什么，迈腿就上桥，只见桥上的石头一歪，"扑通"一声，铜头掉进河里。

"铜头！"铁蛋惊恐地大叫一声。

过桥难题

铜头虽说掉进了河里，但是河里连一滴水也没有。铜头站起来，拍了拍身上的土，伸出手说："拉我上去！"铁蛋一用力就把铜头拉了上来。

铁蛋说："这里立着一块牌子，你过来看看。"

牌子上写着：

> 你们要过桥，就得帮我们一个忙。我们这里原来树木非常茂密，由于乱砍滥伐，林木急剧减少。我们准备大量植树，可蒙克大臣反对种树，他说，除非能把 16 棵树栽成 12 行，每行 4 棵，否则他将出兵干涉！如果你们能把栽法画在这块牌子上，就能顺利过桥。

铜头说："这也太难了！16 棵树一棵树一行，才 16 行。他要求每行 4 棵，而且要栽 12 行，我看这个蒙克大臣是成心刁难人！"

铁蛋却另有看法。他说："栽得巧，一棵树可以算在好几行里，关键是这些树的位置如何排列。"

铜头点点头，说："也许你说得有理，咱俩就排一排吧！"两人在地上各自画了起来。

大约过了一刻钟，铁蛋大喊一声："看，我排出来了！"

铜头扭头一看，只见铁蛋画了一个三角形，

他仔细一数，16棵树排成了12行，每行不多不少正好4棵。

铜头一仲大拇指，说："成！完全符合要求。咱们赶紧把这种栽法画在牌子上。"说完铜头把铁蛋的栽法在牌子上画了出来。

铜头刚才掉下桥一次，这次过桥还有点害怕。铁蛋说："我在前头走！"铁蛋在前，铜头在后，两人顺利通过了桥。

走着走着，两人发现许多房子。这里过去可能是一个城堡，不知是什么原因，被埋在沙子底下，现在空无一人。可能当时的居民已经意识到城堡将被埋没，他们给城堡上面盖了一个大顶子，使得沙子没有进来，城堡才被完整地保存下来了。

突然，铜头往前一指，大叫："看，前面有人！"

"有人？这怎么可能！"铁蛋一看，在一间房子的门口果然站着个穿皮袄的人。铁蛋壮着胆子，大声问："你是谁？"

穿皮袄的人

铁蛋喊了一声，可是那个穿皮袄的人一点反应也没有。铁蛋和铜头握紧拳头悄悄靠了上去，走近一看，才发现这个人已经死了好久了，在他脚下有一个大口袋，里面装的全是铁锹、锤子、凿子等挖坟工具。

铁蛋说："看来这个人是来古堡偷盗的，不知为什么死在这儿了。"

铜头对这个人上上下下仔细查看了一遍，突然指着这个人的脑门儿正中说："快看啊！这个地方有一个洞。"铁蛋凑近一看，果然有一个小洞，好像是被枪弹打的。

铁蛋回过头来看看，发现门的上方也有一个小洞。显然子弹是从那个小洞里射出来的，再往下看，看见门上画着三个方框，里面写着数字，下面还有两行字：

这三个方框里的数字之间是有规律的，而且这三个方框有相同的规律。如果能正确填出第三个方框中括号中的数，可顺利打开此门，否则白搭进一条命！

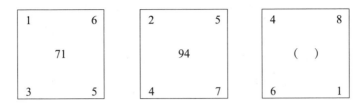

铜头伸了一下舌头："看来这个穿皮袄的人是白搭了一条命。"

铜头拿着笔，问铁蛋："这括号里应该填几呀？"

铁蛋摇摇头："我也不知道。咱俩可以先从左边和中间的方框找出规律。"

铜头拍了一下自己的大脑袋说："由于中间数字大，四角上的数字小，我想中间的大数应该是四角上的数的运算结果。"

经过一番试验，铁蛋首先找到左边框里的数字规律：

$$1×1+6×6+3×3+5×5=71。$$

铜头也找到了中间框的规律：

$$2×2+4×4+5×5+7×7=94。$$

铁蛋说："就按着这个规律计算右边的数字。"

$$4×4+6×6+8×8+1×1=117。$$

铜头把 117 填进括号里，伴随着一阵美妙的音乐声，门"咯噔"一声打开了。

沙漠之英

门打开了，铁蛋和铜头小心翼翼地推开了门，用火把往里一照，屋子里空荡荡的，只见地上栽着1株半死不活的小树苗。

铜头在屋里转了一圈儿，疑惑不解地说："哪有什么宝贝呀？"

铁蛋一指地上的小树苗，说："这株树苗就是宝贝。"

铜头不以为然："这样的树苗哪儿都有，它算什么宝贝？"

突然，铁蛋发现墙上刻有许多字：

> 后来人：
>
> 我们这个国家的树木越来越少，风沙越来越大，土地沙漠化加剧，种植树木很难成活。只有这种经过特殊培养的树才不怕风沙，我们给它起名为"沙漠之英"。"沙漠之英"的生长规律是：小树苗经过1年可以长成树；一棵树经过1年在它的根部新长出1株小树苗，可以把小树苗取下重新栽种；成年树每年从根部都长出1株小树苗。现在有一个问题困扰着我们，一株小树苗经过多少年繁殖，才能超过100棵树？我们这个国家什么时候才能绿树成荫？能帮我们算算吗？

铁蛋指着墙上的字说："看见了吗？这1株被称为'沙漠之英'的小树苗，就是这个国家的宝贝！"

铜头看完墙上的字，深有感触，说："咱俩帮他们算算这笔账吧！"

"好！"铁蛋说，"现在有一株'沙漠之英'的树苗，过一年即第一年就长成了树，此时有1棵树；第二年树长出小树苗，此时有1棵树和1株小树苗；第三年小树苗长成了树，树下又长出了1株小树苗，此时有2棵树和1株小树苗；第四年小树苗长成树，而原来那棵树根部又长出新的小树苗，这时变成了3棵树……把每年树的棵数依次写出来是：1，1，2，3，5，8，13，21…"

李毓佩
数学科普文集

铜头催促说："你快接着往下算啊！"

铁蛋说："不用这样一年一年地算啦！我找到它的增长规律了。从第三项开始，每一项都是相邻的前两项之和。你看，$1+1=2$，$1+2=3$，$2+3=5$，$3+5=8$，$5+8=13$，$8+13=21\cdots$"

"对极了！第九年是$13+21=34$，第十年是$21+34=55$，第十一年是$34+55=89$，第十二年是$55+89=144$，哈，到第十二年就可以超过100棵树了！"铜头一口气算出来了。

铁蛋摇摇头说："这里只有1株小树苗，要到第十二年才能繁殖成144棵'沙漠之英'，实在是太慢了！"

堆积如山

铜头和铁蛋来到第二间屋子，这间屋子出奇的大，大批被砍伐的大树堆积成等腰三角形的形状，一堆一堆的如同一座座小山。

铜头摇摇头，说："看哪！这么多大树被砍伐了，多可惜啊！"

"如果这些大树还在地上生长，一定是一片茂密的树林！"铁蛋话音未落，屋门"咔嚓"一声自动关上。从门上垂下一根布条，上面写着：

请在3分钟内算出这间屋子里树木的总数，并写在布条下面，门就会自动打开，否则你们将永远留在这间屋子里。

铜头看完布条就急了，嚷道："这屋里有这么多堆木头，3分钟怎么可能算得出来呢？咱俩非困死在这儿不可！"

铁蛋显得十分沉着，说："这些木头的堆法都一样，每堆木头同样多，只要算出一堆有多少根木头，木头的总数就容易算了。"

铜头忙说："我来数！"

"慢着！"铁蛋说，"一堆有这么多木头，你一根一根地数，要数到什么时候？"

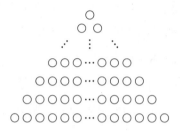

铜头瞪着双眼，问："你说怎么办？"

铁蛋说："每堆的最上面一层都是一根木头，相邻的两层木头，下面的一层比上面的一层多 1 根，你数出最下面的一层有多少根木头就行了。"

铜头飞快地数了一遍，说："66 根！"

铁蛋说："把这堆木头看成上底为 1，下底和高都是 66 的等腰梯形，它的面积数就是这堆木头的根数。(1＋66)×66÷2＝2211（根），一共 12 堆，总共是 2211×12＝26532（根）。"铜头马上把答案写在布条上，门"呼啦"一声就打开了。

吃草面积

铁蛋和铜头刚想走出屋子，屋门上方又落下一根布条，上面写着：

记住，大量砍伐树木会使良田变成沙漠！

走着走着，两人的面前出现一大片空地，他们看见地面上钉了许多木桩，每根木桩上都钉有一个铜环，相邻两根木桩的铜环间穿有一根绳子，绳子的两端各拴着一具羊的骨架。

铜头好奇地问："他们在玩什么把戏？"

铁蛋没说话，围着这些木桩仔细地查看了一番。他发现，相邻两根木桩的距离都是20米，而穿过两铜环的绳长是30米，绳子的两端各有一个铜环拴着羊的后腿骨。铁蛋打开铜环，他让铜头拉住绳子的一头，自己拉住绳子的另一头，想研究一下这绳子究竟有什么用。

突然，绳子端的铜环自动关闭，分别把铜头的左手，铁蛋的右手给铐住了。

铜头大叫一声："这是怎么回事？把咱俩当成羊了！"

铁蛋发现铜环上方缠着一根布条，他小心打开布条，上面有字：

> 每根绳子都拴着一只公羊和一只母羊，这样做是为了使它们不相互抢吃对方的草。由于绳子在铜环中可以自由活动，因此公羊和母羊既不能分开，又可以最大限度地吃草。如果你能算出这对羊吃草的最大面积，铜环可自动打开。

铁蛋说："我用力拉绳子，把你拉到木桩边上，我的最大活动半径是10米，面积是3.14×10²＝314（平方米），你也可以像我这样做，活动范围和我一样大。所以，这对羊吃草的最大面积是314×2＝628（平方米）。"

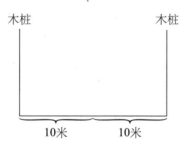

说完把答案写在了布条上。只听"哗啦"一声响，两人手腕上的铜环自动打开了。

两人刚想离开，木桩上放下一根长布条，上面写着：

记住，要保护绿地！过度放养牲畜，破坏了绿地，就会使土地沙漠化，记住我们的惨痛教训吧！

遗产的分法

　　铜头和铁蛋走进一家低矮的农家小院，里面空无一人，东西也已经搬空。

　　铁蛋摇摇头说："显然这里已无法生活，这家人早搬到别处去了，咱们走吧！"两人刚想出去，大门"咣当"一声关上了。

　　"这是怎么回事？"铜头正感到奇怪，突然发现门后面贴着一张纸条，上面写着：

　　亲爱的客人：

　　　　我们这里已经沙漠化，无法生活了，我们全家只好远走他乡。我年老体衰，经过长途跋涉，恐怕活不了多久了。我想把我的猪、牛、羊分给我的三个儿子。我有9只羊、7头猪、5头牛。论价值，2只羊可换1头猪，5只羊可换1头牛。我想使每个儿子分到的家畜头数一样，而且价值也相同。你能帮我分一下吗？

　　铜头看完纸条，深深地叹了一口气："唉，可怜的老人家，临死前还希望把遗产分得公平合理。咱俩就帮帮他吧！羊好分，每个儿子3只。猪嘛……7头，这分起来可能有点麻烦。牛嘛……5头，也不好办哪！"说到这儿铜头不吭声了，用眼睛看着铁蛋。

　　铁蛋当然明白铜头是什么意思，说："这有点像整钱换零钱，可以先把牛和猪都换成羊。1头猪可换成2只羊，那么7头猪可换成14只羊，5头牛可换25只羊。这样，老人所有家畜都换成羊是9＋14＋25＝48（只），平均每个儿子可分到16只羊。"

铜头说："可总共只有 9 只羊，没那么多羊可分哪！"

"你别急呀！"铁蛋说，"再算出牲畜的总头数：9＋7＋5＝21，每人应分到 7 头牲畜。根据每人应分到 7 头牲畜，而且 7 头牲畜的价值等于 16 只羊，便可得出分法：大儿子分 1 头牛、5 头猪和 1 只羊；二儿子分 2 头牛、1 头猪和 4 只羊；小儿子分 2 头牛、1 头猪和 4 只羊。"

铜头掐指一算，高兴地说："行，每个儿子都得到 7 头牲畜，价值都相当于 16 只羊。快把这分法记下来吧！"

屋里有鼠

铜头和铁蛋继续往前走，突然前面一间屋子里传来很大的响声。

"有情况！"铜头紧张地指着那间屋子，脸色都变了。

铁蛋当然也听到了。他抄起一根木棒，说："不要怕！进去看看！"

"你饶了我吧！"铜头掉头就要走。

铁蛋一把拉住了铜头，说："勇敢点！不管是什么，咱们都要进去看个究竟。"说完，铁蛋一脚把门踹开，拿着棒子冲了进去。

铜头也跟着冲了进去，他举着木棒转了一圈儿，什么也没看见。

"奇怪呀？明明听到里面有声音，怎么进来什么都没有？"铜头用手摸着自己的头，心里十分纳闷。

铁蛋指着满地的黑粒粒问："你看这是些什么？"

铜头低头一看，说："这不是老鼠屎吗？"

突然，一只大老鼠从铜头脚下"噌"的一声穿了过去，吓得铜头大叫一声。

铜头一回头，发现墙上画着一幅画，画上有房子、老鼠、麦穗、斗，每个图下面都写有一个 9。铜头问："这是什么意思？"

铁蛋想了想，说："我想这幅画的意思是：这里有 9 间房子里有 9

只大老鼠，每只老鼠一天要吃 9 个麦穗，每个麦穗做种子可以长出 9 斗粮食。让你算一下，这 9 间房子里的老鼠一天会造成多少损失？"

"这个我会算。"铜头说，"损失的粮食为 $9 \times 9 \times 9 \times 9 = 6561$（斗），呀？6500 多斗，损失可真不少啊。"

突然，铁蛋向上面一指，说："你看那是什么？"

铜头抬头一看，"妈呀"大叫一声。

蛇和老鼠

铜头抬头一看，我的妈呀！从房梁上垂下一条大蛇，蛇还不断地向铜头吐着舌头。铜头最怕蛇，他一看见蛇，一股凉气便从脚后跟一直窜到头顶。

铁蛋安慰说："不要怕，这蛇是逮老鼠的，它在保护这座地下古堡。"

铜头哆哆嗦嗦地说："蛇再好，我也怕它！"

铜头一回身，发现墙角又有一条蛇游来。这条蛇突然转身，一口咬住一只大老鼠。

铜头赶紧跑到铁蛋的身边，哭丧着脸问："这屋里有多少条蛇呀？"

铁蛋指着墙上的一行算式，说："你算一算就知道了。"

铜头定了定神，看见墙上写着：

六位数 $2\overline{蛇蛇蛇蛇}2$ 能被 9 整除，蛇代表一个一位自然数。

铜头摇了摇头，说："开玩笑！这个算式两头是数字中间是蛇，怎么算呢？"

铁蛋说："我可以肯定，蛇不少于 2 条，因为我已经看见两条蛇了。"他一边琢磨，一边不断地观察着四周，看看有没有蛇钻出来。

铁蛋说："$2\overline{蛇蛇蛇蛇}2$ 能被 9 整除，那么各位数字之和也一定能被

9整除，也就是说 2＋蛇＋蛇＋蛇＋蛇＋2＝4＋4×蛇必然是 9 的倍数。"

"往下呢？"

"由 4＋4×蛇＝4×(1＋蛇)，可知 1＋蛇必是 9 的倍数。又由于蛇是一位数，所以 1＋蛇＝9，蛇＝8。"

"啊！有 8 条蛇哪！快走吧！"铜头拉着铁蛋就走。

掉进陷阱

铁蛋对铜头说："人类如果乱砍滥伐树木，任意破坏绿地，使良田沙漠化，那就是自己毁灭自己！"

铜头点点头说："这里原来是人类的乐园，现在却成了老鼠和蛇的天堂，想起来真可怕！"两人来到了一块空地，空地的中央放着铁锹、铁镐、水桶等工具。

铜头高兴地说："这里有种树的工具，咱俩种几棵树吧！"说完就往空地中央跑去。谁料想，没跑几步，只听"扑通"一声响，铜头掉进陷阱里去了。

"铁蛋救救我！"铜头在陷阱里一个劲儿地叫喊。铁蛋也很着急，他想找一条绳子，把铜头拉上来。

铁蛋一抬头，看见一根木头杆子的上方挂着一盘绳子，可是铁蛋不会爬树，铜头会爬树，但是他在陷阱里哪！铁蛋围着木头杆子转了三圈儿，忽然发现木头杆子上贴着一张纸条，上面写着：

后来人：

你的同伴掉进了我们挖的陷阱里，请不要着急。你如果能把我们遇到的一道难题解出来，绳子会立刻掉下来。纸条上的题目是：我们三个人每人要种 100 棵树，每人种的树都是柳树、杨树和松树。有趣的是，每人种的这三种树的棵数都是质数，而且每人种的柳树的棵数相同，种杨树和松树的棵数各不相同。我们三人每人种的这三种树各是多少棵？

铜头在陷阱里问："题目难吗？不难的话，你把它扔下来，我来做。"

"不算难。"铁蛋说，"每人各种这三种树100棵，而这三种树的棵数都是质数，可以肯定其中必有一个是偶数，2是质数中唯一的偶数，因此，他们每人都种了2棵柳树，剩下两个质数之和是98。"

"我做出来啦！ $19+79=98$，其中一个人种了2，19，79棵。"铜头坐在陷阱里也不闲着。

铁蛋把另外两个人种的棵数算出来了。他说："第二个人种了2，31，67棵；第三个人种了2，37，61棵。"铁蛋拿出笔，把答案写在纸条下面。

"哗啦"一声，木头杆子上的绳子掉了下来。铁蛋把绳子的一头放进陷阱，另一头捆在木头杆子上，铜头顺着绳子爬了上来。

难摘的猎枪

铜头爬出了陷阱，直喊肚子饿。其实铁蛋也是又渴又饿，可是在这沙漠古城里，到哪儿去找吃的喝的？铁蛋安慰铜头说，再往前走走也许能弄到点吃的。两人又继续往前走。

突然，铜头指着前面的一间屋子说："看，那间屋子里有枪！"

"有枪？"铁蛋紧走几步，进屋一看，墙上挂着好几支猎枪。铁蛋高兴地说，"有了枪，咱俩可以打点野味吃。"说完就去摘枪，可是怪了，这枪硬是摘不下来。铜头上前帮忙，也无济于事。

铜头绕着屋子转了一圈儿，想找一找有什么机关没有。突然，他发现墙上有一个拉环，旁边写着几行字：

> 我们这儿有一个猎手班。如果全体猎手排成一行从左到右1至3报数，那么，最右边的一个人恰好报3。这时，凡是报3的人都向前迈一步，得到新的一行。新的一行再从左到右1至3报数，最右边的人报了1。让新的一行报3的人向前迈一步，结果只有两个人站了出来。你知道我们猎手班有多少人吗？如果你拉动拉环的次数和猎手班的人数一样多，就可以摘下墙上的猎枪。

铜头摇摇头说："我真想把这个数算出来，无奈肚里无食，头脑发昏，四肢无力，还是你来算吧！"

铁蛋笑了笑说："你可真会耍赖！因为新的一行最右边的一人报了1，说明这一行的人数被3除余1。又因为这一行报3的只有两人，所以，新的一行有$3 \times 2 + 1 = 7$（人）。"

"噢，我明白了。"铜头说，"最开始一行最右边的人恰好报3，说明原来的人数能被3整除。所以，这个猎手班共有$3 \times 7 = 21$（人）。"说完铜头用力拉动拉环21次，"哗啦"一声，墙上的猎枪全掉下来了。

铜头拿着猎枪高兴地喊："哈，我们有枪啦！"

不能饿死

铁蛋和铜头每人扛着一支猎枪，到处寻找可吃的东西。他俩发现一只大箱子，上写"食品贮藏箱"。

铜头一拍大腿，高兴地说："真是天无绝人之路！我正饿得要死，嘿，这儿就出现了食品贮藏箱。打开它，咱俩饱餐一顿！"说完就去开箱，费了好大的劲才打开。

铁蛋从食品贮藏箱里拿出一张纸条，纸条上写着：

食品贮藏箱中的食品被4位探险家带走了，出发时他们每人带走了5天的口粮，他们可以一起向前走两天半（还有两天半的口粮用于返回原地）。由于目的地比较远，而带的口粮又不够，经过商议后，他们提出一种新的方法：每走一天就让一个人先返回原地，剩下的一部分口粮让给其他伙伴，这样可以让其中的一个人走得更远，而所有人又都能返回原地。如果你能算出走得最远的人能走出几天，你就按着那个天数往前走几个房间，那里有他们备用的食品。否则，你们将饿死！

"啊，饿死！这太可怕啦！"铜头摇摇头说，"铁蛋，为了不被饿死，咱俩一定要把这个天数算出来！不过，这个问题真够扰人的。"

铁蛋说："再扰人也得算呀！咱们一个人一个人地推算：第一个人返回时，余下了3天的口粮。"

铜头忙说："不对呀！每人带5天的口粮，第一个人只走了1天就回去了，应该余下4天的口粮，怎么变成3天了，那1天的口粮是不是让你偷吃啦？"

"冤枉，冤枉。"铁蛋解释，"每一个人回到原来的出发点，还需要1天，返回这1天也要吃粮食啊！"

"对，对。往回走也要吃粮食。"铜头一个劲拍自己的头。

铁蛋接着算："第二个人返回时余下了一天的口粮；第三个人返回时多用了一天的口粮；这样，第四个人除了自己带的5天口粮外，还多出3天口粮，合起来是8天的口粮，考虑返回，这个人最远能走出4天。"

"哈，往前数4个房间，就可以找到吃的啦！"铜头顿时来劲儿了，他跑出房间，1，2，3，4，数到第四个房间，迫不及待地推门跑了进去，进门就四处乱找，终于在墙角处找到一个很小的盒子，盒子上写着："食

　　　　　　　　　　酷酷猴历险记　李毓佩
数学科普文集

品备用箱"。

铜头拿着这个小盒子，哭丧着脸说："就这么一个小盒子，里面的食品别说是咱俩吃，还不够我一个人塞牙缝的呢！"

铁蛋说："先打开看看。"

铜头打开一看，里面装的是压缩饼干。

铜头又高兴了，说："你别看这压缩饼干小，吃进肚子里，胃液一泡就膨胀，挺管用的。"说完拿出几块放进嘴里，连嚼都来不及嚼，一抻脖子就咽进肚子里去了。

铁蛋说："你慢一点儿，留神噎着！"铁蛋的话还没说完，铜头已经被压缩饼干噎得直翻白眼。

水管出水

铜头贪吃压缩饼干，被饼干噎住了。现在最要紧的是找到水，可是在这沙漠古城到哪里去找水啊？急得铁蛋在屋里团团转。

突然，铁蛋在墙上找到一根水管。铁蛋想："这水管里会不会有水呀？"他跑过去仔细一看，发现水管的上方有一行字和 10 个格子，上面写着：

下面的 10 个格子表示一个十位数，这个数相邻三个数字之和都等于 15，请算出△ 等于几，△ 等于几，就按△几下，水管可以流出水来。

"铁蛋你快弄点水来呀！噎死我了。"铜头在痛苦地呻吟着。

铁蛋头上的汗都下来了，他安慰铜头说："你别着急，水这就出来了。"铁蛋迅速思考这个问题，他想："最右边的 3 个数字之和等于 15，从右往左数第 2、3、4 位数字之和也等于 15，由于第 2、3 位上的数字没变，所以第 4 位数字一定也是 7。按这样的规律三位三位地往左移，可以知道最左边的数字一定也是 7。"

铁蛋赶快把△按了 7 下，说也奇怪，水管里真的流出水来了。铜头嘴对着水管子，"咕咚、咕咚"猛喝了一阵儿。

铁蛋说："咱俩赶快离开这儿，不然的话，真要困死在这儿了！"

铜头抹了一把嘴上的水珠，说："谁不想赶紧离开这个鬼地方！可是怎样出去呀！"

突然，他俩听到前面有人叫他们："铁蛋、铜头，快跟我来！"

铜头慌忙端起猎枪，吃惊地说："这是谁在叫咱们俩？不会是鬼吧？"

铁蛋镇静地说："我听这声音，像是咱们旅游团的向导。"话音未落，旅游团的向导王叔叔带着两个人迎着他俩走来，铜头立刻扑到王叔叔的怀里，放声大哭。

王叔叔笑着对他俩说："哭什么？这个沙漠古城是我们给青少年安排的一个旅游项目。这里的一切都是我们修建的，目的是让青少年接受一次环境保护的教育，锻炼你们的品质和意志。怎么样，很逼真吧！让你们受苦了！"

铜头把头一扬，说："哼，我怎么觉得有点假呢！"

铁蛋向铜头做了一个鬼脸，说："才哭过鼻子，又开始吹牛啦！"

李毓佩
数学科普文集

6. 数学王国历险记

一封奇怪的邀请信

　　丁小聪小学快毕业了，他的功课在全班是拔尖的。这不，前几天市里举行小学数学奥林匹克竞赛，丁小聪还取得了第一名。因为丁小聪不但人机灵、脑子活，而且心地善良、爱帮助同学，所以同学们都亲昵地叫他"丁当"（意思是说他就像《机器猫》中的"叮当"一样，什么问题都难不倒）。为了方便，以下我们也叫他"丁当"吧！

　　今天是星期日，丁当照例起得很早，锻炼完身体正准备读外语，外面邮递员喊："丁小聪，有你的信！"

　　丁当拆开信一看，只见上面写着：

丁当同学：

　　你好！听说你在贵市的数学奥林匹克竞赛中独占鳌头。今天是星期日，我邀请你到我们弯弯绕国来做客，共同讨论几个

数学问题，万勿推辞。

　　顺致

敬意！

弯弯绕国首相　布直

附弯弯绕国地址：

　　先向北走 m 千米，m 在下面一排数中，这排数是按某种规律排列的：16，36，64，m，144，196。

　　然后再向东走 n 米，n 是下列数：1，5，9，13，17，…的第 100 个数，这列数也是有规律的。

"先求 m。"丁当挠着自己的脑袋，"这排数有什么规律？我怎么看不出来呀！对了，我记得老师说过，找数字规律的常用方法是把这个数字分解。"

"首先这一排数都可以被 4 整除。对！我先用 4 来除一下。"丁当算出结果：

$$4，9，16，\frac{m}{4}，36，49。$$

"我要仔细观察这一排数，看看它们有什么特点。嗯——"丁当双手一拍，"看出来啦！这里面的每一个数，都是一个自然数的自乘。看！$4=2×2$，$9=3×3$，$16=4×4$，$36=6×6$，$49=7×7$。"

"耶！规律找到了！"丁当高兴地说，"这一排数的排列规律是：$16=4×2×2$，$36=4×3×3$，$64=4×4×4$，$144=4×6×6$，$196=4×7×7$。这中间缺了什么？"．

丁当看了一会儿，一跺脚："缺 $4×5×5$！而 $4×5×5=100$，m 应该等于 100。哇！去弯弯绕国要先向北走 100 千米，够远的！"

丁当刚要算 n，忽听外面炸雷似的喊道："丁当，踢球去！"声到人到，一个帅小伙"噌"的一下蹦了进来。他叫李晓鹏，是丁当他们学校著名的足球队员。由于他在足球场上跑动积极、传球到位，特别是罚任意球是一绝，所以人送外号"小贝"(表示他同皇家马德里队的队员贝克汉姆一样，长得帅，球技也高)。小贝功课也还可以，只是数学比较差。小贝的妈妈反对他踢足球，说他数学不好是因为常用头去顶球，把脑子震坏了。小贝可不信那一套，他对妈妈做了个鬼脸说："我的脑子震坏了？那为什么我外语考试回回得满分？我看哪，您是怕我踢球费鞋!"说真的，如果没有丁当帮忙，小贝数学成绩不会超过 60 分。

丁当把信交给小贝说："弯弯绕国邀我去做客，今天不能去踢球了。"小贝把信从头到尾看了一遍，高兴地把球往地上一扔，"砰"的一声，人和球一起蹦了起来，他说："我也跟你去弯弯绕国绕一绕。"

丁当故意绷着脸问："你也去？这弯弯绕国看来是专门在数学上绕弯子的，你行吗？"

小贝把脸往上一扬说："怎么着？你数学竞赛得了状元就瞧不起人啦!"

"你能把 n 求出来，我就带你去!"

"那还有问题？"小贝又把信看了一遍说，"这个问题只要把这列数的规律找到就成了！从 1 到 5，缺了 2、3、4；从 5 到 9，缺了 6、7、8。可是这些数有什么规律呢？"小贝摸着脑袋，声音越来越小。

丁当绷不住劲，"扑哧"一声笑了："你别把注意力集中在缺什么数上，而要观察相邻两数，看它俩间隔了几个数。"

小贝赶忙说："我会了，我会了。相邻两数之间，间隔了 3 个数。因为 $1=1$，$5=1+4$，$9=1+4\times2$，$13=1+4\times3$，$17=1+4\times4$，依此类推，第 100 个数为 $1+4\times99=397$。要再往东走 397 米，就到弯弯绕国了。"

"对！咱俩赶快走吧。"丁当和小贝出了门。一路坐车向北行驶了100 千米，又转向东走了 397 米。

酷酷猴历险记 李毓佩
数学科普文集

丁当说："该到了，怎么没人接咱俩?"正说着，看有两个小孩走了过来。他俩正在争吵着什么，争得面红耳赤，看来快动武了。

丁当赶紧把两人拉开："有话好好说，别打架。"

"谁打架啦?我们俩在讨论数学题呢!"其中一个小孩直冲丁当嚷。

丁当仔细端详这两个小孩，看年龄都不过六七岁，一个长着圆脸蛋、圆眼睛、圆鼻子；另一个是方脸、方嘴、方鼻子。他俩的眉毛长得怪，眉梢长，还向里绕了几个圈。

小贝心想："这两个小孩也就是一二年级的小学生，他们会有什么难题呀!我何不乘机露一手。"小贝对两个小孩说："你们有什么问题尽管问我，我都给你们解答。"

圆脸蛋小孩自我介绍说："我叫圆圆，他叫方方，我俩都是小学一年级的学生。有这么一道题，我们讨论了很久：甲、乙、丙、丁、戊是5个小孩。已知他们5人都是同年同月生，而且出生的日期是一天紧挨着一天。又知道甲出生早于乙的天数同丙出生晚于丁的天数恰好相等。戊比丁早出生两天。如果乙今年的生日是星期三，那么其余的小朋友今年的生日是星期几?"

小贝摸了摸脑袋，摇摇头，说："这么难的问题，不是你们一年级小学生做的，你们应该去做1+2、2+3这样的问题!"说完了拉起丁当就走。

圆圆张开双臂挡住了小贝："这个问题还没算出来就要走，这么大的个子，不嫌丢人!"

小贝刚要发火，丁当站了出来："我来帮你们做。这道题的关键是要把甲、乙、丙、丁、戊这5个小朋友出生的先后顺序排出来。"

方方拍拍小贝："你听听这个大哥哥说得多有道理呀!"

小贝一瞪眼："我有他的水平，我也拿市数学奥林匹克竞赛冠军啦!"

圆圆问丁当："这个顺序应该怎样排呢?"

丁当说："由于甲出生早于乙的天数同丙出生晚于丁的天数恰好相等，所以甲在乙前，丁在丙前。又由于戊比丁早生两天，戊肯定在丁的前面，而且戊和丁之间应该有一个小朋友。"

圆圆不以为然地说："这些关系，从题目中就可以直接得到，关键是戊和丁之间应该是谁？"

小贝不高兴了，他往前走了一步，说："嘿，你小小年纪口气还真不小，让你排，肯定是按甲、乙、丙、丁、戊来排。"

"小贝！"丁当拉开小贝，继续分析说，"由于丙在丁的后面，所以戊和丁之间只有甲和乙两种可能。"

方方问："会不会是乙？"

"不会。"丁当肯定地说，"如果戊和丁之间是乙，5人的出生次序为甲、戊、乙、丁、丙，他们都相隔1天。这时甲比乙早生两天，而丁比丙早生1天，这不符合题意。因为题目说甲出生早于乙的天数同丙出生晚于丁的天数恰好相等。"

圆圆说："只能是戊、甲、丁、乙、丙。由于乙今年的生日是星期三……"

小贝抢着说："所以，丙是星期四，丁是星期二，甲是星期一，戊是星期日。做出来了。"

圆圆斜眼看了小贝一眼。

丁当问圆圆说："你知道弯弯绕国怎么走吗？"

圆圆瞪大眼睛说："这儿就是弯弯绕国呀！我们俩在第一弯弯绕小学读书。你们是到我国来做客的吧？"

半天没说话的小贝来精神啦！小贝说："对！是你们国家的布直首相邀请我们来的。"

圆圆和方方一起拍着手说："欢迎，欢迎。不过——"圆圆用眼睛翻了一眼小贝。

小贝忙问："不过什么呀？"

圆圆说："布直首相邀请的客人，都是数学特别好的。像你这样的数学水平，怕是要吃亏的。"说完，圆圆和方方各写了一张纸条，一张递给了丁当，一张递给了小贝。

方方说："我们国家规定，对客人要按数学水平高低，给予不同的接待。往东有两条路，你俩各走一条，遇到哨卡就把纸条给他，哨兵会带你们找到首相府的。再见！"方方和圆圆连蹦带跳地走了。

丁当和小贝各选了一条路，也分手了。

丁当一路走，一路欣赏弯弯绕国的风景。青翠的树木，绚丽的花朵，景色十分迷人，不过所有的树叶和花瓣都绕成了弯儿。丁当心想，弯弯绕国连树木、花草都绕着弯长啊！

"站住！"突然从大树后钻出一个端枪的士兵，他问："到哪儿去？"

丁当赶紧掏出方方给他的纸条说："我是布直首相的客人，这是方方写的条子。"

士兵打开条子一看，说道："对不起，这上面是道数学题。你做出这道题，就说明是我们首相的客人。如果做不出来，说明你是冒牌客人，我就把你送进监狱！"

丁当接过纸条，只见上面写着：

老师拿出 100 张英语单词卡片（每张上一个单词），让 4 名学生背卡片上的单词，一张卡片上的单词有几个人背下了，就在卡片上画几个"＋"。4 名学生分别背下 89、82、78、77 个单词。问画有 4 个"＋"的卡片最少有多少张？

丁当一边琢磨着怎样解这道题，一边替小贝担心。小贝能做出他手中的题吗？如果做不出来，又将怎么样呢？

数学擂台

丁当心想，解这道题应该从哪儿下手呢？题目问的是画有 4 个"＋"的卡片最少有多少张？甲学生背下了 89 个单词，他就在 89 张卡片上分别画上了一个"＋"。乙学生背下了 82 个单词，他就在 82 张卡片上分别画上了一个"＋"。

有门儿！丁当接着往下想，为了简单起见，不妨先把 4 个学生简化成甲、乙两个学生。甲、乙画完之后，画有两个"＋"的卡片最少有多少张？直接求最少有多少张不好入手，不妨换一个角度，求没画两个"＋"的卡片最多有多少张。

什么时候会产生没画两个"＋"的卡片最多这种情况呢？是甲、乙两人没背下的单词互不相同。此时，甲没画"＋"的卡片有 $100-89=11$（张），乙没画"＋"的卡片有 $100-82=18$（张），而 $11+18=29$ 是没画两个"＋"的卡片最多可能的张数。

丁当高兴地一拍大腿，行了！如果 4 个人没背下的单词互不相同，那么没有画上 4 个"＋"的卡片最多有 $(100-89)+(100-82)+(100-78)+(100-77)=74$（张），所以画上 4 个"＋"的卡片最少有 $100-74=26$（张）。

士兵看丁当把题目做出来了，态度立刻变得客气多了，说："这么说，您真是我们布直首相的客人了，请随我来。"士兵熟练地扛起枪，迈着正步在前面带路。丁当觉得他走路的样子挺好玩，也学着他的样子，迈着正步在后面跟着。

正走着，忽然听到有人喊："丁当，快来救救我！"丁当仔细一听，是小贝在喊，撒腿就朝喊叫的方向跑去。在前面走正步的士兵看丁当跑了，赶紧追了过去，边追边喊："尊敬的客人，布直首相在这边，那边是监狱。"

丁当头也不回，一个劲儿往前跑，转过一片小树林，看见一名胖胖的弯弯绕国士兵正拉着小贝朝监狱走去。

"住手！"丁当大喊一声，三步并作两步跑了过去质问士兵，"你为什么要抓人？"

胖士兵摇晃着脑袋说："这个人自称是布直首相的客人，可是他连纸条上的题都做不出来。我们的首相怎么会请这样的客人呢？按照我们国家的法律，凡是冒牌客人都要送进监狱。"

丁当解释说："他叫小贝，我叫丁当。你们首相是请我来做客的，他是陪我的，有什么难题，只管交给我做好了。"

胖士兵把脑袋摇得更厉害了，他笑着说："一个丁当，一个小贝。名字倒是挺时尚的，不知道数学水平怎样。好，你来试试吧，做不出来一起进监狱。"说完掏出条子递给丁当。

丁当接过题目一看：

A、B、C、D 四个足球队进行循环比赛。进行了几场之后，打听到 A、B、C 三个队的比赛情况，只是不知道 D 队的比赛结果。把已知结果排列如下：

球队	场次	胜	负	平	进球	失球
A	3	2	0	1	2	0
B	2	1	0	1	4	3
C	2	0	2	0	3	6
D						

请问，四个队各场的比分是多少？

丁当看完题目"扑哧"一声乐了："我说小贝，你拿了一道你最擅长的足球问题，不应该不会呀？"

小贝撅着大嘴："人家就要被送进监狱了，你还拿人家开玩笑！这四个足球队的胜负关系错综复杂，怎么求呀？"

丁当把题目看了两遍，说："A、B、C、D四个足球队进行循环比赛，每个队都要和其他三个队赛一场。A队赛了3场已经赛完，从A队入手应该最简单。"

小贝摇摇头说："简单？我怎么看不出来！"

"考虑A队和B队的比赛，由于A和B都没有负过，所以A和B只能打平。"

"没错！"小贝来了精神。

丁当又说："由于A队没有失球，因此A和B的比分必然是0∶0。"

"哇！你真厉害！求出A和B的比分啦！"小贝说着就拍了丁当一下，拍得丁当直咧嘴。

"我接着算！"小贝说，"A胜了两场，肯定是胜了C和D了。胜人家就要进球呀！可是A只进了两个球，不偏不倚，一家进一个。所以A和C的比分是1∶0，A和D的比分也是1∶0。"

"太棒了！"丁当给了小贝一拳，"接着算！"

"还剩下B和C、B和D、C和D的比分。"小贝精神大振，"B只赛了两场，其中1场和A打平，还胜了1场。是胜C呢，还是胜D？不会算了。"

丁当接着算："B和D的比分是4∶3。"

"为什么不是B和C的比分是4∶3呢？"小贝有疑问。

丁当说："由于已经算出A和C的比分是1∶0，而C只赛了两场，如果剩下1场是和B赛的话，由于B只进了4个球，那么C只能输5个球，而C却输了6个球，这不合题意。"

小贝又问："那B和C的比分呢？"

"还没赛呢！"丁当的回答逗得胖士兵哈哈大笑。

小贝也乐了。他又问："还能知道什么比分？"

丁当说："还知道C和D是3∶5。由于C输给A一个球，而又没和B比赛，所以所输的6个球中，有5个是输给D的。"

突然，小贝扶着丁当说："我头晕。"

丁当忙问："怎么回事？"

"我让弯弯绕国的题目给绕晕了！"小贝的表演又把胖士兵给逗乐了。

这时，追丁当的士兵也赶到了，两个士兵说了声："二位客人请！"扛起枪在前面迈着正步带路，丁当和小贝跟在后面，直奔首相府而去。

走着，走着，前面锣鼓喧天，彩旗飞舞，好不热闹。小贝最喜欢凑热闹了，他轻轻拉了一下丁当的衣角说："咱俩去瞧瞧热闹。"说完也不等丁当同意，一猫腰就跑了过去。丁当心里直埋怨小贝："这是什么地方，咱们是布直首相的客人，怎么能随便闲逛？"可是又怕小贝一个人出事，也只好跟着跑去了。幸好，两名士兵仍然像接受检阅一样，还是一个劲儿地往前走，没有发现他俩溜了。

丁当和小贝跑近一看，这里搭了一个大戏台。戏台用各色的鲜花和彩绸装饰得十分悦目。小贝一拍大腿说："嘿！是演节目。从布置的情况来看，这节目准错不了。"

丁当哪有心思看节目。他见台子的右侧贴着一个大红榜，走近一看，红榜上写着：

【布告】

弯弯绕国的居民们：

我国一年一度的数学打擂定于今天下午两点开始。摆设数学擂台是我国的传统活动，欢迎全国居民踊跃参加。谁英雄，谁好汉，擂台上见。

为了给今年的数学打擂增添光彩，特邀了蓉沪市数学竞赛冠军丁当来参加，届时必有精彩表演，请勿坐失良机。

弯弯绕国首相 布直

丁当见布告上有自己的名字，顿时觉得脑袋发胀。原来布直首相是请我来打擂的，这可够劲儿。

丁当正看着布告发愣，忽听有人喊："布直首相驾到！"丁当回头一看，在卫兵的簇拥下，一位身穿将军服的中年人含笑走来。他热情地拉着丁当的手说："我叫布直，你是丁当同学吧！欢迎你来敝国访问。"丁当没见过这样隆重的场面，一时不知说什么好，只是不断地点头。布直首相说，"离开擂时间还早，请先到首相府一坐。"一辆汽车开了过来，布直首相请丁当上汽车。丁当说："还有一位同学和我一起来的。"丁当向左右看看没有小贝，就放开嗓门喊："小贝！小贝！""丁当，我在这儿。"原来小贝一直藏在大戏台的柱子后面。

到了首相府，分宾主坐定。丁当首先提了个问题："贵国为什么如此重视数学？"布直首相说："数学是科学的皇后，没有数学，也就没有现代科学技术。只有在国民中普及数学，提高数学水平，才能富国强民啊！"

小贝也提出了一个问题："我们遇到过两个小孩，一个叫方方，一个叫圆圆。看样子也不过七八岁，他们怎么会解那么难的数学题呢？"

布直首相笑了笑："现代数学发展得如此迅速，如果小学一年级总是从 1＋1 学起，要学到什么时候才能接触到现代数学？我们弯弯绕国把小学要学的算术，作为学龄前教育的内容，放到家庭去学。从小学一年级开始学代数，相当于你们那儿的小学六年级数学。这样，中学毕业就可以把原来大学要学的数学学完，一上大学就可以从事数学研究，这样能够早出人才！"

小贝吐了吐舌头，小声对丁当说："咱俩到这儿，就变成小学一年级学生啦。"

开擂时间到了，擂台前人山人海，挤得水泄不通。布直首相、丁当和小贝坐到了贵宾席上。一阵鞭炮、锣鼓响过之后，主持人宣布数学打擂开始。打擂的方法是：先设一个擂主，打擂人上台后，擂主要问他3道数学题，限5分钟内答出来。如果答错了，打擂人就败下擂台；如果全答对了，原擂主败下擂台，打擂人成为新的擂主。接着主持人宣布打擂开始。

主持人刚把话说完，"嚯"的一声，蹿上来一个又白又胖的小家伙。小家伙往台中央一站，向台下深鞠一躬说："我来当第一任擂主。"小贝一拍丁当的大腿说："这不是圆圆嘛！"

圆圆在黑板上写出第一道题：

我们班有45人，其中爱哭的有17人，爱笑的有18人，既爱哭又爱笑的有6人，问：(1) 只爱笑不爱哭的有几人？ (2) 既不爱哭又不爱笑的有几人？

小贝对丁当说："这道题容易，我去打擂，打赢了也给咱哥儿们露露脸。"说完站起来就要上擂台。

丁当一把将他揪了回来："你好好想想，你说这道题怎样做？"小贝满不在乎地说："这还不容易，一共有45人，减去爱哭的17人，再减去既爱哭又爱笑的6人，剩下的22人就是只爱笑不爱哭的呗！"丁当摇摇头。小贝怀疑地说："不对？那——第二问我会做。从45人中减去爱哭的17人，减去爱笑的18人，再减去既爱哭又爱笑的6人，剩下的4人就是既不爱哭又不爱笑的。"丁当又使劲摇了摇头说："爱哭的人中可能包含既爱哭又爱笑的人，你这样减不对。"小贝一看全不对，马上像拔掉塞子的充气玩具一样坐下来了。

一个十八九岁的小伙子跳上了擂台，他答道："只爱笑不爱哭的有12人，既不爱哭又不爱笑的有16人。"

圆圆把小脑袋一晃说："说说你的理由。"

小伙子走近黑板，先画了一个大圆圈说："这个大圈表示你们班的

45 人。"接着又在大圈里画了两个相交的小圆圈说："这两个小圈，一个圈里是爱哭的，另一个圈里是爱笑的，两圈相交部分是既爱哭又爱笑的。在大圈里而在两个小圈外的是既不爱哭又不爱笑的。从这些圈的关系可以算出米，只爱哭不爱笑的有 11 人，只爱笑不爱哭的有 12 人，既爱哭又爱笑的有 6 人，既不爱哭又不爱笑的有 16 人。"小伙子话音刚落，台底下就有人喊："对！""没错！"接着是一阵暴风雨般的掌声和欢呼声。

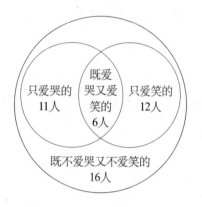

小贝吐了吐舌头说："两问，我一问也没做对！"丁当说："这下你要记住，在做题时画图是很有帮助的。"

圆圆说："你来做我这第二题。"说完在黑板上写出：

小红钓了鲤鱼、鲫鱼和草鱼 3 种鱼，总共 10 条。小红对同学说："你随便拿走其中的 3 条，都至少会有 1 条鲤鱼。"你知道鲤鱼有多少条吗？

小伙子冲圆圆一笑，说："这可不像圆圆出的题，这题白送我啦！有 8 条鲤鱼。"

圆圆问："为什么？"

小伙子说："如果鲤鱼少于 8 条，我拿 3 条鱼就可能拿的是鲫鱼和草鱼，而拿不到鲤鱼。"

酷酷猴历险记 李毓佩
数学科普文集

台下又是一片喝彩声。

小伙子笑着对圆圆说："娃娃，将擂主让给我吧？"圆圆瞪大了眼睛说："让给你？没那么容易！你来做我的第三道题吧。"圆圆出的第三道题是：

有3个口袋，第一个口袋里装有99个白球和100个黑球，第二个口袋里装的都是黑球，第三个口袋是空口袋。我每次从第一个口袋里摸出两个球，如果两个球是同色的，就把它们放入第三个口袋里，同时从第二个口袋里取出一个黑球放入第一个口袋里；如果取出的两个球颜色不同，就把白球放回第一个口袋里，把黑球放入第三个口袋。我共操作了197次（指从第一个口袋里取了197次），这时第一个口袋里还有多少个球？它们各是什么颜色的？

"这3个口袋里的黑白球来回乱拿，而且拿了近200次，这可怎么算？"这次可把小伙子给憋住了，时间一分钟一分钟过去了，小伙子写了满黑板的算式，画了一个又一个口袋，他头上的汗都下来了……

小贝、丁当双打擂

规定的5分钟已到，小伙子败下台来。

"我来打擂！"声到人到，方方跳上了擂台。

方方说："首先要找出每一次操作的规律：每进行一次操作，都要从第一个口袋中拿出两个球，也不管拿出的两个球是什么颜色，都要放回第一个口袋一个，因此每进行一次操作，第一个口袋里的球就减少一个。"

小贝在台下点头说："别看方方的年纪不大，分析得蛮有道理。"

方方接着说:"第一个口袋里共有 199 个球,一共操作了 197 次,最后,第一个口袋里还剩下两个球。"

圆圆不给方方喘息的机会,问:"剩下的两个球是什么颜色?"

"这个——"方方紧张地思索着,小脸也开始变红。

丁当有点看不下去了,小声对方方说:"白球总是成对减少的。"

聪明人只要被提醒一句就能豁然开朗。方方马上说:"由于第一个口袋里的白球是成对减少的,而白球有奇数个,所以剩下的两个球中一定有一个是白球,另一个必然是黑球。"

圆圆向方方招了招手说:"好朋友,你解对了,我把擂主让给你。"说完纵身跳下台去。

方方对台下说:"现在我当第二任擂主,由我来出第一道题。古代有好几个人同时向女王求婚,女王说谁能最快地回答她的问题,她就嫁给谁。女王问:'我这儿有篮李子,我把这篮李子的一半再多一个给第一个求婚者。把余下的一半多一个给第二个求婚者,这时李子恰好分完,原来篮子里有多少李子?'"

小贝对丁当说:"听你们做了几道题,我脑子有点开窍,我想上去打擂。你先提醒我一下,这个问题从哪儿去想?"

丁当说:"有些题目直接去分析,可能更简单一些。我相信你一定能够成功!"

"借你的吉言!"小贝紧跑两步"噌"地跳上了擂台。

方方见过小贝,神气地说:"原来是客人来打擂,欢迎指教。"

小贝这次还真不含糊,张嘴就答:"题目中说'把余下的一半多一个给第二个求婚者,这时李子恰好分完。'这说明这一半就是一个李子。在第一个求婚者拿走李子后,只剩下 2 个李子了。所以才有余下的一半就是一个李子,再多一个,总共两个李子给了第二个求婚者。我说,第二个求婚者够惨的,闹了半天才得了 2 个李子!"

酷酷猴历险记

李毓佩
数学科普文集

小贝的一番话，逗得台下观众哈哈大笑。

小贝来了精神，他接着说："两个再加上多分给第一个求婚者的一个李子，一共是 3 个。这 3 个占全部李子的一半，所以李子数是 6 个。"

嘿！这道题居然让小贝给顺顺当当地做出来了。

台下一片喝彩声，丁当高兴地使劲鼓掌，把手掌都拍红了。小贝对于自己超水平的发挥就别提多高兴了，他抬头看见上面挂着一个气球，一时球瘾发作，跳起来来了个头球攻门，甩头一顶，气球被顶起老高。小贝这一招儿又得到一阵喝彩声。

"先不要高兴得太早了，你再来做我这第二道题。"方方说，"小王、小林、小朱、小高 4 人是同一所学校的学生。他们在路旁看到一辆汽车，车的牌照是个 5 位数码。

"小王说：'这个牌照的左边第一个数码是 0，第二位数字比我的年龄大。'

"小林说：'它是 4 个连续奇数的乘积。'

"小朱说：'也是我们 4 个人年龄的乘积。'

"小高说：'我们每个人之间的年龄差刚好是每个人的姓氏笔画差。'请问，这辆汽车牌照的数码是多少？ 4 个人的年龄各是多少？"

小贝搓了搓手，说："你出的问题也太离谱了，一个问题要得出 5 个答数！"小贝站在东边想想，又站到西边想想，没想出什么好的方法。眼看时间快到了，小贝的嘴也闭上了，汗也下来了。小贝心想："好个弯弯绕国呀！这题目可真够绕的。"

正当小贝无计可施的时候，只听一个熟悉的声音说："我来做这道题。"小贝回头一看，丁当上台来了。一看救星到了，小贝悬着的一颗心才放了下来。

丁当向台下深鞠一躬，又回身和方方握了握手，然后才说："由于汽车牌照的左边第一个数码是 0，实际上可以把它当作一个四位数。"

小贝插话："这叫什么？这叫简化。只有把问题先简化了，才能化繁为简，化难为易。"

丁当接着说："由于汽车牌照的号码是4个连续奇数的乘积，它必然是一个奇数。又由于汽车牌照也是他们4个人年龄的乘积，他们4个人的年龄必定都是奇数。"

"注意，有一个人的年龄是偶数，乘积必然是偶数！"小贝又插了一句。

丁当说："这4位同学的年龄不但都是奇数，且4个人的姓是王、朱、林、高，姓氏笔画分别是4、6、8、10，各差2画，说明这4个奇数必然是连续奇数。"

小贝说："各位看官，问题分析到这儿，就快解决了！"

丁当对小贝说："咱俩怎么像说相声的？"

小贝做了一个鬼脸："数学相声。"

丁当最后说："4个连续奇数相乘乘积是四位数的，只有 $5 \times 7 \times 9 \times 11 = 3465$ 和 $7 \times 9 \times 11 \times 13 = 9009$，根据小王说的'第二位数字比我的年龄大'，汽车的牌照不可能是3465，否则小王的年龄还不到3岁！所以汽车牌照的号码只能是09009。"

小贝看机会已到，赶紧宣布答案："汽车牌照的号码是09009。小王7岁，小朱9岁，小林11岁，小高13岁。大家替我们欢呼吧！"

当丁当把题目做完，台下顿时沸腾了，观众有的鼓掌、有的跺脚、有的欢呼。

方方双手一抱拳称赞说："真不愧是蓉沪市的数学冠军，名不虚传。这个擂主让给你啦！"说完转身跳下台去。

"新擂主出题！新擂主出题！"这时台下又有节奏地喊了起来。

丁当这时反而有点慌了，心里埋怨小贝不该打这个擂。事已如此，埋怨有什么用？赶紧想题目吧，得想点绝的，对！

丁当要了一副扑克牌，从中挑出2、4、6、8、10、Q（代表12）、小王（代表14）共7张牌。将这7张牌交给了布直首相。

丁当向台下问："我需要两个人，谁愿意上来和我共同表演这道题？"

"我来！""我来！"方方和一个又矮又胖的小黑小子跳上了台。

丁当让布直首相将牌洗过，背面朝上地摊在桌上，每个人任选两张牌，把两张牌的数字之和报出来，谁能最先猜出剩在桌上的一张牌是多少，谁就算胜出。

3人各取两张牌之后，方方说："我的两张牌数字之和是12。"

小黑小子说："我的两张牌数字之和是10。"

丁当说："我的两张牌数字之和是22。"

"我来猜桌上这张牌。"性急的小黑小子说，"由于8+4=12，10+2=12，因此方方手中的牌可能是8和4，也可能是10和2……"

"对、对。"没等小黑小子把话说完，方方抢着说，"由于8+2=10，6+4=10，因此黑小子手中的牌可能是8和2，也可能是6和4。"

当两人还没理出个头绪时，丁当笑着说："桌上那张牌是Q。"小黑小子翻开一看，果然是Q。

小黑小子问："丁当，你是怎样算出来的？"

丁当摇摇头说："我不是算出来的。"

"不算怎么能知道？"

"因为我手中的两张牌是8和小王，我就肯定桌上的牌是Q。"

"我看是蒙的吧？"

"黑小子手中的两张牌之和是10，Q不可能在黑小子手中；方方手中的两张牌之和也只有12，因此Q也不可能在方方手中。而我手中又没有，你说Q能不在桌子上吗？"

小黑小子一伸大拇指说："高招！我服了。请出第二道题吧！"

丁当拿来一张直径是15厘米的圆纸片，又拿出一把剪刀准备出下一道题。

丁当精彩秀

丁当拿起这张直径有 15 厘米的圆纸片和一把剪刀，说："谁能用这把剪刀把这张圆纸片剪成一个纸圈，剪法随便，要求你能从这个纸圈中钻过去。而且这个纸圈还不能断开。"

丁当刚把题目一公布，台下就议论开了。有人说："这个题目真新鲜，不用计算，不用证明，只要求一个人能钻过去！"也有的人不以为然地说："堂堂的蓉沪市数学竞赛冠军，怎么出了道耍杂技的题呢？"正在这时，一个灵活得像只猴子的小孩，"噌"地跳上了擂台，他大声说："让我来试试。"

丁当低头一看，只见这个小孩长得又瘦又小，特别是他的脑袋，小得有点特殊，看年纪也就是五六岁的样子。小孩接过纸片，用剪刀在中间剪了一个大洞，然后一低头，小脑袋就钻进了纸圈。台下立刻就活跃起来了，有人在用力地叫喊："小不点，能把肩钻过去，你就胜利了！"

"噢，他叫小不点。怪不得长得这样又瘦又小啊！"

丁当看着小不点。

小不点把头钻过去，接着就钻双肩，恰恰就是这双肩钻不过去。不管小不点怎样用力收缩他的双肩，总是差那么一点点。台下不少人在为小不点加油，小不点也真的在加油钻。小不点用了个巧劲，刚刚把双肩放进圈里，忽听"啪"的一声，纸圈被撑破了。"呀！"台下发出了一片惋惜声。

连小不点都钻不过去，别人就更别想钻了。过了好一会儿，台下有人问："我说擂主，你能钻过去吗？"

丁当笑了笑说："如果没有人打擂了，我就钻给你们看看。"台下一些急脾气的观众高声喊叫："没人打擂了，你快钻给我们看看吧！"

丁当又拿出一张同样的圆纸片，用剪刀把圆纸片一圈圈地剪开，剪成一条长纸带（图中实线部分），又在纸条中间剪出一道缝（图中虚线部分）。丁当双手一拉，拉出一个很大的纸圈，然后从容地从纸圈中间钻了过去，台下一片哗然。

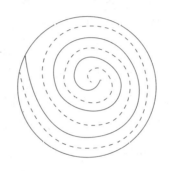

一直在观看打擂的布直首相，向丁当提出了个问题："你这个钻纸圈很妙，不过——我很想知道，你是怎样想起这个问题的呢？"

丁当说："我是从一个古代神话传说中得到的启示。传说在很早很早以前，有一个叫黛朵的公主离开了自己的家园，准备到北非的地中海沿岸定居。当地的首领非常刁钻，要公主付出很大一笔钱，才卖给她用一张公牛皮围起来的土地。首领想用这样苛刻的条件，把黛朵公主难走。谁知道，黛朵公主欣然同意了。聪明的黛朵公主把公牛皮剪成许多非常细的条，把条和条联结起来，得到一条很长的牛皮条。公主用牛皮条沿海岸围出一个半圆，为什么要围成半圆呢？因为这样围得的土地面积最大。结果公主得到了一块很大的土地，建立了迦太基国。这个故事启发了我，于是编出了这样一道题。"

"丁当，你再出一道有故事又有数学的题吧，我就爱做这样的题。"丁当循声望去，是方方在台下说话。

圆圆也嚷嚷说："再出一道这样的题吧，我们老师讲数学时，从来不讲故事。"

丁当笑着说："我们老师讲数学时，也不讲故事，这都是我从课外书上看到的。既然你们叫我出题，我就再出一道。"

丁当想了一下，就开始讲了：

　　从前有一个大国，有位年轻、聪明的国王，名字叫爱数。他爱上了邻国美丽的公主。一天，爱数国王带着文武百官和贵重的彩礼，到邻国向公主求婚。公主听明了来意，递给爱数国王一张纸条，公主说："听说你非常喜爱数学，所以起名叫爱数。我这儿有一个8位数，请你把它所有的质因数都找出来。如果3天之内，你能一个不差地都找到，我就答应嫁给你；如果找错一个，请你不要再提求婚一事。"

　　爱数国王拿过纸条一看，上面写着95859659。国王微微一笑，心想这还不容易，何必用3天呢！我一会儿就能把它的所有质因数都找出来。出于礼貌，国王还是同意在3天内来交答案。

　　爱数国王回国后，连夜进行分解：他先用3去试除，不成，除不尽。他又用7去试除，啊！除尽了，得13694237。找到了一个质因数7，爱数国王的心里别提多高兴了。他又去试除13694237，用3、7、11、13…好多数去试除都除不尽，越除不尽越着急，越着急越出错，白纸用去了一大摞，还是没求出第二个质因数来。一晃两天过去了，爱数国王完全被这个数搞糊涂了。急得他倒背双手在宫里来回地走着。

李毓佩
数学科普文集

大臣孔唤石来见爱数国王。他看到爱数国王发愁的样子，问明了公主出的题目，一声不响地冲着爱数国王笑了。

爱数国王没好气地说："平时我对你们这些大臣不薄，现在我遇到了困难，你们竟袖手旁观，哼！"说完转过身去，赌气地一屁股坐在宝座上。

"国王别急。"孔唤石不慌不忙地说，"找到这个数的所有质因数，是很容易的。根本用不着您费这么大劲。"

爱数国王一把抓住了孔唤石的手，着急地问："你有什么好办法？"

孔唤石问："陛下，您知道咱们国内有多少有文化的人吗？"

"不少于 5000 万。"

孔唤石说："这就好办了。"

丁当讲到这儿突然停住。他问道："哪位朋友知道，孔唤石用什么妙法，在很短的时间内把所有的质因数都找到了？"台下先是鸦雀无声，接着是窃窃私语，不过没有一个人站出来回答这个问题。

方方实在憋不住了，他大声说："我们都答不出来，丁当，还是你自己来答吧！"

"好吧。"丁当开始讲孔唤石的妙招：

孔唤石建议，把全国 5000 万有文化的人分成 5 个集团军，集团军的编号是从 0 到 4。每个集团军有 1000 万人。接着把每个集团军平分成 10 个军，编号从 0 到 9。再把每个军平分成 10 个师，编号也是从 0 到 9。接下去是分成旅、团、营、排、班。

这样一来，每个有文化的人都被编到有固定号码的集团军、军、师、旅、团、营、排、班里。把这些号码按顺序写下来，就是这个人的号数。比如一个人被编在 1 集团军 3 军 5 师 4 旅

0团9营7排5班，那么这个人的号数就是13540975。把5000万有文化的人都编上号之后，从00000000到49999999每个数都对应着一个人的编号。

孔唤石又让爱数国王把公主给的8位数95859659公布出去。要求每个有文化的人用自己的号码去除这个8位数，凡是能除尽的，而且是质数的，都到国王这里来报告。把这些报告来的编号收集在一起，不就是所有的质因数了吗？

爱数国王听罢大喜，立刻下令按孔唤石所说的方法去做，没过多久，有4个人来报告。这4个人的号码分别是1、7、3433、3989。孔唤石说："求出7、3433、3989，合在一起，一共才3个质因数。陛下，如果您一个人去除，您要试除上千次、上万次。如果5000万人去除，每人只做了一次除法就可以知道答案，哪个省时间，哪个费时间，陛下您不是一目了然吗？"由于求出了所有质因数，爱数国王和公主终于结成了夫妻。

丁当刚刚讲完，台下响起了热烈的掌声。布直首相走上擂台，亲自给丁当发了奖。圆圆跑上台给丁当戴了朵大红花，小贝在一旁乐得合不拢嘴。

布直首相拉着丁当的手说："我们弯弯绕国是个十分注重数学的国家。我们试验着把中学的数学下放到小学，把大学的数学下放到中学。可是我们有一个问题没能解决。"

小贝在一旁插话问："什么问题？"

布直首相说："学生学的知识虽然多了，可是学得不够活。对大多数学生来讲，数学还是比较枯燥的，缺少吸引力。但是，丁当同学提出的两个问题，有趣味，有吸引力。希望丁当同学多帮助我们。"

"不敢，不敢。"丁当谦虚地说，"我和小贝来贵国，主要是来学习的。

还望布直首相多教给我们一些数学知识。"

"这个——"布直首相迟疑了一下说，"我们弯弯绕国有座很有名的数学宫，你们两个可以去闯一闯这座数学宫。那里面有欢乐，也充满了危险。只有那些数学基本功好、头脑冷静、不畏艰险的人，才能闯过数学宫。在闯数学宫的过程中，你们会学到许多数学知识。"

丁当和小贝一起高兴地说："好，我们俩愿意去闯一闯。数学宫在哪儿？"

布直首相用手往前一指说："看！那座金光闪闪的宫殿就是数学宫。"丁当告别了布直首相，和小贝手拉手向数学宫走去。

半路被劫

丁当、小贝打擂得胜后，经布直首相指点，决心去数学宫进一步探索数学的奥秘。两个人沿着林荫小路，大步往前走。小贝心里高兴，一边走一边跳，嘴里还一个劲儿地唱："Go，Go，Go，噢雷噢雷噢雷！嘿！我说丁当，你这个擂台打得可真漂亮。你把弯弯绕国的人都给绕糊涂了。我原来感觉数学枯燥无味，可没想到越想越有兴趣。我算彻底服了！"

丁当谦虚地说："我无非讲了两个数学故事。"丁当话音刚落，突然从一棵大杨树后面闪出两个戴着假面具的人，他们手里拿着枪，厉声喝道："不许动，把手举起来。"

"怎么？弯弯绕国里也有强盗！"丁当和小贝相互看了一眼，慢慢地举起了双手。两个戴假面具的人绕到丁当和小贝的背后，用枪口顶了一下丁当的后腰说："往前走！"丁当在前面不紧不慢地走着，小贝紧跟在后面。

走到一个丁字路口，路上立着一块牌子，上面标明去数学宫往右拐，而戴面具的人偏叫丁当往左拐。走到一个十字路口，还叫丁当往左拐。

然后是右拐，右拐，右拐，连续 3 个右拐弯，来到一座石头屋前。石头屋没有窗户，只有一个铁栅栏门。一个戴面具的人打开铁栅栏门，把丁当和小贝推进了石头屋，然后把铁栅栏门用锁锁上。

小贝急了，双手抓住铁栅栏门用力摇晃，气呼呼地对戴面具的人说："我俩是布直首相请来的客人，你们怎么能这般无礼！"两个戴面具的人连声也没吭，掉头就走了。

小贝大喊："你们回来，放我们出去！"丁当在一旁说："不用喊了，他俩已经走远了。"

小贝转过身，背靠着铁栅栏门懊丧地说："完了，被人绑架了，数学宫也别去了。"

丁当没说话，两眼不住地打量这间石头房子，小贝说："有什么好看的？这里空荡荡的，连把椅子都没有。"丁当又看了看门锁，眼睛突然一亮，小声对小贝说："小贝你快看，这是一把六位数的密码锁。"小贝用手转了转密码锁，摇摇头说："密码锁，不知道开锁的密码，你也开不开呀！"

突然屋顶一亮，两人抬头一看，是屋顶的天窗被打开了，阳光从天窗照进了屋里。从天窗飘下一张纸条，很快天窗又给关上了。不等纸条落地，小贝一个摘球动作，把纸条一把捞到手里。丁当接过纸条一看，只见纸条上写着：

开锁的密码是 $abcdef$，这 6 个数字都不相同，而且 $b \times d = b$，$b + d = c$，$c \times c = a$，$a \times d + f = e + d$。

丁当说："这是有人救咱俩。"

小贝一摇头说："救人也不彻底，还要自己去算。这一大堆算式，连个已知数都没有，怎么个算法？"

丁当瞪了小贝一眼说："你老毛病又犯了。没有认真分析一下题目，怎么就肯定解不出来呢？来，咱俩一起解。"丁当把纸条反反复复地看了好几遍。

小贝在一旁着急地问："怎么样？有门儿吗？"

"你看这第三个式子是$c×c=a$，这就说明a一定是一个平方数。从0到9这10个数中，只有0、1、4、9这4个数是平方数。但是a不能是0，否则c一定是0，这时a和c相等了，与纸条上写的6个数字各不相同这个条件不相符合。同样道理，a也不能是1，a只能是4或9，而c只能是2或3。"

一听丁当分析得有道理，小贝也来神了，他说："给出了$b×d=b$，说明d一定等于1。"

丁当用力拍了一下小贝的肩膀，高兴地说："对！你分析得对。"

经丁当一夸，小贝更来神了。他指着第二个算式说："既然d等于1，由$b+d=c$可以知道c比b大1。"小贝说到这儿，高兴得一跳老高。

丁当拉住小贝说："你接着往下算。"

小贝看着式子，摸了摸脑袋说："往下我就不会了。"

丁当说："刚才分析出c或是2或是3，再由d等于1。c比b大1，可以得到$b=2$，$c=3$。"

"那为什么？"小贝有点糊涂。

丁当说："你看，c不能等于2，否则b必定等于1。可是d已经等于1了，因此，b只能等于2，c就等于3了。"

小贝高兴地两手一拍说："$c=3$，a就等于9，快算出来喽！"

丁当指着最后一个式子说："既然$a×d+f=e+d$，可以肯定$f=0$，$e=8$。"

"哦！算出来啦！$abcdef=923180$。快开锁吧！"小贝说完就动手去拨密码锁的号码，当拨到923180时，只听"喀哒"一响，密码锁打开了。小贝拉开铁栅栏，拉着丁当跑出了石头屋。

屋子外面一个人也没有。小贝往四周看了看，一屁股坐到了地上。丁当问："你为什么不走啊?"

小贝垂头丧气地说："两个戴面具的人带着咱俩左转一个弯儿，右转一个弯儿，把我都转糊涂了。咱俩逃出了石头屋，也不知往哪儿走啊!"

丁当问："你还记得那两个戴面具的人，是从什么地方跳出来的吗?"

"记得，是从一棵大杨树后面。"

丁当用手指着石头屋后面不远的一棵大杨树说："就是那棵大杨树。"

"哪有的事，大杨树多了，你怎么敢说就是那棵呢?"小贝不相信丁当的话。

丁当蹲在地上边画边说："戴面具的人一开始是叫咱俩从 A 点向北走，我默数了一下，共走了 257 步到了 B 点。第一次向左拐，走了 417 步到了 C 点；第二次向左拐，又走了 257 步到了 D 点，你从图上可以清楚地看到，D 点在 A 点正西 417 步处。"

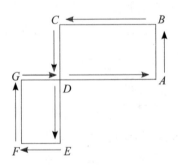

小贝点点头说："嗯，我说你刚才走起路来，为什么不慌不忙还默不作声? 原来你在边走边数步子。"

丁当接着说："在 D 点并没停顿，又继续往前走了 199 步到了 E 点；第一次右拐弯，走了 100 步到了 F 点；第二次右拐，走了 199 步到了 G 点；第三次右拐走了 517 步，就又回到了 A 点。"

李毓佩
数学科普文集

小贝摸着脑袋说："活见鬼，绕了两个圈儿又回到了 A 点。那咱俩怎么办？"

丁当坚定地说："咱们从大杨树一直往北走，还是去数学宫。"两人一溜小跑来到大杨树下，小贝向左右仔细看了看，果然是刚才被劫持的地方。小贝竖起大拇指，佩服地说："丁当，我服了你了。你这个步量法还真准，咱俩走吧。"

丁当摇摇头说："吸取刚才的教训，这次咱俩分开来走。我在前，你在后，拉开一定的距离。这样即使遇到了坏人，也不会一起被抓住。"

"是个好主意。"两个人一前一后，保持大约 200 米的距离。

丁当不放心小贝，一边走一边往后看。来到了丁字路口，丁当往右拐弯儿，并向小贝作了个向右拐的手势，小贝冲丁当笑着点了点头。

丁当向右拐弯没走多远，从后面传来"砰、砰"两声响。丁当掉头就往回跑，跑到丁字路口往后一看，啊，小贝没了！会不会又被人劫持了？丁当觉得事情非同小可，赶紧沿着原路寻找。丁当一边走一边叫着小贝的名字，可是找了很长一段距离，也没见小贝的影子。

丁当仔细辨认着地上的脚印，他发现了一行脚印通向路边，是小贝的脚印，因为小贝总是喜欢穿球鞋。可是小贝一个人干什么去了呢？"砰、砰"两声又是怎么回事？丁当陷入苦苦的思索中……

球场上的考验

丁当顺着小贝的脚印往前找，走了不长一段路，看见了一个足球场。许多人站在场边观看，小贝一个人踢着足球在场里来回跑。

"这个球迷，怎么半路跑到这儿踢足球了？"丁当心里直埋怨小贝，赶紧喊了小贝一声。

"我在这里进行足球智力比赛呢！"小贝擦了把头上的汗，咧着大嘴一个劲儿地乐。

"足球智力比赛?"丁当还是第一次听说。

小贝解释说:"刚才我正跟在你后面走,忽然飞来一个足球,'砰'的一声,飞落到我的脚前,我'砰'的一声又把足球踢了回去。后来方方跑来了,他说我足球踢得好,非拉着我参加足球智力比赛不可,我就跑到这儿了。"正说着,方方抱着一个足球跑来了。方方大声叫道:"哩!丁当,你也来参加足球智力比赛? 欢迎! 给你一个足球。"说着就把足球扔给了丁当。

丁当接过足球问道:"这怎么个赛法?"

方方指着足球场说:"你看,这半个足球场连同大门里面,都用黑白两色分成 24 个格。比赛要求,从最右端的黑格带球进入场内,每个格都要带球经过一次,而且只能经过一次,最后从最左端的黑格出来。在带球过程中只能直着走,不能斜着走。谁能做到谁就取胜。"

小贝说:"你看着,我先给你表演一次。"说着他就带球从最右端的黑格进入了足球场。小贝以熟练的带球技术,在场内走回形线,当他走了一多半时,就前进不了啦!

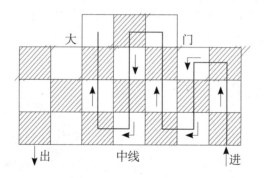

方方对丁当说:"你来试试吧。"丁当没动,他看着这半个足球场苦苦地思索。小贝还是带着球,在场内来回跑,一边试验一边过足球瘾。

突然,丁当喊道:"小贝,你别试验了,这样的路线根本不存在。"

丁当的话使在场的人都很惊讶。

方方问："你连一次都没试验过，怎么敢肯定这样的路线不存在呢？"

丁当笑着说："是数学方法告诉我的。你们来看，和每个黑格相邻的都是白格，反过来，和每个白格相邻的一定是黑格。由于不许斜着走，从最右端的黑格入场，第二个一定进入白格，第三个一定进入黑格……总之，进入的第奇数个格一定是黑格，第偶数个格一定是白格。你们说对不对？"

"对，对。"在场的人都同意丁当的分析。

丁当接着说："我数了一下，黑、白格各 12 个，一共 24 个格。24 是个偶数，按我上面的分析，只有第偶数个格是白格时，才有可能走通，可是这里的第 24 个格，也就是最后一个格是黑格。因此，我肯定这样的路线不存在。"

大家都觉得丁当说得有道理。

方方紧接着问："能不能改变一下，让这条路线走得通呢？"

丁当略微想了一下说："可以。只要适当地去掉一个白格就可走得通。"丁当去掉球门里面的一个白格，然后带球从最右端的黑格入场，进场就横着走，接着转过头又往回走。

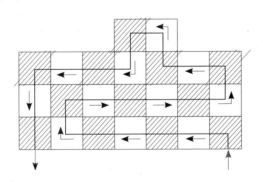

嘿，丁当脚下功夫也不软，干净利索地一口气跑完了全场，最后从最左边的黑格把球带了出来。全场观众直鼓掌，小贝也直叫好。丁当抹了把头上的汗，对小贝说："咱俩走吧。"小贝看见足球哪里拉得动腿呀！他央求丁当说："赛场球再走吧！"一提到赛球，在场的人都嚷嚷要赛。

丁当对小贝说："对你真没办法，咱们的任务是去数学宫，半路你却要踢球。"

小贝说："好丁当，就踢 10 分钟。"方方把在场的人分成两队，丁当和小贝一队，方方在另一队守大门。丁当踢前卫，小贝踢前锋，两人配合默契，踢了不到 10 分钟，小贝就头球破门 3 次，丁当也远射射中一球，场上比数 4∶0。方方摆着双手，大喊："不踢了，不踢了。我快成'漏勺'了。小贝的球技果然厉害！"说得小贝咧着大嘴一个劲儿地笑。

丁当把方方拉到一旁问："你们这儿是不是有强盗？"接着就把被劫持一事说了一遍。

方方听完"扑哧"一笑说："哪儿来的强盗？他抢走你什么财物了？我们弯弯绕国的人都喜欢开玩笑，这不定是谁戴着面具在和你们开玩笑呢！"

"开玩笑？"丁当心里想，"有这么开玩笑的吗？"

方方缠着小贝，非叫小贝教他足球基本功不可，小贝当然很高兴教他。小贝先教方方传球和接球，接着带方方来到一堵墙前，小贝把球踢到墙上，足球正好反弹到方方的脚下。方方也冲墙踢了一脚，足球却反弹不到小贝的脚下。方方问小贝这是什么原因。

小贝解释说："关键是要把球踢到墙上一个合适的位置，这要靠经验。"

"这么说，我没经验就一定踢不好球。你可别蒙我，我问问丁当去。"方方转身就去找丁当。

小贝笑着说："解数学题你找他，踢球还得找我。"

方方找到了丁当，丁当半开玩笑地说："如果你能告诉我，谁劫持的我们，又是谁从天窗扔下的纸条，我就告诉你一个踢法，比小贝踢得

酷酷猴历险记　李毓佩　数学科普文集

还准。"

"行！只要能让我踢得准，我一定告诉你。"方方满口答应。

丁当让方方找来一根长绳和两根短木棍，把木棍分别钉在两个地方，把绳子的两头系在两根木棍上，再把绳子拉紧，在地上画出一大段曲线。两人搬来许多砖，让砖的小面向里，沿着画好的曲线垒起一道墙。

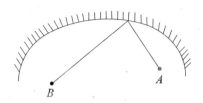

方方给丁当的这一系列举动弄糊涂了，他愣呵呵地问："我让你教我踢足球，你修墙干什么？"丁当拍拍手上的土，小声对方方耳语了几句。方方听罢一跳老高，立刻去找小贝。

方方挺着胸脯对小贝说："还是丁当的基本功过硬，我跟他没练几下，已经超过你的水平啦！"

小贝摇摇头说："不可能，'冰冻三尺，非一日之寒'。我所以踢得这样准，是长期练出来的。"

方方歪着脑袋说："我就踢得比你准，不信咱俩比试比试。"

"比就比。"小贝根本没把方方放在眼里。

方方提出比试方法是，每人踢 10 次，看谁踢得准。小贝还是对着原来的墙踢。小贝踢了 10 次，只有 7 次反弹到方方的脚下。该方方踢了，方方说对着直墙踢不算真功夫，他要到弧形墙上去踢。小贝心里想，方方真是个傻子！

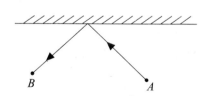

方方和小贝来到刚垒好的弧形墙前，方方在 A 点站好，小贝在 B 点站好。方方抬腿就踢，足球撞到弧形墙上准确地反弹到小贝的脚下。小贝吃惊地看了方方一眼，方方冲小贝做了个鬼脸。这第二脚就更有意思了，方方有意把头歪向一边，随便踢了一脚，说来也怪，足球撞墙之后又乖乖地滚到小贝的脚下。第三脚就更绝了，方方脸背着墙用脚后跟用力一磕，球碰到墙上照样滚到小贝的跟前。方方踢了 10 次，足球全部弹回到小贝的脚前，神啦！

　　小贝惊呆了，他怀疑这只足球里面有毛病。他拿起足球用力摇了摇，里面没有什么声音；又托在手里试了试，重量也合适。这到底是怎么回事？

　　小贝并不认输，他提出也在弧形墙上踢 10 脚。方方说："可以。"方方乘小贝不注意，悄悄向右移了两步到 A′ 点。尽管小贝使出了浑身的解数，可是 10 脚反弹球全部落空。小贝也不是傻瓜，他仔细一琢磨，觉得问题出在丁当身上，他找到了丁当问："丁当，你搞什么鬼？愣叫我输给了方方。"

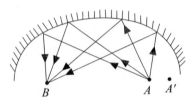

　　丁当笑着说："我修了道椭圆形的墙。椭圆有个重要性质：从一个焦点 A 踢出来的球，撞到椭圆形墙反弹回来，一定滚到另一个焦点 B。刚才你和方方各站在一个焦点上，因此，不管方方怎样踢，球一定反弹到你的脚下。"

　　"为什么我踢时，就不灵了呢？"

　　"傻小贝，方方趁你不注意的时候向右挪了两步，离开了焦点，球当然不会滚到方方的脚下了。"

李毓佩
数学科普文集

小贝生气地质问："你为什么帮助方方来整我？"

丁当小声地说："虽然你输了球，可是方方却告诉我谁从大窗扔下了纸条。"

"是谁？"

"是圆圆。方方说圆圆一直在暗中保护咱俩。"

"两个戴面具的人是谁？"

丁当摇摇头说："方方也不知道。"

小贝眼珠一转说："哎，那圆圆一定知道。咱俩何不找圆圆问问。"

"好主意！"丁当向方方打听圆圆在哪儿，方方说圆圆在游艺宫打台球。

丁当和小贝赶到游艺宫，在台球室里找到了圆圆。胖乎乎的圆圆手拿球杆，正噘着嘴生气呢！什么事惹圆圆生这么大的气？丁当站在一旁注意观察。

该圆圆打了。球台上有两个球，圆圆先用眼睛瞄准，然后"啪"的一声把一个球打了出去。球在台边上碰了几下，从另一个球的旁边滚过。"糟糕，又没打中！"圆圆急得直跺脚，小脸都涨红了。

"原来圆圆为打不好台球生气啊！"丁当心里明白了，走了过去握住圆圆的手说："圆圆，你好！"圆圆一看丁当来了，非常高兴，把球杆递给丁当说："教教我打台球吧，我总打不着。"

"我也打不好。"丁当接过球杆，连续打了 3 个球。真漂亮！丁当打出去的球就像长了眼睛，在球台上左碰右撞，最后准确地碰到了第二个球。

"真棒！真棒！丁当，你快教我打吧！"圆圆又蹦又跳，那高兴劲就别提了。

丁当小声对圆圆说："感谢你救了我们。不过，我很想知道两个戴面具的人是谁？"

圆圆眨了眨眼睛，压低了声音说："你教会我打台球，我就告诉你。"

丁当点点头说："行！"

落入圈套

丁当想叫圆圆告诉他俩，两个戴面具的人究竟是谁。圆圆却提出先要丁当教他如何打台球，然后再揭露这个秘密，丁当满口答应。

小贝在一旁问："你们俩嘀嘀咕咕说什么呢？"

丁当随口答应说："在谈打台球的事。"丁当从口袋里掏出纸和笔，画了张图。

丁当说："球从 P 点出发，在球台边反弹两次，最后撞击到 Q 点的球。这里的关键是什么呢？关键是要 $\angle\alpha_1 = \angle\alpha_2$、$\angle\beta_1 = \angle\beta_2$。"

圆圆问："怎样去打，才能保证 $\angle\alpha_1 = \angle\alpha_2$、$\angle\beta_1 = \angle\beta_2$ 呢？"

丁当指着图说："先找到点 P 关于 AB 边的对称点 P_1，再找到点 P_1 关于 BC 边的对称点 P_2。连接 QP_2，与 BC 交于点 F，连接 FP_1，与 AB 交于点 E，那么点 E 就是台球第一次要撞击的点。"

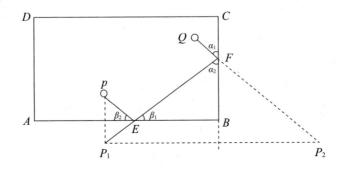

圆圆吐了吐舌头说："找撞击点这样麻烦？"

丁当笑着说："理论是如此，能否打好还要靠平时多练习。"

圆圆照丁当教的原理，试打了几个球，效果一次比一次好，圆圆挺

李毓佩
数学科普文集

高兴。丁当追问戴面具的是谁？圆圆趴在丁当的耳朵上，讲出了两个人的名字，丁当一听，眉头直皱。

小贝没听见，急着打听是谁。圆圆把丁当和小贝拉到一旁说："我对你们详细说说吧。你们还记得打擂台时，有一个小伙子打擂输了吗？"

小贝点点头说："记得呀，他被你出的第三道题给难住了。"

圆圆介绍说："那个小伙子叫刘金，他争强好胜。丁当在擂台上出题难倒了大家，刘金当时很不服气。他和小不点在台下偷偷商量，要收拾你们一下。"

小贝惊奇地问："小不点？就是那个钻纸圈的小不点吧？"

"对！就是他。你别看他长得又小又瘦，肚子里的鬼点子还真不少呢！"圆圆瞪着圆眼睛说，"刘金和小不点琢磨的坏主意让我听见了，我哪能看着不管哪！我就在暗中保护你们。他俩戴着面具，拿了两把假枪，把你们关进石头屋。我爬上屋顶，从天窗给你们塞进一个纸条。"丁当拉住圆圆的手说："感谢你救了我们。"

小贝紧握双拳，愤愤地说："我一定要找到小不点和刘金，和他们算账。"丁当劝小贝不要把事情闹大。圆圆告诫丁当说："刘金和小不点还会和你们捣乱的。"丁当和小贝告别了圆圆，继续向数学宫走去。

路上，丁当劝小贝不要太贪玩，贪玩容易误事，小贝却不以为然。小贝笑嘻嘻地说："我要不踢那一脚球，还遇不上方方呢，也打听不出谁给咱俩使的坏。"

突然，一个又瘦又小的人影在前面一闪。小贝用手向前一指，大声叫道："小不点，快追！"说完撒腿就跑，丁当在后面边追边说："小贝，你慢点跑，你看准了吗？"

"哎呀！是小不点，没错！"小贝越跑越快。

前面有一条小路，小贝顺着小路追了下去。追到一个丁字路口，小贝看见右边有人影一闪，赶紧往右追；追到一个十字路口，看见左边有人影一闪，小贝又往左追。就这样七追八追，跑得小贝一身大汗，也没追上那个人。

小贝一屁股坐在地上，顺手从头上抹了一把汗说："咱俩跑得不算慢呀！怎么硬是没追上小不点呢？"

丁当低头琢磨了一会儿，突然一拍大腿说："坏了，咱俩上了小不点的当了！"

"上当了？"小贝赶忙问个究竟。

丁当说："你想，小不点引着咱俩左转一个弯儿，右转一个弯儿，把咱俩都绕糊涂了，还能找到原路吗？"

"对呀！"小贝也琢磨过劲来了，他说，"这个小不点真坏！咱俩都让他给骗了。现在怎么办？圆圆还会来救咱俩吗？"丁当摇了摇头。

天渐渐黑了，小贝的肚子也饿得"咕咕"直叫。不能坐在这儿等着呀！可是，如果毫无目标地乱走，也可能越走越远，想回原路就更难了。两个人正在为难，忽听"啪哒"一声，一个小纸团落在丁当的脚下。丁当拾起纸团打开一看，上面写着一行字，还画有9个圆圈，旁边注明：

图上的9个圆圈，代表着9个路口。你们正在黑圈的位置，如果能一笔画出4条相连的直线，恰好通过9个圆圈，这条折线就是你们返回的路线。

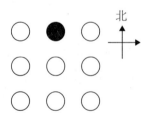

小贝把纸条接过来看了一遍，高兴地说："这准是圆圆又来救咱俩了，这条折线由我来画。"

李毓佩
数学科普文集

说着，小贝用笔画了起来。可是画了半天，就是画不出来。这张纸已经叫小贝画得乱七八糟了。

小贝把纸条往丁当手里一塞，说："真难画，我画不出来，你画吧！"丁当一看，这纸已经画得一团黑了，只好又掏出一张纸重画了一张图。

丁当并不急于在图上画直线，他拿着图左看看、右看看。当把图向左旋转45°角时，丁当停住了，他端详了半天，才画出了4条直线。

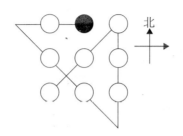

小贝一看，高兴地直拍手，他说："对极了，就是这样连法。按照地图的规定：上北、下南、左西、右东，咱俩应该往西走才对。"说着，小贝拉着丁当向西走去，他们过了交叉路口继续往前走。丁当一边走一边不停地回头向东南方向看。

小贝问："你为什么总回头啊？难道有人跟踪咱俩？"

丁当说："没人跟踪，我是在寻找拐弯的地方。"

"找拐弯的地方？"

"对呀！从图上看，拐弯的地方并不是路口，也没有什么特殊标记。要想找到拐弯处，只有不断地向东南方向看，能看见两个交叉路口的地方才是啊！"

小贝紧着往前走了几步，忽然大声叫道："丁当，你快来，这里能看见两个交叉路口。"丁当跑过去一看，果然能看见两个交叉路口。丁当把手一挥，两人顺着这条路往前走，走过两个交叉路口，丁当边走边往正北看，当他同时看见3个交叉路口时，就拐弯向北走去。走到第三个交叉路口，又向西南走，走到第二个交叉路口，两个人停住了。

天已经黑了，两个人站在交叉路口东瞧瞧西看看，觉得这个地方非常陌生，不像通往数学宫那条路。

小贝摸摸脑袋说："嗯？怎么不对劲呀！"

丁当一跺脚说："坏了坏了！咱俩又上小不点的当了！"

"怎么又上当了？"小贝惊讶地问。

"咱俩一直追踪着小不点，并没有见过圆圆的影子，没有理由说明纸团是圆圆扔的。"丁当在分析眼前发生的事情。

"纸团会是谁扔的呢？"

"是小不点扔的！他的目的是把咱俩引入圈套。"

"小不点会摆什么圈套？"小贝有点担心。

天已完全黑了，周围一片静谧，十分荒凉。两个人在黑夜中默默地站着，一个在为肚子饿而发愁，一个在考虑解脱的办法。

突然，从不远的地方传来几声凄厉的叫声。"啊，狼！"小贝浑身打了个哆嗦。

小贝最怕狼，他紧张地问丁当："有狼，怎么办？"

丁当摆摆手，示意小贝不要出声。丁当侧耳细听狼的嗥叫声，狼的叫声越来越近了……

丁当对小贝耳语了几句，小贝听后直摇头。丁当耐心地又对小贝说了几句，小贝显出无可奈何的样子，皱了皱眉头。

近处又传来两声狼嗥，小贝吓得大叫一声撒腿就跑，边跑边喊："丁当快跑呀！狼来啦！"

小贝跑远了，从路旁的树丛中闪出一个矮小的黑影。只见这个黑影双手捂嘴，发出一声狼嗥。远远地听见小贝带着哭音喊："我的妈呀！快跑吧！"

"哈哈……"黑影发出一阵笑声，接着说，"什么丁当、小贝，我装

酷酷猴历险记　李毓佩
数学科普文集

几声狼叫就把你们吓得屁滚尿流，哈哈。"黑影笑声还没停，后脖子就被人用手卡住了。

"小不点，装狼叫装得挺像啊！"丁当用右手卡住了小不点细细的脖子。

小不点央求说："丁当手下留情，下次不敢了。"

"好个小不点，看你往哪儿跑！"小贝气喘吁吁地跑了回来，抡拳就要打小不点，丁当赶忙拦住。

小贝左手叉腰，右手指着小不点的鼻子问："我们俩什么地方得罪你了，你为什么三番五次地和我们作对？"

小不点有点紧张，支支吾吾地说："你们俩没有什么对不起我的地方。"

小贝生气地大声吼叫："你为什么把我们关进石头屋？又为什么装狼叫吓唬人？"

丁当心平气和地说："你不用害怕，慢慢说。"

小不点摸了摸脖子说："丁当上次打擂获胜，我们都佩服丁当的基本功扎实、知识面广、脑子活。但是……"

小贝问："但是什么？"

小不点说："我们还不知道丁当解决实际问题的能力如何。我和刘金商量，在你们去数学宫的途中，出点难题考考你们。"

丁当问："考验完了吗？"

小不点点点头说："我要考的都考完了。不过，我劝你们不要去数学宫，那可不是什么好玩的地方，宫里安装了许多机关和陷阱，弄不好会困在里面。"

丁当笑着摇摇头说："不怕，我们俩是有充分思想准备的。"小不点请他俩吃了一顿饭，丁当和小贝又继续赶路了。

初探数学宫

第二天，丁当和小贝很早就上路了，两人直奔数学宫，边走边提防刘金来捣乱。还好，两人一路并没有遇到什么麻烦。

数学宫占地有两个足球场那么大，金碧辉煌，十分豪华。主体建筑是一座 10 层大楼，上面盖有一个银白色的圆屋顶，在阳光照耀下闪闪发光。一楼和二楼之间用霓虹灯组成 3 个大字"数学宫"。周围是一个接一个的建筑群。主楼的大门紧闭着，周围静无一人。

小贝小声对丁当说："这么大的数学宫，怎么连一个人都没有呀？真有点瘆人！"

丁当说："小不点不是说过吗，数学宫不是什么好玩的地方。要进数学宫，靠的是数学和勇气。走，到门前看看去。"两人小心翼翼地往前走，好像随时会踩到地雷似的。好不容易来到门口，小贝用手推了推门，门推不开。

小贝自言自语地说："也许咱俩来得太早了，人家还没开门哩！"

丁当摇摇头说："听说这座数学宫全部是由电子计算机控制的，从进门开始就要经受一个又一个的考验。"丁当反复地、仔细地打量着这两扇门。

小贝不耐烦地说："你看门有什么用？你能把门看开吗？"

丁当也不理他，只顾一个劲儿地看。突然，丁当喊了一声："小贝，你快看，这里有 10 个按钮。"小贝跑过去一看，在门框的外侧从上到下装有 10 个按钮，按钮上写着 0~9 这 10 个数字。

小贝问："按哪个钮才能打开门呢？"丁当也看着这些按钮发愣。小贝等不及了，也不管三七二十一，就用指头捅了一下"0"钮。只听里面响起了动听的音乐，从上面飘悠悠地落下一张纸条。纸条上写着：

酷酷猴历险记 李毓佩 数学科普文集

想进数学宫吗？请你把1～9这9个数填进下面9个圆圈中。

注意：要求被乘数比乘数大。然后按照从左到右的顺序按动相应的按钮，门会自动打开。

$$○○○×○○＝○○×○○＝5568。$$

小贝看完纸条说："填这玩意要靠运气，碰好了，一下子就填对了。"

丁当摇摇头说："不能靠碰运气，要按一定的数学方法来填。"

"那该怎么填?"

丁当说："你用短除的方法，把5568分解开。"

"这个容易。"小贝掏出笔和纸做了起来。

```
2 | 5 5 6 8
2 | 2 7 8 4
2 | 1 3 9 2
    2 | 6 9 6
    2 | 3 4 8
    3 | 1 7 4
        2 | 5 8
            2 9
```

小贝问："分解完了，往下怎样做?"

"应该按照分解出来的因数，把5568写成乘积的形式。"丁当接着往下做：

$$5568＝29×(3×2^6)＝29×192。$$

丁当说："这个式子不能要。"

"为什么不能要?"

"29×192，这里面有两个9，重复了。"丁当又往下写：

$$5568＝(29×2)×(3×2^5)＝58×96＝96×58。$$

小贝说："这个式子里的数字没有重复，可以要。"

"现在肯定还为时过早。"丁当又接着往下分解：

$$5568 = (29 \times 2 \times 3) \times 2^5$$
$$= 174 \times 32。$$

小贝眼睛一亮，高兴地说："成了，这两个乘积中的数字没有重复的。"说完就按照 589617432 的顺序去按按钮，谁知当小贝按完最后一个按钮时，按钮发出一股电流，一下子把小贝打出好远。"哎哟！"小贝喊了一声，一屁股坐到了地上。

小贝坐在地上，哭丧着脸说："好厉害，电得我浑身直发麻。"丁当赶紧把小贝扶了起来，问："怎么样？不碍事吧？"

小贝活动了一下腰腿说："倒没什么事。可是我没按错呀！是不是你算错了？"

"我没算错，还是你按错了。你看看这纸条上的排列顺序。"小贝一看纸条，连声叫苦。纸条上明明写着：

$$○○○ \times ○○ = ○○ \times ○○ = 5568，$$

小贝却是按照 ○○ $\times$ ○○ = ○○○ $\times$ ○○ = 5568 的次序来按的。丁当重新按着 174329658 的顺序来按钮，随着一阵悦耳的音乐声，数学宫的两扇大门慢慢地打开了。

"开门啦！开门啦！"小贝高兴得又蹦又跳，拉着丁当一阵风似的跑进了数学宫。

啊！里面漂亮极了。一进门是大厅，用红色大理石修成，上方悬挂着一盏十分精致的水晶灯。水晶灯变换着发出各色光束，整个大厅也不断地改变着颜色，给人一种神秘的感觉。

忽然，小贝指着地面说："多怪呀！丁当你快看，这铺地的方砖上有许多亮点。"丁当低头一看，真的，每当水晶灯的光束照到地面的时候，方砖上就显露出数目不同的亮点。

李毓佩
数学科普文集

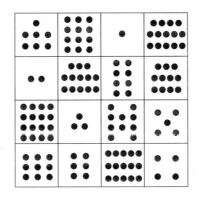

"这些亮点是什么意思?"

丁当摇摇头说:"不知道,需要仔细观察。"丁当掏出笔和小本,边观察边在本子上记着什么。过了一会儿,小贝伸头一看,丁当在本子上已经画好了一个图。

"这究竟是什么?"

"是四阶幻方。我用阿拉伯数字写出来就清楚了。"说着,丁当又画了一张图,中间写上阿拉伯数字,多少亮点,数就写多少。

7	12	1	14
2	13	8	11
16	3	10	5
9	6	15	4

"幻方? 老师上课没讲过呀!"

"课本上没有,我是从课外书上看到的。"

小贝对幻方很感兴趣,他对丁当说:"给我讲讲好吗?"

丁当说:"这个四阶幻方,不管你把横着的 4 个数相加,还是把竖着的 4 个数相加,或者把斜着的 4 个数相加,其和都是 34,这叫作幻方常数。"

小贝等丁当说完，在大厅里转了一圈，对丁当说："这个大厅有两个形状不同的门，咱俩进哪个门？"

丁当说："需要仔细考察一下。"

第一个门是长方形门，横着的门框上写着"2"，立着的门框上写着"17"。

"什么意思？"小贝搞不清楚。丁当看了看也直皱眉头。真的，一个2，一个17，究竟是什么意思？是密码？还是暗号？

第二个门是个圆门，圆门的半径写着15。小贝等不及了，他推开圆门就往里闯，丁当一把没拉住，小贝已经进了门，丁当也只好跟着走进了圆门。圆门"哐当"一声，又自动关上了。

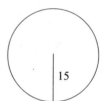

圆门外是个花园，绿树成荫，一条弯曲的小径通往林荫深处。小路两边盛开着绚丽的花朵，美丽的小鸟在枝头跳跃歌唱。小贝深深吸了一口花香，高兴地说："数学宫是个鸟语花香的好地方。"两人沿着小路边说边走。

丁当说："咱俩不应该进圆门，应该进长方形门。"

"那为什么？"

"你想啊！地面上的四阶幻方不会是白写的。我心算了一下，不论是圆门的周长还是面积都和四阶幻方常数34无关。只有长方形的面积是34。"

小贝不信，他美滋滋地说："咱们进了圆门不也就进了数学宫了吗？"正说看，两人远远看见前面有一座10层大楼，银白色的屋顶在阳光下闪闪发亮，由霓虹灯组成的"数学宫"3个大字历历在目。

小贝惊愕地说："怎么回事？咱们走出了数学宫，跑到外面来了！"

再探数学宫

丁当、小贝好不容易才进了数学宫，由于小贝错进了圆门，两人不知不觉又从旁门走了出来。

小贝懊丧地说："真倒霉！咱俩又绕出数学宫了。"

丁当笑着说："别灰心，咱俩既然能绕出来，就能再绕进去。"

"对！咱俩在弯弯绕国里来个绕弯弯。"两人边说边笑又来到了正门。

小贝问："丁当，你还记得开门的号码吗？"丁当摇摇头。小贝说，"那只好再算一遍了。"根据上次的经验，开门应该先按门框上的按钮。小贝"噌、噌"三蹿两跳到了大门口，他用右手按了一下"0"钮。小贝侧耳细听，等待着里面响起动听的音乐，然后从上面飘下纸条来。不知怎么搞的，这次听不到美妙的乐曲，而是巨大的"咚、咚"声，由远及近。小贝还没弄清楚是怎么回事，大门"哗啦"一声打开了，从里面走出一个高大的机器人，它每迈一步都发出"咚"的一声巨响。

机器人对小贝说："你找我有什么事？"

"我找你？不，我没找你。我想进数学宫，忘记进门的号码了。"可以看出小贝心里挺害怕。

机器人说："进门的号码是不断变化的，上次的号码这次不管用啦！"

小贝小心地问："这次进门的号码，我到哪里找啊？"

"号码就在我胸前。"说着，机器人拉开前胸的一个盖子，里面出现一排 10 个红灯，有的亮，有的不亮。

机器人说："你如果能正确辨认出我胸前的号码，就能平安进宫。如果认不出来或认错了，我就把你扔出去。"说着机器人把大手一张，冲着小贝就要抓。

"丁当救命，丁当救命！"小贝双手捂着脑袋，一个劲儿地叫丁当。其实，丁当早就站在他的身后了。

丁当对机器人说:"好!咱们就一言为定了。"机器人见丁当答应它提出来的条件,就安静地站在那里。丁当和小贝仔细观察这 10 个红灯。

小贝小声对丁当说:"这里只有 10 个红灯,哪有数字啊?"

丁当正在低头琢磨什么,他慢慢地说:"弯弯绕国是个数学水平很高的国家,咱们考虑问题应该把面想得宽一些。"小贝没什么办法可想,他搓着双手来回走着。

"小贝,我想起来啦!"丁当说,"10 个红灯,有的亮,有的不亮,它可能表示的是二进制数。"

"可能?如果说得不对,机器人可要把咱俩扔出去了,咱俩谁也别想活!你可别开玩笑。"

丁当笑着说:"你顶球的劲头到哪里去了?你往后靠,机器人要扔就扔我。"

"开个玩笑。"小贝问,"这红灯怎么能表示二进制数?"

"二进制数只有 0 和 1 两个数字。红灯只有亮和不亮两种状态,每种状态都表示一个数字。"

"那一定是亮表示 1,不亮表示 0 喽!"

丁当点点头说:"你说得对!十进制数是逢十进一,而二进制数是逢二进一。我给你列个表就清楚了。"说着丁当就画了个表。

二进制数	1	10	100	1000	10000	100000	1000000	⋯
十进制数	1	2	4	8	16	32	64	⋯
计算方法	2^0	2^1	2^2	2^3	2^4	2^5	2^6	⋯

"噢,我明白了。二进制数中有几个零,换算成十进制数就是 2 的几次幂。"

丁当指着红灯说:"你按着从左到右的顺序,把机器人胸前的二进制数写下来。"

○●○○●○○○●●

"亮、不亮、亮、亮、不亮、亮……"小贝写出的结果是：

1011011100。

"你把它再换算成十进制数。"

"从右往左数，第十位上是1，它等于2^9=512；第九位是0，就不用算了；第八位、第七位都是1，它们分别为2^7=128、2^6=64；同样，第五、四、三位上是1，各为2^4=16、2^3=8、2^2=4。最后把这些数相加：

512＋128＋64＋16＋8＋4＝732。"

"算出来了，得732。"小贝非常激动，跑到大门边用力按了7、3、2，一阵悦耳的乐曲声过后，大门又徐徐地打开了。

机器人说："请进，数学宫的大门，永远向着数学爱好者敞开!"丁当、小贝迈着大步走进了数学宫。

进宫一看，地上的四阶幻方没变，他俩来到长方形门前。

"四阶幻方常数是34，准是进这个门。"丁当开门就往里走。小贝不放心，在后面喊："先别进去! 探头看看是不是又出去啦?"

"小贝，快来看，这里面有许多小朋友。"小贝进门一看，看见一群孩子在机器人阿姨的带领下正在做游戏。孩子们看见丁当和小贝进来了，就拍着手喊："欢迎两位大朋友和我们一起做数学游戏。"孩子们拉着丁当、小贝围成一个圈儿，大家拍着手，一个小女孩和着拍子在圈里边跳边唱：

"一二三四五，上山打老虎。老虎不吃人，专抓小笨球。"

歌声一停，小女孩一把抓住了小贝，孩子们欢呼着："抓到喽! 抓到喽!"

小贝心想，既然被人抓住了，就痛痛快快地表演个节目完了。小贝不大会唱歌，他张嘴学了几声狗叫，叫完就走。谁知机器人阿姨不答应，指着墙上的几个大字说："你看，这里是数学游艺会，所有的活动都要和数学挂上钩才行。学几声狗叫怎么能成？"

小贝心里暗暗叫苦："我这几声狗叫算是白学了。"小贝说："可是，我除了学狗叫，不会表演别的呀！"

机器人阿姨说："这样吧，我出个数学问题，你如果能解出来，也就代替表演了。"没有别的办法，小贝只好点头同意。

机器人阿姨找出49个小朋友，每人胸前都贴上一个号码，号码从1到49各不相同。

机器人阿姨对小贝说："请你从中挑选出若干个小朋友，让他们排成一个圆圈，使任何相邻2个小朋友的号码的乘积小于100。问你最多能挑选出多少个小朋友？"

小贝犯了难，当着这些小朋友的面，我怎么能说不会呢？

小贝一没主意就看丁当，意思是希望丁当帮帮忙。丁当当然心领神会了，说道："这样吧，我的这位同学表演了一个节目，这个问题由我来做，行吗？"机器人阿姨点了点头。

为了使小贝能学会这种做法，丁当边做边说："由于2个两位数相乘要大于或等于100，因此，任何2个两位数都不能相邻。"

小贝一看由丁当出面来做，又来了精神。他对小朋友说："这可是关键！"

丁当说："从1～49只有9个一位数，把这9个一位数围成一个圆圈，每2个一位数之间插入1个两位数，最多插入9个，合起来共18个。"

小贝宣布："最多能挑出18个小朋友。哈，解决了！"

机器人阿姨对丁当说："你能正确回答出这个问题，说明你有能力继续在数学宫内探索，你进北门吧。"

小贝赶紧问："我呢？"

机器人阿姨说："你的数学水平还比较低，留下来继续和小朋友做

李毓佩
数学科普文集

数学游戏吧！"

"啊！"小贝瞪着大眼睛，张着大嘴，一时不知说什么好。

只身探索

丁当也想说几句，可是机器人阿姨不容分说，用有力的双手把丁当推进了北门，"咣当"一声把门关上了。

丁当真不放心小贝，他用力拉门，高喊："开门，开门。"

可是，门关得死死的，只听到门那边的小朋友又唱起了儿歌：

"一二三四五，傻子不识数。五四三二一，捉住老母鸡。"

接着是"噢，抓住喽！抓住喽！"的一阵叫好声和拍手声。

"唉！"丁当叹了口气，心想他们又在给小贝出难题了。丁当等了好一会儿，也不见小贝出来。没办法，只好自己先往前走。

这间屋子不大，布置也很简单，四面是白墙，中间只有一张桌子和一把椅子。丁当觉得有点累，一屁股坐在椅子上。谁知，"唰"的一声响，对面墙上出现了一个巨大的荧光屏，一位白发苍苍的老爷爷微笑着对丁当说："你找我有什么事啊？"

"我……"丁当心想，我没找这位老爷爷啊！丁当低头一看，见桌子上写着一行字：

如有数学问题想请教数学老博士，就坐在这把椅子上。

丁当灵机一动问道："我有位同学被关在南面那间屋子里，您有办法使我们见面吗？"

"噢，"老博士笑着说，"肯定地说，你那位同学的数学不是很好，他还不会有什么困难的数学问题来问我。"

"可是，我们两人是一起来的，我怎么可以把他一个人扔下呢？"

"小伙子，你给我出了道不是数学的难题呀！"老博士摇摇头说，"学习要靠自己，别人是代替不了的。我只能帮助你回到南面的房间去，没办法让你的同学到这间屋子来。"

丁当高兴地说："我回去也成啊！"

老博士用手一指南门说："你看，南门上有一把钥匙，你用手指一次把它画出来。手指中途不许离开，所画的道不能有重复。如果你画得合乎要求，南门会自动打开。"

丁当回头一看，果然在南门上映出一把巨大的钥匙。

"从哪个点入手画呢？"丁当望着钥匙在认真思索。

他低头在纸上画了几个简单的图形，因为他知道，研究任何事物总是从简单到复杂。先要从简单的事物中寻找出规律，再去解决复杂的问题。

丁当随手画了一个风筝形，他从 B 点入手画，按着顺序 $B \rightarrow A \rightarrow E \rightarrow C \rightarrow D \rightarrow B \rightarrow C$ 来画，一笔画成，中间没有重复。

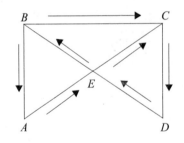

丁当又试着从 A 点出发，可是他怎么画也不能无重复地一笔画出来。

丁当又画了个长方形，连接它的两条对角线。丁当不管从哪点出发，也不能无重复地一笔画出来。

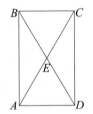

丁当画了一个品字形。他发现不管从哪点出发，总可以不重复地一笔画出来。

李毓佩
数学科普文集

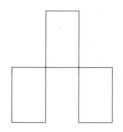

他看着这 3 个图，认真观察每个图、每个点的特点。忽然，他恍然大悟，疾步奔到南门，用手指从钥匙上的 A 点出发，先画出中间的小圆，再画出锯齿形花瓣，又往下画出钥匙身，最后画出大半个圆到了 B 点。一笔画成，中间没有重复。

丁当刚刚画完，南门就自动打开了。丁当想迈腿进去，只听老博士在后面喊："同学慢走。钥匙上那么多点，你为什么偏偏选择从 A 点起画、B 点终止呢？"

丁当拿出自己画的 3 张图说："从这 3 张图中我发现，图中的点有两种。一种是偶点，从偶点引出的线有偶数条；一种是奇点，从奇点引出的线有奇数条。我还发现，如果一个图中只有偶点，比如品字形图中都是偶点，这样的图不管从哪点出发，总可以不重复地一笔画出来。"

"很好！"老博士点点头说，"如果图中有奇点呢？"

"如果只有两个奇点，比如风筝形中的 B 点、C 点，可以从一个奇点入手，到另一个奇点终止，不重复地一笔画出来。"

"如果奇点多于两个呢？"

"奇点多于两个，不可能一笔画出来。根据这些规律，我观察到钥匙中只有 A、B 两点是奇点。我就从 A 点出发到 B 点终止，一笔画了出来。"

老博士高兴地说："你具有的观察和分析能力，将使你在学习上有长足的进步。预祝你成功。"

"谢谢！"丁当大步跨进南屋寻找小贝。机器人阿姨还在领着小朋友做数学游戏，可是小贝却不见了。

丁当忙问："小朋友们，我的伙伴哪里去了？"

一个梳小辫的女孩说："你的伙伴只能回答出一个简单数学题，机器人阿姨把他送出南门了。"

"谢谢你！"丁当直奔南门跑去，南门一推就开，进门是通往地下室的楼梯。丁当顺着楼梯往下跑，边跑边喊，"小贝，你在哪儿？"跑到地下室打开门一看，里面黑洞洞的，挺吓人。丁当向里面小声喊了几声，没人回答，只听到里面有一种微弱的特殊声音。

"坏了，小贝丢了？出事了？"丁当心里一急，又沿着楼梯跑了上去，一拉门，拉不动。这可怎么办？丁当坐在楼梯上歇歇，尽量使自己冷静下来。他认真考虑眼前发生的一切事情：刚才回答我问题的小女孩，看她那天真烂漫的样子不像在骗我。可是，小贝真的下到地下室了吗？为什么我叫他，他不答应呢？地下室又为什么不亮灯呢？那种特殊声音又是什么？不成，我还要下去找找，也许地下室在构造上有什么特殊的地方。

丁当又跑下楼梯，看看地下室的门口没有电灯开关。他站在门口向里面喊了两声，里面有点动静。丁当又往前走了几步，大声喊："小贝，你在哪儿？"

"丁当，我在这儿！"两个人在黑暗中摸索，终于手碰到了手。

丁当问："我刚才叫你，你怎么不答应啊？"

小贝说："我在黑洞洞的地下室待了好半天，刚才我好像听到你在叫我，不过声音很小，我还以为是幻觉呢！"

"你到地下室时，里面就是黑洞洞的吗？"

"不，里面挺亮。我是走到一个地方，灯才突然熄灭的。"

"这间地下室大吗？是什么形状的？"

"屋子很大，是椭圆形的，四周有壁画，漂亮极啦！"

李毓佩
数学科普文集

"你大概走到什么地方，灯突然熄灭的?"

"在中间靠里一点的地方。"

丁当在思考着、分析着。突然，他往门口走，在楼梯口附近来回地走。当他的脚踩到一个地方时，灯一下子全亮了。

"太好啦! 太好啦!"小贝高兴地跳起老高。

小贝问:"你跑到门口走了几圈，怎么灯就亮啦?"

"一切奥妙都在这个椭圆的结构上。"丁当在纸上画了个椭圆说，"椭圆有两个焦点 F_1 和 F_2，椭圆有个奇妙的性质，就是从一个焦点 F_1 发出来的光或声音，经椭圆的反射，都集中到另一个焦点 F_2 上。"

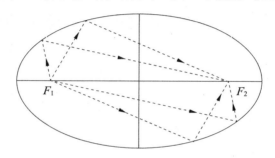

丁当指着楼梯说:"你看，楼梯口正好修在一个焦点上。我在楼梯口喊你，由于屋子比较大，咱俩又离得远，直接传到你耳朵里的声音很弱，而反射的声音，经椭圆形墙壁的反射，都集中到另一个焦点上了。如果当时你恰好在另一个焦点上，你会听得很清楚，不然的话，就听不太清楚。"

"除了墙壁反射声音，还有屋顶和地面哪!"

"你看，屋顶上镶嵌着一层浅绿色的天鹅绒，地面铺着地毯，这些东西反射声音的效果都很差，主要靠墙壁反射。"

"灯光又是怎么回事?"

"开灯的按钮装在楼梯口这个焦点上，关灯的按钮装在另外一个焦点上。由于都藏在地毯下面，只有踩上才起作用。"

"你刚才找我时，为什么没踩上？"

"由于太黑，我是扶着楼梯的扶手下来的，正好没踩在焦点上，所以灯没亮。哎，小贝，你刚才在屋里干什么呢？"

"我能干什么！无非是到处瞎摸呗。"

"这么说，我刚才听到的声音，是你在地毯上走动的声音。"

小贝拉着丁当就往外走，说："趁着灯光还亮，咱俩赶紧上楼回去吧。"

丁当摇摇头说："我试过了，门打不开，不能回去。"

"可是，这里连第二个门都没有，难道咱俩总待在这里看画？"

丁当不搭话，只顾一个劲儿地看画，小贝急得直跺脚问："你还有心思看画？"

丁当不慌不忙地说："要想找到门，只有从画上找。"

画谜

丁当和小贝被困在地下室了，拉地下室的门拉不开，地下室又没有别的门。小贝急得火冒三丈，可是丁当一点也不着急，他一心一意地在欣赏四周的壁画。

如果仔细看的话可以发现，这里的每一幅画都是一道数学题。其中有一幅画吸引了丁当，这幅画的名字叫"胖小送信"。画上有一个胖胖的小孩，手里拿着一大撂信。画上写着一行字，要求胖胖从 A 点出发，沿图上画的道路往每家送一封信，最后进入在 B 点的大门。要求所走过的道路不重复。

丁当对小贝说："你如果能按照图上的要求，用手指从 A 画到 B，门自然就会有了。"

"真的？"小贝不大相信。

李毓佩
数学科普文集

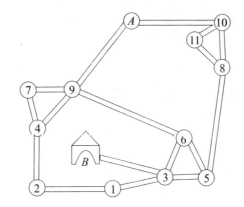

"你就画吧，画法还不止一种呢。如果画得对，就一定能画出这个门来。"丁当已经有经验了。

小贝看了看，就要从 A 点往 9 号住宅画。丁当赶紧喊："慢着，你往 9 号住宅画，往下怎么画你心中有数吗？"

小贝满不在乎地说："走一步算一步呗，天无绝人之路，有道是'山重水复疑无路，柳暗花明又一村'嘛!"几句挨不着边的话，弄得丁当哭笑不得。

"从 A 到 9 肯定不成!"

"为什么？"

丁当指着图说："如果从 A 先到 9，要送信到 8，必须从 5 到 8，而从 5 到 8 只有一条路，进去就不能出来，不然就会走重复路。"

"是那么回事。那就从 A 先往 10 送信吧。"本来这条路就不难走，小贝很快就从 A 画到 B，走的路线是：

$A \to 10 \to 11 \to 8 \to 5 \to 3 \to 6 \to 9 \to 7 \to 4—2 \to 1 \to 3 \to B$。

小贝刚刚画完，这幅画就慢慢地升了上去，画的后面原来有个门。小贝很高兴，抬腿就进了门，里面是弯弯曲曲的小胡同。两个人一前一后，顺着小胡同一个劲儿往前走，也不知走了多远，前面又出现了个门，小贝"噌"一下蹿了进去，丁当也跟着进了门，只听一声响，这扇门自动关上了。两个人向四周一看，愣住了，转了半天怎么又转回到椭圆形地下室了？

"咳！这是成心绕人玩！"小贝生气地一屁股坐到了地毯上。

丁当琢磨了一下说："弯弯绕国安排这么个门，也许是想告诉人们一个哲理。"

"什么哲理？"

"你刚才画的那个图，是个非常容易画的图。但是在数学上想专挑容易的问题来做，不想花力气，只想找窍门，就会像咱俩所走的道路一样，最后只能返回出发点，不可能前进一步！"

"你说得也许有点道理，"小贝点点头说，"这次咱俩专找有难度的问题来做，你看怎么样？"

"好的。"丁当和小贝又仔细端详起这些壁画。看了一遍又一遍，什么门也没发现。

"没门儿呀！"小贝说了句一语双关的话。

丁当站在一幅画前看个没完，小贝走过去一看，画上有几个队员在踢足球，只见一个队员拔脚怒射，球平着向右飞出去，至于球飞向哪儿，画上可没有画出来。

丁当回头问小贝："这里正赛足球，你这个足球迷为什么不过来看看？"

"射门的队员距离球门大约25米，这是个'平射炮'，直奔大门飞去。"小贝以内行的口吻在评论这个踢球动作。

"你敢保证这是射门动作？"

"凭我专业人士的眼光绝对没错，传球没有这样踢法的，肯定是射门！"

丁当笑着说："这下就有门了嘛！"

"可是门并没有画出来呀！"

"画出来，你就容易找到了。看来这个球门需要咱俩好好找一找。"丁当顺着球飞出去的方向细心寻找球门。

右边第一幅画，画的是一棵不知名的小树，小树上面没有树头，可是分枝挺多；第二幅画的是两只小鸭子；第三幅画的是一个小孩领着一条狗……没有球门啊！

突然，小贝喊道："丁当，你快看，这儿有字！"丁当跑过去一看，在不知名的小树下面，写着几行很小又很模糊的字：

这棵小树生长新枝是有规律的，它刚刚长出了一茬新枝，并且每个老枝和新枝上都结了一个小红果。不知从哪里飞来一只足球，像刀削一样把老枝、新枝和小红果都碰掉了。你一定要问小红果跑到哪里去了，如果能算出小红果的个数 m，从这幅画向右数，第 m 幅画上有个球门，足球和小红果都在球门里。

小贝高兴地说："这回可有门了。咱们就算算小红果有多少个吧！可是，怎么个算法呢？"

"关键是找出这棵小树生长的规律。咱俩来个比赛吧！看谁能先找到这个规律。"丁当和小贝目不转睛地看着这棵无名小树。

没看多久，小贝忙说："我观察出来啦！"

"什么规律？"

"每长一个新枝，必然要长一个新叶。"

"嗨！你找的是生物规律，咱们要找的是数学规律。"两个人又看了一会儿，小贝忍不住了，小声问丁当："你看出什么数学规律没有？"

"我观察出一个规律，你看对不对？"丁当在纸上画了张草图，又画了几条水平虚线，在旁边写上树枝的数目：1，2，3，5，8，？

丁当指着图说："如果能算出削掉的那一层树枝数，就可知道小红果的数目 m 了。"

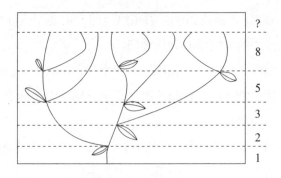

小贝摸着脑袋说："前3个数是1、2、3，挺有规律，忽然缺个4，有了5，又缺6和7。这缺三少四的怎么找规律呀？"

丁当在纸上写了几个式子：1＋2＝3，2＋3＝5，3＋5＝8，5＋8＝？

小贝一看，大声说："对，对！再往上是13个枝，13个枝就有13个小红果。噢，知道啦！$m＝13$。"小贝向右数画，数到第13张，哪里有球门？哪里有足球和小红果？画上是一个小孩坐在计算机前，正要用手往下按一个红色电钮。

"没有球门？"丁当边想边用手按了一下红色电钮。真怪！这幅画转了个180°，在画的后面还有一幅画，画的是一个足球门，门里有一只足球和13个小红果。接着这幅画往上一提，露出个门来。小贝非常高兴，低头就往门里钻。小贝上身刚钻进去，只听"咚"的一声响，小贝又马上抽身出来了。丁当见小贝脑袋上撞起一个小包。

"我的妈呀！谁知道这门里还有一道门。"不过经小贝这一脑袋，撞亮了里面的一盏灯。丁当探头往里一看，见门上画了两幅画，一幅是一个人在吃兔子，另一幅是一大群兔子在咬人。在两幅画中间还画了个大问号，门的下半部写了许多字：

700多年前，意大利数学家斐波那契提出了个"兔子生兔子问题"。问题是这样的，从前有个人把一对小兔子放在一个围栏里，想知道一年后有多少对兔子生出来。他是按着一对大

李毓佩
数学科普文集

兔子A一个月可以生出一对小兔子B，再经过一个月，一对小兔子B又可以成长为一对大兔子A的规律来计算的。你来算算一年后围栏里一共有多少对兔子。照这样的速度繁殖兔子，10 年后，到底是人吃兔子呢，还是兔子吃人？如能正确地回答出上述问题，一个更加美妙的世界在等着你！

小贝摇摇脑袋说："这弯弯绕国净提出些稀奇古怪的问题！连'人吃兔子，兔子吃人'也成了问题？谁见过兔子吃人？真新鲜！"

"刚才计算小红果的数目，现在计算生兔子问题，我看都是在用数学方法研究某些生物的生长规律，我觉得挺重要。"

"一会儿大兔生小兔，一会儿小兔又长成大兔，越生越多，越多越乱！"小贝有点不耐烦了。

"生兔子和无名树生长，我看是一个问题。生兔子的规律也可以通过画图来寻找。"说着，丁当在无名树生长图旁边又画出一只兔子生长图。

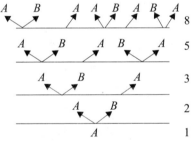

小贝在一旁看出点门道，他说："哎，这每长出一根新枝，就相当于新生一对小兔子，旁边的数字完全一样啊！"

"按照后面一个数都等于前两个相邻数的和，你算算 12 个月这个围栏里将有多少对兔子？"丁当说。

"这个好算，"小贝用口算，"5 加 8 等于 13，13 加 8 等于 21，21 加 13 等于 34……89 加 144 等于 233。算出来啦，一共有 233 对兔子。"

丁当说:"可真不少啊! 2年后就有7万多只兔子,而且越往后增加得越快。"

"照这么说,将来一定是兔子吃人喽! 听说澳大利亚过去没有兔子,后来从外面带去了几只兔子。这些兔子在良好的环境下繁殖得特别快,后来澳大利亚的兔子就成灾啦!"小贝还真知道不少事儿。

丁当摇摇头说:"兔子生长得再快,也不会对人类构成很大的威胁。兔子本身要死亡,人类完全可以控制兔子的繁殖,不会是兔子吃人的。"丁当的话音刚落,这道门就自动打开了。啊! 里面是间闪闪发光的金屋子。

金屋子里的奥秘

两个人跑进金屋子里一看,嗬! 全是金的,墙壁是金的,窗户是金的,桌子和椅子也是金的,连地面也是金砖铺的。在屋子正中的墙上,镶嵌着一块金牌,上写3个大字:"黄金屋"。下面还有几行小字:

> 黄金屋里的所有物品和建筑都和黄金数有关,如果你能把屋里的黄金数都找到,将会出现一架金梯子。顺着这架梯子你将登上数学宫的最高层。

小贝看完牌子说:"得,进了黄金屋还要找黄金数。我连黄金数是多少都不知道,到哪里去找啊? 我这个足球前锋,现在是英雄无用武之地喽!"

"眼看就要闯出数学宫啦,你怎么打'退堂鼓'啦?"

小贝问:"你知道什么是黄金数吗?"

"我知道黄金分割的事,黄金数也从书上看到过。可是时间一长,把黄金数给忘了。"

"好嘛，你都忘了，我更没辙了。咱俩就在这高级金屋子里待着吧！"小贝坐在椅子上直喘粗气。

"既然每件物品上都有黄金数，咱们具体量量不就能量出来吗？"说着丁当就动手测量金椅子面的长和宽，长是 1.9 尺，宽是 1.174 尺，做除法

$$1.174 \div 1.9 \approx 0.618。$$

"啊，我想起来了！黄金数近似等于 0.618。不信，我再给你量量这扇长方形窗户的宽和高。"宽是 3.09 尺，高是 5 尺，3.09÷5＝0.618。

丁当说："我还记起了著名天文学家开普勒的一句名言——'勾股定理和黄金分割，是几何学的两大宝藏'。"

"既然知道了黄金数，咱俩就动手找吧。"小贝和丁当就把屋子的长和宽、屋门的长和宽、铺地金砖的长和宽都量了一下，发现它们的比都是黄金数。

小贝问："每件物品都按黄金数来设计，有什么好处？"

丁当说："两千多年前的古希腊人就非常重视黄金分割，他们认为只有符合黄金分割的建筑，才是最美的建筑。"

丁当指着一尊金的人体塑像说："古希腊数学家还认为人体中含有许多黄金数。比如从肚脐到脚底的距离与头顶到脚底的距离之比是 0.618；从头顶到鼻子的距离与头顶到下巴的距离的比也是 0.618。"小贝实地测量了一下塑像，果然如此。

能够量的都量了，能找的都找了，最后剩下两件物品可把丁当和小贝难住了。一件是圆圆的金桌面，另一件是一盆金枝金叶的金花。

丁当心想，这圆里也有黄金分割吗？这盆花里也藏有黄金数？

小贝用尺子把枝高、叶长、叶宽量了个够，也没算出 0.618 来。小贝又累又气，趴在圆桌面上休息。

突然，小贝大叫了一声说："怪！怪！这圆桌面上还有奥妙啊！丁

当，你快趴下来看。"

丁当趴在桌面上斜着一看，看到从桌面的中心引出三条半径，把圆分成 3 个扇形。这 3 个扇形的顶角分别写着 137.50776°、137.50776° 和 84.98448°。

"这是什么意思呢？"丁当心里在琢磨。

"这些角度一定和黄金数有关，不信，咱们就除一除看。"说着，小贝就做了个除法。

$$84.984480 \div 137.507760 \approx 0.618034.$$

"你瞧！这不是出现了 0.618 吗？"

"好极啦！"丁当用力拍了一下小贝的肩头说，"小贝，真有你的！圆里的黄金数也叫你找到了。如果把 137.50776° 所对的圆弧长定作一个单位长，那么 84.98448° 所对的圆弧长就近似为 0.618 个单位长。"

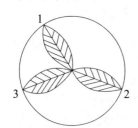

小贝用手指着金花说："就剩下这盆高贵的金花了，它的黄金数又藏在哪儿呢？"小贝和丁当围着这盆花转了一圈又一圈，仔细观察。

小贝半开玩笑地说："这弯弯绕国可真厉害，你不想绕圈都不成。"丁当听了小贝的话猛地站住了，他把花端到了地上，然后从上往下看。

小贝奇怪地问："你这样看，能看出点什么名堂？"

"小贝，你从上往下看。你看这叶子间所夹的角和圆桌面上的半径所夹的角多么相似。"

"真的？我来量量。"小贝量了一下说，"没错！1 号叶与 2 号叶、2 号叶与 3 号叶之间的夹角差不多是 137.5°，而 3 号叶与 1 号叶之间的夹角大约是 85°。"

"这样说来，叶子是按照黄金分割的规律生长的了。"

李毓佩
数学科普文集

小贝问："按黄金分割来长叶子，有什么好处？"

"这我可说不清楚，我想可能和获得阳光的多少有关系。"丁当把花又端到花盆架上。

随着一阵美妙的乐曲，天花板打开了一道缝，一架金光闪闪的金梯子放了下来。可是，当梯子离地还有两个人高的时候，突然停住了。从梯子腿垂下一个小木牌，木牌上有 6 个圆圈和一个问题。

问题：

一位农民种橘树，收完橘子，将 2520 个橘子分给 6 个儿子。橘子分完后，要求老大把分到的橘子拿出 $\frac{1}{8}$ 给老二；老二拿到后，连同原来分到的橘子，拿出 $\frac{1}{7}$ 给老三；老三拿到后，连同原来分到的橘子，拿出 $\frac{1}{6}$ 给老四；老四拿到后，连同原先分到的橘子，拿出 $\frac{1}{5}$ 给老五；老五拿到后，连同原先分到的橘子，拿出 $\frac{1}{4}$ 给老六；老六拿到后，连同原先分到的橘子，拿出 $\frac{1}{3}$ 给老大。经过这样相互一给，结果大家手中的橘子一样多。请把原来每人分到的橘子数，从老大开始从左到右依次填到圆圈里，金梯就会降下来。

小贝皱着眉头说："这是成心难为人啊！题目也不告诉原来老爷子是怎样分的橘子，每人分了多少，然后哥儿 6 个就开始送橘子，你拿出几分之一送给我，我再拿出几分之一送给他，送得乱七八糟，谁知道原来每人分了多少橘子？"

"要知道了每人分多少橘子，还用咱俩算？"丁当笑着说，"到了弯弯绕国想不绕弯是不可能的。"

小贝无可奈何地摸了摸自己的脑袋说："那咱俩就绕吧！从哪儿绕起呀？"

丁当说："这个问题的特点是，尽管中间过程比较复杂，但是结果非常简单，每人分到的橘子都一样多，都是2520÷6＝420（个）橘子。"

"对！解决问题就应该从最简单的地方入手去考虑。"小贝说，"但是，往下还是乱七八糟，我还是没办法。"

丁当想了想说："像这类已知最后结果的题目，常使用反推法来解。"

"你就用反推法推推试试。"

丁当开始解："由于最后每人所得的橘子数同样多，所以每人得2520÷6＝420（个）。下面先求老大原来分得多少。在求每人原来有多少橘子时，要从最后结果中去掉别人给的橘子数，还要找回给别人的橘子数。"

"是这么个理！"

"老六的420个橘子是分给老大 $\frac{1}{3}$ 后剩下的，在分给老大之前有 $420÷\frac{2}{3}＝630$（个）橘子，他给老大的橘子是 $630×\frac{1}{3}＝210$（个）。"

"有戏！老六给老大的橘子数求出来了，是210个。"

丁当继续算："老大在得到橘子之前有橘子420－210＝210（个），这210个是老大分给老二 $\frac{1}{8}$ 后剩下的，所以老大原来分到的橘子数是 $210÷\frac{7}{8}＝240$（个）。"

小贝高兴地说："好啊！老大原来的橘子数求出来了，是240个。行了，剩下老二、老三、老四、老五、老六所分得的橘子数我全包了。"

小贝撸了撸袖子："老二从老大那儿得到30个，老二得到30个橘子后又把 $\frac{1}{7}$ 分给老三，分完后老二有420个橘子。在没给老三之前有 $420÷\frac{6}{7}＝490$（个），减去老大给的30个，老二原来有460个橘子。"

"好！"丁当给小贝加油。

小贝一鼓作气，算出了老三434个、老四441个、老五455个、老六490个。

丁当说："快把这些数填进圆圈中。"小贝依次把240、460、434、

酷酷猴历险记
李毓佩
数学科普文集

441、455、490 这 6 个数填了进去。

刚刚填好，金梯子就放到了地面。小贝在前，丁当在后，高兴地边往上爬边喊："我们登上最高层喽！"

游野生动物园

丁当和小贝见金梯子放了下来，就一前一后顺着梯子往上爬，一直爬到数学宫的最高一层。上楼一看，布直首相正在上面等着他俩，在一张大桌子上摆满了鸡鸭鱼肉。

布直首相笑眯眯地说："二位一路辛苦，快坐下来吃饭。"3 人分宾主坐定，开始用餐。

布直首相问："数学宫还有意思吧？"

丁当说："很有意思。游了一次数学宫，我们长了不少见识。"

小贝问："这么大一座数学宫，要用多少人来管理？我怎么连一个服务人员也没看见啊？"

布直首相笑着说："哪里有什么服务人员，整个数学宫全靠它来控制。"布直首相用手向后一指，后面打开一扇小门，里面有一个大玻璃罩，罩里有一个人的脑子。

"啊！"小贝先是吓了一跳，又怕自己看错了，他站起身往前走了几步，仔细地看了看，回头对丁当说，"快来看，真是人的脑子，它好像还在微微地活动呢！"

丁当也好奇地走了过去，围着玻璃罩转了好几圈。丁当摸着脑袋说："真怪！单独一个脑子怎么能活下来呢？"

"哈哈。"布直首相说，"你们受骗了，这不是人脑，是电脑。这是最新一代的计算机——生物计算机。"

小贝摇晃着脑袋问："这生物计算机怎么和人脑一模一样呢？"

布直首相解释说："老式电子计算机由最早的电子管，到晶体管，到集成线路，到超大型集成线路，体积越来越小，功能越来越大。但是，它们和人脑相比，差得还很远。我们模仿人脑制造出这台生物计算机，它由蛋白、酶、细胞系等生物元件组成，体积和外形有如人的大脑，而功能却比人脑大多了。"

丁当惊奇地问："数学宫有那么多房间，每个房间又有那么多神奇的装置，只这样一台生物计算机就全控制了？"

"是的。"布直首相点点头说，"这台生物计算机不仅控制着这座数学宫，还控制着一个野生动物园。"

"野生动物园？"小贝听说有这么个好玩的地方，立刻来神了。他小声对丁当说："咱俩去野生动物园玩一趟，那多来劲！"

丁当何尝不想去玩呢！丁当说："首相，我俩能去野生动物园看看吗？"

"当然可以喽。不过——"布直首相看了丁当一眼说，"野生动物在园中自由来往，那可是个危险的地方！"

小贝站起来说："不怕！有危险才有点探险的味道。布直首相，能不能发给我们两支猎枪？"

丁当赶忙拦阻说："咱们是去野生动物园，又不是去狩猎场打猎，带枪干什么！"

吃过饭，稍事休息，丁当和小贝告别了布直首相，向野生动物园走去。没走多远，小不点从一棵树后闪了出来。

小不点笑嘻嘻地问："二位逛完了数学宫，又要到哪儿玩去？"

丁当说："我们去野生动物园。"

"噢，那可是个很好玩的地方。"小不点说完，用狡黠的目光扫了丁当和小贝一眼。

"那，咱俩快走吧！"小贝拉着丁当就往野生动物园跑。小不点向他俩挥挥手说："祝你俩玩得痛快！"说完，捂着嘴嘻嘻地笑了起来。

前面就是野生动物园，四周用高墙围着，两扇铁门关得紧紧的。铁门上有一个小门，门上写着：

小猴想从百米跑道的起点走到终点，它前进 10 米，后退 10 米，再前进 20 米，后退 20 米，这样下去，能否到达终点？

"这还不容易。"小贝说着就用笔在小门上写了个"不能"。

小贝刚刚写完，小门"吧嗒"一声打开了，从小门里伸出一个猴头。小猴冲小贝一龇牙，接着扔出一个野果，"啪"的一声正打在小贝的脑袋上，痛得小贝"哎哟"一声，小门立刻又关上了。

小贝捂着脑袋说："这个死猴子还会打人！"

丁当说："刚才你写的不对，小猴子才打你。"丁当走过去在小门上写了个"能"，刚写完，小门"吧嗒"一声又打开了，小猴探出了脑袋。小贝在一旁高喊："留神脑袋！"可是小猴这次并没有扔野果，只是"吱"地叫了一声，接着两扇大铁门就打开了。

两人进了野生动物园，嗬，好宽阔的草原哪！绿莹莹的草地像块大绿毯，一眼望不到边，远处还有片片树林。在绿草当中可以看到成群的羚羊和斑马。

丁当问："咱俩怎样走法？"

小贝捂着脑袋说："你先别问怎样走，你告诉我，为什么你说能够到达终点呢？他前进 10 米，后退 10 米，再前进 20 米，后退 20 米，他不管前进多远，总要退回到原出发地，他怎么能到达终点呢？"

丁当解释说："由于小猴第一次前进 10 米，后退 10 米……当他前进 100 米时，就到达了终点，没有必要再退回去了。"

小贝点点头说："对，小猴走到 100 米处已经到达了终点，没有必要再往回退了。"

突然一声狮吼，把两人吓了一跳，循声望去，只见一头雄狮在奋力追赶一匹斑马，斑马向这边跑来。说时迟，那时快，斑马已经跑到他俩的眼前，狮子也紧跟着追来。

"快跑！"小贝拉着丁当撒腿就跑，狮子撇下斑马直奔他俩追来。前面有棵树，两人一前一后爬上树顶，狮子本来会爬树，也不知为什么，它只是围着树转了一圈就走了。

小贝抹了一下头上的汗说："好险啊！差点给狮子当了早餐。"

丁当说："听说在非洲游野生动物园，都是坐在汽车里，咱们这样游法，早晚叫狮子吃了。"

"要想办法找辆车才行。"小贝手搭凉棚向四周张望，突然他大声叫道，"看哪！那边的小树林里有一辆小汽车。"两人从树上滑下来，撒腿就往小树林跑去。跑近看，嘿！还真是辆旅游专用车。从窗户看到车里面有面包、汽水、水果，东西挺齐全。小贝拉了拉车门，车门锁着呢。车门上也没有钥匙孔，只有一个奇怪的算式：

$$72 \times \square\square\square = \square 679\square$$

小贝说："得！看来必须在方块里填上适当的数，车才能打开。可是，式子里的乘数是个三位数，咱们连一位数字也不知道，怎样求呀？"

丁当说："可以把 72 分解开，先分解成 8×9 试试。"

小贝琢磨了一下说："右边这个五位数，既然能被 8 整除，它的末位数一定是偶数。"

"不单是偶数。"丁当说，"如果一个数能被 8 整除，那么它的最后三位数一定能被 8 整除。"

"这是什么道理？"

"任何一个四位以上的数，都可以写成两个数之和：其中一个数的最后三位数字都是 0，另一个是小于 1000 的数。比如 78215 可以写成 $78000+215$，进一步可以写成 $78 \times 1000+215$。"

"往下呢？"

李毓佩
数学科普文集

"因为 1000÷8＝125，所以千位以上的数一定能被 8 整除。这样，一个数能不能被 8 整除，就看最后三位数了。"

"八九七十二、八九七十二。唉，最后三位数一定是 792 喽！"

"对！"丁当说，"这个数还能被 9 整除，那么它的各位数字之和也应该能被 9 整除。"

"我来算。"小贝写出：

$$\square+6+7+9+2=\square+24$$

"把 24 的个位数字和十位数字相加得 6，再加上□。如果这个和数能被 9 整除，方格里必须填 3。这样，右边这个五位数就是 36792。再由 36792÷72＝511 得到等号左边的三位数是 511。"小贝拿起笔在方格里填上

$$75\times\boxed{5}\boxed{1}\boxed{1}=\boxed{3}679\boxed{2}$$

小贝刚刚填完，车门"咯噔"一声打开了，两人高兴地钻进汽车。

小贝手握方向盘说："我来开车。"

"你会开车吗？"

"在大草原上开车，不会也没关系。"小贝用脚一踩油门，汽车猛地蹿了出去。

"哈哈……"小贝开着车在草原上歪歪扭扭地走着，两人别提多开心啦！

一路上，看见了成群的大象和长颈鹿，也看见三五成群的狮子、豹子，还有狒狒、猩猩，真是大开眼界。

一条大河挡住了去路，河里有许多奇大无比的河马，还有一丈多长的鳄鱼。但是，小贝一点停车的意思也没有，他两眼只顾向左右看，显然是看入神了。

"小贝，你快停车啊！"丁当着急地直喊。

"啊？停车？"小贝用脚一踩，谁知错踩了油门，汽车加速往前行。

正巧一只大河马张开了血盆大口，汽车"噌"的一声钻进了河马的大嘴中，河马立刻把嘴闭上，周围是一片黑暗。

口中余生

小贝问："怎么办？咱俩被河马吃了！"

丁当安慰说："不要紧，咱俩坐在汽车里，只要汽车不坏，咱俩就没事。你能把灯打开吗？"小贝摸了半天，总算把灯打开了。

丁当向外看了看，又说："你再把汽车的前灯打开。"打开前灯，两道光束射了出去，河马口中立刻亮如白昼。

"多奇怪呀！"丁当开门走了出去，他用手按了按河马嘴里的肉问道："你看，这像肉吗？"

小贝也按了按说："不像，像是塑料的。"

"这可能不是真河马，咱们在动物园里都见过河马，哪见过这么大个的河马？"

"嗯，不像是真河马，像是塑料做的。"

丁当说："不管真假，咱俩要想办法出去。时间一长，非把咱俩憋死不可。"

"丁当，你看这是什么？"小贝又有了新发现，丁当走过去一看，是一道题：

中国古代的"九宫图"，它是由 1～9 的数填写而成。它的特点是不管横着加、竖着加，还是按对角线斜着加，所有的 3 个数之和都相等。请你判断 A、B 两图，哪个是"九宫图"。

9	8	7		4	9	2	
2	1	6		3	5	7	
3	4	5		8	1	6	

A ✘ B ♥

酷酷猴历险记 李毓佩 数学科普文集

丁当再仔细一看，每个图旁边都有一个电钮。

小贝走上前说："这个电钮可能是让河马张开大嘴，我去按它一下。"

"慢着！"丁当马上拦住说，"你知道按哪个电钮？你知道按几下？"

小贝摇了摇头。小贝突然提了个问题："丁当，你知道什么是'九宫图'吗？"

丁当点点头："我看过这方面的书。"

"给我讲讲好吗？"

"我记住多少讲多少。"丁当说，"传说在很久以前，夏禹治水来到了洛水。突然从水中浮起一只大乌龟，乌龟背上有一个奇怪的图，图上有许多圈和点。这些圈和点表示什么意思呢？大家都弄不明白。"

小贝忙问："真的，你说这些圈和点表示什么意思呢？"

"你别着急。"丁当说，"世界上总是有善于观察和分析的人。他们首先发现：凡是画圈的，都表示奇数；凡是画黑点的，都表示偶数。而且9个格子里的圈和点表示了从1到9这9个自然数。有人又做了进一步的研究，发现把龟背上的9个自然数填入一个3×3的正方形方格中，不管是横着的3个数相加，还是竖着的3个数相加，或者是斜着的3个数相加，其和都等于常数15。比如4＋9＋2＝15、9＋5＋1＝15、4＋5＋6＝15等。"

小贝兴奋地说："我看出来了，B图就是'九宫图'。"

丁当说："对！我国古代把这种图叫作'纵横图'或者'九宫图'，国外把它叫作'幻方'，而把那个常数叫作'幻方常数'。B图所画的是三阶幻方，它是由3×3个方格组成的，它的幻方常数是15。"

小贝若有所思，他突然说："会不会要把B图的电钮按15下呀？"

丁当用力拍了一下小贝的肩膀："说得有理！就这么办！"

"我试试。"小贝将B图的电钮按了15下，当他按完最后一下，河马的大嘴"呼"的一声又张开了。

"哈哈，我们得救了！"小贝拉着丁当跑出河马的大口。

"丁当，你看的书真多，知识面就是广，遇事难不倒你。"小贝这才感到"书到用时方恨少"。

丁当摇摇头说："不成啊，我才看了几本书？不过读课外书确实很有用。"

小贝猛一回头，"哎呀"惊叫了一声。丁当回头一看，只见一条大鳄鱼正慢慢向他俩爬来。丁当笑着说："不要怕，这条鳄鱼一定也是机器鳄鱼，它不会咬人的。"说着丁当就迎了上去，鳄鱼张开大嘴，丁当成心把脚伸到鳄鱼嘴里，谁想鳄鱼一闭嘴，丁当"哎哟"一声，他的脚被鳄鱼咬住了。

小贝过来就往外拉，鳄鱼却死死咬住丁当的脚不放，两边正僵持不下，忽听有人"嘻嘻"直笑。小贝抬头望去，只见小不点坐在一棵树上，边拍手边说："真好玩，真好玩，数学冠军要喂鳄鱼喽！"

小贝大怒，高喊："好个小不点，你见死不救，反而幸灾乐祸！"

"暂时还没事。"小不点从树上滑下来，他一按鳄鱼的后背，后背裂开一道缝，从缝里蹦出一张卡片。

小不点把卡片递给小贝说："只要能把卡片上的问题答对了，鳄鱼自然会放了丁当。"

小贝一看，卡片上写着：

> 请回答：我会不会吃掉丁当？如果回答对了，我就放了丁当。否则就要吃掉他。

"这个——"小贝用手摸了一下脑袋说，"你会不会吃，我哪里知道？当然我希望你别吃掉丁当喽！"

小不点说："你想好了就写在卡片上吧！"小贝掏出笔刚要写。"慢着！"丁当把卡片要了过去，又仔细看了看，然后在卡片上工工整整地写上"你会吃掉丁当"。

小贝一看大吃一惊，忙对丁当说："你疯啦？你怎么心甘情愿地叫鳄鱼吃掉？"丁当叫他只管往缝里放。说也奇怪，小贝刚把卡片放进缝里，鳄鱼真的松开了嘴。

丁当是得救了，小贝可糊涂了。小贝问："为什么写上'你会吃掉丁当'，鳄鱼反而把你放了呢？"

丁当解释说："卡片上写着如果回答对了就放了我，假如说在卡片上填写'你不会吃掉丁当'，那样鳄鱼就会马上吃掉我，然后它就说：'怎么样，回答错了吧？你说我不会吃掉丁当，而现在我把丁当吃了，这足以证明你回答错了！'因此，填'不会吃掉'的结果是必然要被吃掉。"

小贝问："为什么填上'你会吃掉'反而放了你呢？"

丁当说："填上'你会吃掉'，如果鳄鱼真把我吃了，说明我填对了。而卡片上写得清楚，填对了就应该放掉我，因此，在这种情况下鳄鱼不应该吃掉我。"

小贝又问："填上'你会吃掉'，而鳄鱼把你放了，不又说明你填错了吗？"

"是的。"丁当笑着说，"只要填上'你会吃掉丁当'，鳄鱼是吃我也不对，不吃我也不对，完全陷入自相矛盾之中，最后只好放掉我。"

"高，真高！"小贝双手竖起两个大拇指，夸奖丁当回答得好。小贝问小不点，这里的动物是不是都是假的，是人造的？

小不点点点头说："当然是假的了。这里所有的动物，都是由数学宫最高层的生物电脑控制的。"

"丁当、小贝，布直首相有急事找你们。"圆圆和方方同骑在一头大象身上，走过来对他俩说。丁当心想，布直首相有什么急事找我们？

快乐与烦恼之路

小贝问："布直首相在哪儿？"

方方用手一指说："你俩一直往东走吧！"

两人沿着林荫道向东走去，没走多远，小贝的肚子就"咕咕"叫了起来。小贝看了丁当一眼，伸脖咽了口口水。也许饥饿能够传染，丁当的肚子也"咕咕"直叫，两人快一天没吃东西了。

丁当笑着说："见到了布直首相，就会有好吃的了。"小贝点了点头。

两人又走了一会儿，前面出现了一个大门，门上写着"快乐与烦恼之路"。门旁还有一块牌子，上面写着：

> 快乐和烦恼是一对孪生兄弟，任何事情总是既有快乐，又有烦恼。只要你肯动脑子，不怕困难，不断努力，就会得到快乐；如果你懒于动脑，贪图安逸，烦恼就会找到你的头上。预祝你能走上快乐之路。

小贝直瞪着双眼说："真新鲜！我长这么大，还没听说有这样的路，走，咱俩去走条快乐的路。"

丁当摇摇头说："别快乐没成，招来好多烦恼。再说布直首相找咱俩有急事，还是快走吧。"可是这条路只通向这个大门，别无他路。

"得，看来这快乐与烦恼之路走也得走，不走也得走，这叫逼上梁山！"小贝说完，径直往大门走去，丁当也只好跟着往前走。

一进大门，就看见一边站着一个机器人。他俩手持鲜花，不停地高喊："欢迎小贝！欢迎丁当！"小贝高兴地向机器人招了招手说："谢谢！你们还真认识我俩。"

前面有两条道路，不用说，一条是快乐之路，一条是烦恼之路。可是哪条是快乐之路呢？

小贝问两个机器人："走哪条路能得到快乐?"

左边的机器人说："走右边那条路。"

右边的机器人说："走左边那条路。"

"嘿!这倒好,你们俩一人说一条。"小贝回头问丁当,"它俩谁说得对?"

丁当正在专心看一个小白牌,牌上写着:

> 这两个机器人,一个只说真话,不说假话;另一个只说假话,不说真话。

小贝摸着脑袋说:"这两个机器人一模一样,我知道谁只说真话?"

丁当说:"看来,快乐之路并不容易找到。"小贝低头琢磨了一会儿说:"有了,我去问问他俩。"

小贝先问左边的机器人:"你只说真话吗?"

左边的机器人点点头说:"对,我只说真话。"

小贝转身又问右边的机器人:"你只说假话吗?"

右边的机器人摇摇头说:"不,我只说真话。"

小贝生气地说:"怎么?你们俩都只说真话,难道是我只说假话不成?真是岂有此理!"

小贝转身对丁当说:"问不出来怎么办?"

"不能这样直接问,我来试试。"丁当走到左边的机器人面前问,"如果右边那个机器人来回答'走哪条路能得到快乐',它将怎样回答?"

左边的机器人说:"它将回答'走左边那条路'。"

丁当往右一指说:"咱们应该走右边这条路。"

小贝可糊涂了。他问:"这是怎么回事?为什么你这样一问,就肯定走右边这条路呢?"

丁当拉着小贝边走边解释:"其实,直到现在我也不知道哪个机器人说假话。但是，我可以肯定它的回答一定是假话。"

"那是为什么？"小贝越听越糊涂。

丁当说："假如右边的机器人说真话而左边的说假话，那么左边机器人回答的'它会说走左边那条路'是一句假话，真话是应该走右边的路。"

"你并不知道左边的机器人说假话呀？"

"对。假如右边的机器人说假话而左边的说真话，那么左边机器人回答的一定是一句真话，而右边机器人说的'走左边那条路'是假话，咱俩还是要走右边这条路。"

前面出现了一个食堂，小贝高兴地说："这条路果然是条快乐之路，咱们肚子正饿，就有吃的了。"说着他快步跑了过去。

食堂的玻璃门关得紧紧的，隔着玻璃可以看到里面有张大桌子，桌上摆满了鸡鸭鱼肉，真馋人啊！可是门打不开，急得小贝在门前直转，忽听"喀哒"一声，从门缝里蹦出一张小卡片，上面写着：

如果你能证明弯弯绕国的 1000 户居民中，至少有两家的饭碗一样多，就可以进食堂就餐。

"真烦人！人家饿得要死，还要先证题。"小贝一肚子不高兴地说，"谁知道哪两家的碗一样多？我能挨家挨户去数？"

丁当笑着说："即使你真的数出来也不算证明，这饭还是吃不着。"

"你说，这也叫数学题？数学题哪有证饭碗一样多的？"小贝吃不上饭，气不打一处来。

丁当说："这是逻辑关系。逻辑对于数学是很重要的。英国大哲学家罗素说过，数学就是逻辑加符号。"

"民以食为天。先别管那么多逻辑，要想办法进去填饱肚子。"小贝真饿急了。

"小贝，你说一般家庭最多有几只碗？"

"碗的多少一般和家庭的人口有关系。一个四世同堂的大家庭有 30 口人也就够多的了。如果每人按 3 只碗算，最多也就 100 只碗。"小贝好奇地问，"你问这个干什么？"

"我在证这道题呀！"丁当说，"假设弯弯绕国的 1000 个家庭中，没有两家的饭碗一样多。可以把这 1000 个家庭按碗的多少排队：有 1 只碗的，有 2 只碗的，有 3 只碗的……由于一个家庭最多有 100 只碗，因此最多只能排出 100 个碗数不一样多的家庭，这个事实和假设矛盾。因此假设不成立，说明至少有两家的碗数一样多。"

"这不是反证法吗？"小贝明白了，赶紧把证明方法写在卡片后面，再把卡片塞进去，不一会儿，玻璃门就自动打开了。

两个人放开肚皮，猛吃一通。小贝高兴地说："吃饱了真快活，这真是一条快乐之路。"丁当摇摇头说："不可能只有快乐没有烦恼。"两人吃饱饭继续往前走。一堵墙挡住了去路，墙上有 4 个小门，依次写着 1 到 4 号，旁边有个说明：

这 4 个门中有 3 个是假门，开门必须从 1 号门开始顺次地开。

但是，在你意想不到的门里藏有一只吃人的恶狼。请开门吧！

小贝听说有狼，立时两腿发软。他小声对丁当说："咱们还是往回走吧，别自找烦恼。"

"不能走回头路，要闯过去。"

"有恶狼吃人！"

"咱们两个大小伙子，还打不过一只狼！"

丁当的决心给小贝增添了不少勇气。小贝找来一根木棍叫丁当拿着。他一手拿一块大石头，一副视死如归的样子，说："丁当，你开门！"

丁当看他那副样子，"扑哧"一声乐了，说："咱俩又不是来掏狼窝，于什么这样紧张？咱俩应该先研究一下狼会在哪号门里，然后再开门。"

小贝一想也对，于是说："我先来分析一下，如果我在开 1 号门的同时，心里想'这门里准有恶狼'，结果会怎么样呢？"

丁当说："由于恶狼只藏在意想不到的门里，1 号门不会有狼。"

"对！"小贝接着说，"我在开 2 号门的同时，心想'2 号门里准有恶狼'，这样 2 号门里也不会有狼。好了，只要我开每扇门的同时，心想'这门里准有恶狼'，那么开哪扇门也不会跑出狼来，对！根本就没狼。"

"会是这样吗？"丁当有点犹豫。

一时高兴，小贝来了股歪劲儿，他走到 1 号门前大声说："这 1 号门里有只恶狼！"说完用力一拉，1 号门拉开了，里面仍旧是墙，这是个假门。

小贝回头笑嘻嘻地对丁当说："我分析得对吧！你说它有，它里面就准没有。"

小贝到了 2 号门，又大声说："这 2 号门里准有恶狼。"说完用力一拉门，一条黑影"嗖"的一声从里面蹿了出来，一下子把小贝扑到了地上。小贝定睛一看，是只大灰狼，急忙喊道，"恶狼吃人！快救命！"小贝和狼扭打在一起。

丁当也急了，抡起木棍就朝恶狼身上打，正打得不可开交时，只听一声喊："畜生，还不过来！"恶狼乖乖地跑到来人的身边。

小贝抬头一看，原来是圆圆。圆圆笑着说："真对不起，让你们受惊了。"

小贝爬起来生气地问："你们弯弯绕国怎么说话不算数？这明明写着，只能从意想不到的门里蹿出一只恶狼。我已经说过 2 号门里有狼，这应该是我意料之中的事了，怎么还真的跑出一只狼来？"

圆圆问："按照你的分析，这 4 个门里会不会有狼？"

"不会呀！"

李毓佩
数学科普文集

"那就对了！"圆圆说，"你料想这 4 个门里都不会有狼，现在突然蹿出一只，这不正说明是从你意想不到的门里蹿出来的吗？"

"这个——"小贝真没想到这里还绕着一个弯儿呢！

圆圆说："小贝，你好好看看，这哪里是恶狼，这是我养的一条狼狗。"三个人看着摇着尾巴的狼狗，不禁哈哈大笑。

寻找机密图纸

丁当和小贝见到了布直首相。

布直首相严肃地说："我们刚刚研制成功的激光全息电视机的设计图纸及试验数据昨天夜里被人偷走了，作案人在现场留下一封信。"说着布直首相把信交给了丁当。

丁当打开信一看，立刻愣住了。他见信上写道：

尊敬的布直首相：

我作为一名弯弯绕国的国民向您致意。激光全息电视机的设计图纸和试验数据被我拿走了。由于我受不住丁当和小贝的威逼利诱，干了这件见不得人的事。这些重要材料现都在丁当和小贝手里。千万不能叫他们把材料带走！

顺颂

大安！

一名不肖的国民

小贝拿过信一看，肺都气炸了："是哪个坏蛋干了这种缺德的事，反把屎盆子扣在我俩的头上，没门儿！"

布直首相说："我相信这事不是你们二位干的，可是他为什么要往你们身上栽赃？"

小贝瞪着眼睛说："栽赃？栽赃又算得了什么！蒙面人半路劫持，把我们关进石头屋；大河马把我们吞进肚里，差点闷死；放出狼狗咬我们……这不都是弯弯绕国干的好事！还有……"

"小贝！"丁当不让小贝再往下说。

"噢，我们照顾不周，多有得罪，还请二位多多包涵。"布直首相面带歉意地说，"不过，这次丢失的材料事关重大，还请二位帮助追查。"

小贝还要甩几句气话，丁当赶紧接过话茬说："请首相放心，我和小贝在贵国打扰多日，现出此案，我们一定全力帮助追查。"

"好！"布直首相站起来说，"请卫队长带领二位到作案现场侦察。"

路上，小贝低着头噘着嘴，一个劲儿往前走。丁当知道小贝正在火头上，也没和他说话。卫队长领他俩来到一座大楼前，楼门口挂着一个大牌子，上写"新技术研究中心"。上了3楼，看见一间屋子的门敞开着，一名士兵在门口守卫。

卫队长指着一个绿色保险柜说："图纸和材料原来就放在这个保险柜里。"

丁当拉开柜门一看，里面空空的。丁当仔细检查这个保险柜，突然发现门的底边贴有一小块绿色的胶布。揭开胶布，里面藏有一张小纸条，上面密密麻麻写了几行小字：

> 丁当，我把东西交给了一个人。找到这个人的具体方法是：明天上午9点，一列火车从弯弯绕国中心车站准时发车，这列火车长90米，一个人在铁路旁与火车同向行走，此人的速度是每小时4千米。火车从头部与此人并齐到尾部超过，用了8秒钟。接着这列火车又超过另一个与它同向行走的行人，这次用了9秒钟。第二个行人就是你要找的人。

小贝看了纸条，狠狠地跺了一下脚说："活见鬼！这小子是成心折腾咱俩。他骗咱俩追火车，他好在一旁看热闹，哼！"

丁当想了想说："骗咱们也好，没骗咱们也好，反正没有别的线索，咱们不妨去看看。"

小贝忽然提出一个问题："图纸和数据在第二个人的手里，咱们找的也是第二个人，他信中提第一个人干什么？"

丁当赞扬说："你这个问题提得好！我也在思考这个问题。由于信中没有给出火车的速度，却给出了第一个人的速度，所以我们可以从第一个人的速度出发，进而求出火车的速度。"

小贝点点头说："对！有了火车的速度就可以求出第二个人的速度，这正是我们要知道的。"

"行啊！小贝，你这次来弯弯绕国可没白来，学问见长！"

小贝来劲了，他说："我来求火车的速度。咱们在课堂上学过，

$$速度 = \frac{路程}{时间} 。$$

这列火车长 90 米，第一个人的速度是每小时 4 千米。火车从头部与此人并齐，到尾部超过，用了 8 秒钟，可是这里谁是路程？谁是时间？90÷8 又表示什么呢？……"做到这儿，小贝又卡壳了。

丁当提醒说："火车的速度一定比第一个人的速度快，快多少呢？火车比第一个行人快 $90÷8 = \frac{45}{4}$（米/秒）。"

"我明白了，火车的速度是 $4 + \frac{45}{4}$。"

"不对，不对。"丁当连忙拦阻说，"这两个数的单位不一样。人行走的速度单位是千米/小时，而火车的速度单位是米/秒，它俩不能直接相加。要把人的速度单位化成米/秒才行。"

丁当开始转化："第一个行人的速度为 $4000÷3600 = \frac{10}{9}$（米/秒），因此，火车的速度为 $\frac{45}{4} + \frac{10}{9} = \frac{445}{36}$（米/秒）。"

小贝不服输，他接着算："火车长 90 米，这列火车超过第二个与它同向行走的行人，用了 9 秒钟。火车速度与第二个行人的速度差为 $\frac{90}{9}=10$（米/秒）。第二个行人的速度为 $\frac{445}{36}-10=\frac{85}{36}$（米/秒）$=8.5$（千米/小时）。"

"对！咱俩去找布直首相要两辆带时速表的自行车。"丁当找布直首相要到了带时速表的自行车。

第二天一早，丁当和小贝早早来到了中心火车站。

9 点一到，火车准时开行。丁当和小贝骑着车和火车并行。路上的行人很少，每遇到一个人，他俩就和这个人同速行走一段，从时速表上测出这个人的速度。当测到第三人时，是一个小孩，测出他的速度恰好是 8.5 千米/小时。

丁当下车拦住了小孩，对小孩说："小朋友，你有东西交给我吗？"

小孩停下来，看了丁当一眼，问："你是丁当吗？"

丁当点点头。

小孩从口袋里掏出一个纸包，递给丁当说："这是一个人让我交给你的，但是这个人嘱咐我，不让我把他的长相告诉你！"说完扭头就走了。

丁当打开纸包，看到图纸和数据全在里面。小贝高兴地说："哇！终于找到了！"

丁当自言自语地说："这事会是谁干的呢？"

"可恶的小不点，一定是他干的！走，咱们找他算账去。"小贝用力挥了挥拳头。

小不点巧摆迷魂阵

两人到小不点家一看，门锁着，门缝里夹着一张纸条。抽出来一看，是小不点给他俩的一封信：

酷酷猴历险记　李毓佩　数学科普文集

亲爱的丁当和小贝：

　　知道你俩要来找我，可是我有点急事要办，只好先走一步，真对不起。要找我，可以向巽走 ☰ 米，到 ☷ 房子里找我。

　　此致
敬礼！

　　　　　　　　　　　　　　　　　　　　　小不点

小贝生气地用拳头狠狠地砸了一下门说："做贼心虚，他小子溜啦！"

丁当心平气和地说："他留下了地址，还算光明正大。"

"光明正大？"小贝举着纸条问，"这上面写的什么，你认识吗？"

"我好像在哪儿见过，一时记不起来了。"丁当低着头认真地回想。

小贝看着纸条说："这个怪东西，我好像在韩国的国旗上见到过。"

"八卦！"丁当用力拍了一下小贝的肩头说，"韩国的国旗上画的就是八卦。"

"八卦？八卦不是用来算命的吗？那是封建迷信的玩意呀！"

丁当说："小贝，你这可就是孤陋寡闻了。八卦最早见于我国的《易经》，相传八卦是太古时期伏羲氏依据黄河所献'河图'而创造的。"

小贝摇摇头说："那是神话传说。"

"据现代数学家考证，八卦是世界上最早出现的二进制记数法。据说德国大数学家莱布尼茨就是受了八卦的启发，发明了二进制记数法，进而发明了可以做四则运算的计算机。莱布尼茨非常佩服中国人的聪明才智，听说他还送给清代康熙皇帝一台计算机呢！"

"有这种事儿？快给我仔细说说吧。"小贝来兴趣了。

"你等等，我把摘抄本给你找出来看看。"丁当从书包中找出一个硬皮本，里面全是从报纸、杂志上摘抄的数学知识。

小贝夸奖说："学问在于点滴勤。丁当，你真是个有心人！"

丁当笑着说："因为我不知道的东西太多了。小贝，你看这就是八卦。"

小贝抢过摘抄本读道："《易经》里说：'无极生太极，太极生两仪，两仪生四象，四象生八卦。'这表示的是 $2^0=1$，$2^1=2$，$2^2=4$，$2^3=8$。嘿，有点意思。丁当，巽就代表东南方向。可是，这些长长短短的横道又表示什么呢？$-\,-$ 表示南，哪有南号房子？"

丁当翻过一页说："这上面写着呢！符号'$-$'表示阳爻，代表二进制的'1'；符号'$-\,-$'表示阴爻，代表二进制的'0'。这样就可以把信上的两个特殊符号，写成二进制数了。 表示 1001101； $-\,-$ 表示 101。"

"还要把它们化成十进制吧？"

"是的，这个好办。"丁当又写道：

1001101 化成十进制数是 $1\times2^6+0\times2^5+0\times2^4+1\times2^3+1\times2^2+0\times2^1+1\times2^0=64+8+4+1=77$；

101 化成十进制数是 $1\times2^2+0\times2^1+1\times2^0=4+1=5$。

小贝可高兴了，他说："这一下都清楚了。向东南方向走 77 米，到 5 号房子找小不点。走，咱俩找他算账去！"

丁当边走边叮嘱说："这件事还不能肯定就是小不点干的，见到小

李毓佩
数学科普文集

不点你可不许乱来。"两人向东南方向走了有70多米，果然看见一幢门牌号为5的房子，房门口贴着一张大纸，上写"科学算命"。

"算命还有科学的？真新鲜！进去看看。"小贝推门走了进去。屋里空荡荡的，迎面挂着一张大大的八卦图，图的中间有一个方孔，透过窗口可以看到一位戴着老花镜的老先生坐在里面。

算命先生咳嗽了两声，慢腾腾地问："二位可是来算命的？"

小贝笑着摇摇头说："不算命，不算命。没想到，你们弯弯绕国也有算命骗人的！"

算命先生严肃地说："我这是科学算命，根据的是数学原理，不信可当场试验。"

小贝问："你能知道我的年纪多大、几月生的吗？"

"这个容易。"算命先生扶了一下眼镜说，"请把你的年龄用2乘，再加5，再乘以50，把你出生的月份加上去，再加上一年的天数365，请把得数告诉我。"

小贝心算了一下说："得1924。"

算命先生马上说："你13岁，9月的生日，对不对？"

"嘿，你还真有两下子！"小贝挺惊奇。

算命先生慢悠悠地说："何止有两下子！我的科学算命是很灵的。"

小贝说："我们有件要紧事，想找一个人……"

没等小贝把话说完，算命先生从方孔里递出一个圆盘，里面有十几个纸卷，他说："请您不用再说了，从盘中抓一纸卷，打开看看就是喽。"小贝伸手抓了一个纸卷，打开一看，上面写着两句话：为破图纸案，欲找小不点。

小贝一拍大腿说："真神啦！我还没说，你就全知道了。"

忽然，门外有人喊："小不点，小不点。"只见算命先生嘴巴微微一动，可是没出声。

小贝听到有人喊小不点，扭头跑了出去，只见一个胖小孩在一个劲儿地喊小不点。

小贝问："小朋友，小不点在哪儿？"

胖小孩往门里一指说："小不点就在里面呀！"

小贝双手一摊说："屋里除了算命先生，没别人啦！"

丁当在旁边跺了一下脚，说："唉，咱俩被小不点骗了！"

"被小不点骗了？"小贝一愣，问道，"小不点在哪儿？"

丁当说："那个算命先生就是小不点装的，你没见他长得多瘦？"

"瘦是瘦了点，可是人家算得挺灵呀！"

"我已经知道他算年龄和出生月的秘密了。"丁当说，"先设一个四位数为 x，其中千位数和百位数所组成的两位数是你的年龄，十位数和个位数是你的出生月份。他是按这个公式算的：

$$x = 100 \times 年龄 + 月份 + 615。"$$

小贝摇摇头说："不对呀！他没叫我乘 100，也没让我加 615 啊。"

"是啊！"丁当边写边说，"可是他叫你把年龄乘以 2，加 5，再乘 50，加上出生月份，再加上 365。

$$x = (年龄 \times 2 + 5) \times 50 + 月份 + 365$$
$$= 年龄 \times 2 \times 50 + 5 \times 50 + 月份 + 365$$
$$= 100 \times 年龄 + 月份 + 615。"$$

"你算出得 1924，他在心中暗暗减去 615，得 1309。13 便是你的年龄，9 便是你出生的月份。"

"可是抓纸卷又怎样解释？"

丁当拉着小贝进了屋，把圆盘中十几个纸卷逐一打开，发现上面写的全是"为破图纸案，欲找小不点"。

小贝双手一捂脑袋说："唉！我让小不点骗苦了！"

他用力把八卦图撕下来，里面除了一副老花镜，什么也没有。

他是谁？

丁当和小贝还在发愣，门口的胖小孩拿着一封信跑了进来，说："这是小不点给你们的信。"

小贝打开信读道：

亲爱的丁当、小贝：

　　我刚才和你们开了个小小的玩笑，请别生气。你们怀疑激光全息电视机的图纸是我偷的，这可是天大的冤枉！我小不点从来不干这种缺德事儿。我是你们的朋友。告诉你们吧，图纸是刘金偷的。

　　此致

敬礼！

小不点

"此地无银三百两，他是贼喊捉贼！我看图纸就是小不点偷的。"小贝被小不点捉弄了一番，更是火上加油，一口咬定是小不点偷的。

"刘金?"丁当眼睛一亮，他自言自语地说，"刘金这个人心胸狭窄，嫉妒心强，鬼点子又多，不能排除他干的可能性。"

"小不点没找到，又跑出一个刘金。你说这案子怎么破?"小贝有点沉不住气了。

丁当说："是刘金也好，是小不点也好，咱俩不能总叫他们牵着鼻子走，必须动脑筋想个办法才行。"丁当小声对小贝嘀咕了几句，小贝挑起大拇指说："好主意，就这样办！"

一阵锣声响过之后，小贝大声喊道："快来猜呀！百猜百中。你今年多大年纪，你父母多大年纪，你干过什么好事，又干过什么坏事，一猜就中。"不一会儿就围上来一大圈人。

丁当挂出一张大纸，上面有甲、乙、丙、丁、戊、己6个表。丁当说："谁要让我猜一下你的年龄？63岁以下的我都能猜，百猜百中。"

一个中年人上来说："你来猜猜我今年多大。"

丁当微笑着说："请你按照甲、乙、丙、丁、戊、己的顺序，回答表上有没有您的年龄。"

中年人认真答道："有，有，没有，没有，没有，有。"

丁当立刻回答："您今年差1岁满50。"

"对，对。我49岁了。"中年人满意地走了。

甲

32	33	34	35	36	37
38	39	40	41	42	43
44	45	46	47	48	49
50	51	52	53	54	55
56	57	58	59	60	61
62	63				

乙

16	17	18	19	20	21
22	23	24	25	26	27
28	29	30	31	48	49
50	51	52	53	54	55
56	57	58	59	60	61
62	63				

丙

8	9	10	11	12	13
14	15	24	25	26	27
28	29	30	31	40	41
42	43	44	45	46	47
56	57	58	59	60	61
62	63				

丁

4	5	6	7	12	13
14	15	20	21	22	23
28	29	30	31	36	37
38	39	44	45	46	47
52	53	54	55	60	61
62	63				

戊					
2	3	6	7	10	11
14	15	18	19	22	23
26	27	30	31	34	35
38	39	42	43	46	47
50	51	54	55	58	59
62	63				

己					
1	3	5	7	9	11
13	15	17	19	21	23
25	27	29	31	33	35
37	39	41	43	45	47
49	51	53	55	57	59
61	63				

"我来猜一次。"刚刚送信的那个胖小孩来了。他说:"没有,没有,没有,有,有,没有。"

丁当笑着说:"你才6岁。"许多人上来试验,丁当都能准确地说出他的年龄,大家挺信服。

又一阵锣声响过,小贝大声说:"咱们换一个猜法,这回咱来个密码破案。大家都知道激光全息电视机的图纸被人偷走了,究竟是谁偷的呢?可以利用密码来侦破。"这时方方、圆圆、小不点、刘金都来了,站在后面看热闹。

丁当又挂出一张图对大家说:"谁来当场试试密码破案。""我来试试。"方方从后面走了上来,丁当拿了一把纸条,叫方方从中抽出一张。

丁当笑着问方方:"你估计图纸会是谁偷的?"

方方毫不犹豫地说:"是小不点!"

小不点在下面大喊:"你胡说,你诬赖好人!"

丁当说:"请打开纸条。"方方打开一看是7个算式:

① 61×25

② 37×37

③ $99 \div 11$

④ $\dfrac{100}{100}$

⑤ $4 \times \frac{1}{8}$

⑥ $343 \times 0.5 \times 2$

⑦ $100 \div 4$

方方很快把 7 个得数算了出来：

① 1525　② 1369　③ 9　④ 1　⑤ $\frac{1}{2}$　⑥ 343　⑦ 25

丁当说："你根据这些数字，在表上找到相应的汉字，把它们连成一句话。"方方很快读出了一句话："小不点没偷图纸。"

小不点一下子蹿到了前面，拍着丁当的肩膀高兴地说："你这个密码破案真灵！我本来就清清白白的，这下子你相信了吧?"丁当笑着点了点头。

22	3.345	9	25
的	虎	点	纸
7071	1525	16	1/100
大	小	金	笔
9631	1	343	434
胖	没	图	画
1369	3	5	1/2
不	刘	拿	偷

"该我了。"圆圆跑了上来。他从丁当手中抽出一张纸条，打开一看，上面有 6 个算式：

① $9 \div 3$

② $2 \times 2 \times 2 \times 2$

③ $\frac{33}{66}$

④ $110 \div 5$

⑤ $7 \times 7 \times 7$

⑥ 5×5

圆圆算出 6 个答数是：

① 3　　② 16　　③ $\frac{1}{2}$　　④ 22　　⑤ 343　　⑥ 25

翻成一句话就是："刘金偷的图纸。"

大家一起回过头，把目光集中在刘金的脸上。刘金有点紧张，两只手不停地搓着，喃喃地说："不记得我干过这种事。"由于刘金平时总爱对人使个鬼心眼，大家知道他人品不好，于是议论纷纷，认为此事八成是刘金干的。

小不点站出来说："刘金，你干的好事，瞒得过别人还瞒得过我？我劝你还是主动找布直首相交代自己的罪行，争取宽大处理。等我揭发出来，那可要罪上加罪喽！"

围观的群众也七嘴八舌地说："快去找布直首相认错吧！"刘金慢腾腾地向首相府走去。

丁当紧紧地握住小不点的手说："谢谢你的帮助。"

"没什么，没什么。"小不点反而有点不好意思，他问，"你用卡片猜年龄玩得漂亮，连我这个算命先生都被你蒙了，能不能教教我？"

丁当笑着说："谈不上教你，我也是刚刚学会的，咱们一起研究吧。我用的也是二进制数，甲、乙、丙、丁、戊、己合在一起代表了一个六位的二进制数。当你回答某个表上有你的岁数时，相应地这一位上就记1；如果没有，相应地这一位上就记 0。"

小贝在一旁说："还是举个具体的例子说说，容易讲明白。"

"好的。刚才的那位叔叔按照 6 张表的顺序回答有、有、没有、没有、没有、有，写成二进制数就是 110001。"丁当对小不点一努嘴说，"算命先生，你一定会把它化成十进制数吧？"

"那是当然。"小不点很快就写出：

$$1\times 2^5+1\times 2^4+0\times 2^3+0\times 2^2+0\times 2^1+1\times 2^0$$
$$=32+16+1=49。$$

丁当说："我刚才算的就是 49 岁。"

"小胖回答的是没有、没有、没有、有、有、没有。我来算算小胖的年龄。"小不点先写出 000110，把它化成十进制数是：

$$0\times2^5+0\times2^4+0\times2^3+1\times2^2+1\times2^1+0\times2^0=4+2=6,$$

然后说，"小胖 6 岁。"

小不点又问："丁当，你能告诉我，这 6 张表是怎样造出来的吗？"

"当然可以。请你先把 58 化成二进制数。"

小不点用短除法来化："58 化成二进制数是 111010。"

```
2 | 58
2 | 29  ……  0
2 | 14  ……  1
  2 | 7   ……  0
  2 | 3   ……  1
  2 | 1   ……  1
      0   ……  1
```

丁当指着 6 张表说："这个二进制数从左到右是 1、1、1、0、1、0，而 58 就相应出现在甲、乙、丙、戊表中。"

"噢，我明白了。"小不点说，"你是把从 1 到 63 的数都化成六位的二进制数，让每一位数都对应着一个表。如果这一位上的数字是 1，就把这个十进制数写到相应的表中；如果这一位上的数字是 0，就不写在相应的表中。"

丁当夸奖说："小不点，你可够聪明的。"

"马马虎虎。"小不点笑着说，"利用你这张表，我可以把 1 到 63 中每一个数的二进制表示法直接写出来。比如 37，它出现在甲、丁、己表上，因此 37 化成二进制数是 100101。"

　　　　　　　　　　　　酷酷猴历险记　　李毓佩
　　　　　　　　　　　　　　　　　　　　数学科普文集

圆圆问小不点说："密码破案又是怎么回事？"

小不点说："这个把戏我刚刚耍过。方方上来抽纸条，丁当拿的纸条都一样，不管抽哪张，都写着'小不点没偷图纸'。你抽时也是一样。"

圆圆笑着说："原来是这么回事。"

一个摩托兵飞速赶到，他向丁当行了个举手礼说："布直首相有请，说有要事相商。"

古算馆历险

布直首相派人把丁当和小贝请回首相府。

布直首相说："二位来到敝国以后，打了数学擂台、探了数学宫、游了野生动物园，你们觉得怎么样啊？"

小贝抢着说："很好玩呀！通过参观、游览，我俩开阔了眼界，增长了知识，还外带点探险，蛮有意思。嘿嘿……"说完，小贝一阵傻乐。

布直首相笑着说："看来二位余兴未尽，我再推荐一处，二位不妨一游。"

"什么地方？"

"中国古算馆。"

小贝眨巴着大眼睛问："你们弯弯绕国干吗要设中国古算馆？"

布直首相站起身来，来回踱了几步说："你们中国有着灿烂的文化，古代数学在世界上也是领先的。我开设中国古算馆就是号召弯弯绕国的居民要好好学习中国的古代数学。"

小贝拍着丁当的肩头说："咱们作为中国人，这古算馆可要走一趟！"

丁当很冷静地问："馆里有什么危险吗？"

"哈哈！"布直首相笑着说，"我所设计的殿、堂、会、馆都有机关埋伏。中国古算馆里无非装有中国的古代兵器，有刀、枪、剑、戟、斧、钺、钩、叉等十八般兵器，外加利箭、铁丸等暗器。怎么，害怕了？"

丁当回答："没什么可怕的，我们去！"小贝听了布直首相这么一介绍，可有点吃不住劲儿了。他一个劲儿地拉丁当的衣角，冲着丁当挤眉弄眼带摇头。丁当假装没看见。

"好样的！只有勇敢者才能登上科学的高峰。丁当，我就喜欢你的勇敢和冷静。"布直首相向下一招手说，"来人，送丁当和小贝去中国古算馆。"

两人在士兵的带领下向中国古算馆走去。丁当走在前头，小贝噘着嘴，耷拉着脑袋一声不响地跟在后面。

"小贝，你怎么啦？"

"怎么啦？十八般兵器，外加利箭、铁丸，哪样砸在脑袋上也是一个窟窿，你就不怕死？"

丁当"扑哧"一声笑了，说："咱俩闯了数学宫、野生动物园，你也没受到半点伤害呀！"

前面出现了一座红墙绿瓦的宫殿式建筑，朱红色大门的上方挂着一块牌匾，上写 5 个金光闪闪的大字：中国古算馆。

士兵很有礼貌地说："二位请进吧。"说完转身走了。

"怎么打开这扇门？还是我先去看看吧。"小贝说完就走到门前，仔细查看这扇大门。突然，小贝大声喊道，"丁当，你快来看，这儿有一张图。"

丁当跑过去一看，门上有一个图，是正放着的一大小两个正方形，在它们的上方还斜放着一个正方形。图涂有青、红两种颜色，还注有数码。

小贝问："这图什么意思？"

丁当仔细端详这张图，从口袋里掏出一支笔，在图上写出 A、B、

C 三个字母，说：“小贝，三角形 ABC 显然是个直角三角形，而大、中、小三个正方形，是分别以这个直角三角形的三边为边画的。看这意思，是让咱俩用这个图来证明勾股定理。”

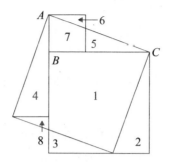

“这可怎么证啊？”

“我国古代常用‘移补凑合法’，古希腊叫作‘割补法’来证明几何定理。”丁当指着图说，“如果能把正放着的一大一小两个正方形，全部拼到斜放着的正方形上去，并且刚好把它填满，就证明了以 AB 为边和 BC 为边的两个正方形的面积之和，等于以 AC 为边的正方形的面积。”

“我明白了。”小贝摇晃着脑袋说，“分别以 AB、BC 和 AC 为边的正方形的面积，等于 AB^2、BC^2 和 AC^2。由面积相等，可以推出 $AB^2 + BC^2 = AC^2$，这就是勾股定理。”

“说得对！”丁当点了点头。

“我来割补一下。”小贝伸手拿下写着 2 的一块直角三角形，贴补在由 5 和 7 组成的直角三角形上。小贝刚贴好，两扇门就打开了，小贝正想探头往里瞧，只听门里“咯噔”一响，一支冷箭射了出来。亏得小贝平时踢足球，练就了一身硬功夫，只见他头往下一低，顺势来了个侧滚，箭擦着他的头皮飞了过去。

“我的妈呀！”这一箭吓得小贝出了一身冷汗，他回头再看大门，又关得严严的。

这一箭射得太突然，把丁当也吓了一跳。丁当镇定了一下说："你把 2 贴到 5 和 7 上，贴得不对，才招来这一箭。"

"没错呀！这两个直角三角形的股和弦分别对应相等，是全等三角形，肯定能对得上！"小贝有些不服气。

"7 这个直角梯形已经在斜正方形里面了，你再贴上一块不就重复了吗？"

"照你这么说，应该把 2 贴到 4 上才对。"小贝嘴里虽然这样说，可是他不敢再动手去试了。

丁当说："2 和 4 全等，3 和 5 全等，6 和 8 全等，应该这样移补。"丁当将 2 放置到 4，3 放置到 5，6 放置到 8。刚刚贴好，两扇大门突然大开，小贝害怕门里再射出冷箭，赶忙趴在地上。

门里没射出箭，却走出一位身穿古铜色长袍、腰束丝带、头梳发髻的长者。老人高兴地说："是哪位后生谙熟我的'青出朱入图'，这可是个难得的人才啊！"

小贝从地上爬起来，气势汹汹地指着老人说："不用问，你一定是这个古算馆的看门人，刚才那一箭准是你射的！"

老人连连摆手说："不对，不对。我不是看门人，我乃孙子是也。"

丁当冲老人一抱拳说："您是大名鼎鼎的数学家孙子，久仰，久仰。"丁当回头对小贝小声说，"他准是布直首相制作的机器人孙子。"

孙子说："你们要了解中国的古算，可以看我写的《孙子算经》，此书问世大约是公元四五世纪。"说完，孙子领丁当和小贝来到一个小门前。

孙子说："要了解《孙子算经》的详细内容，请进此门。"

丁当向孙子道过谢，推门往里走，小贝也跟了进去。

小贝问："这位孙子叫咱俩念经，和尚才念经呢！"

听了小贝的话，丁当"扑哧"一声笑了："古代把书叫作经，《孙子算经》就是孙子写的数学书。"

小贝刚想说什么，只见两名身着古装的男子围着一个大铁笼子在争吵，见丁当、小贝走了进来，立刻停止了争吵。

一个身高体壮的黑脸汉子把小贝提了起来，像提小鸡一样提到了大铁笼子边。

黑大汉瓮声瓮气地说："这个笼子里有鸡又有兔，数头有35个，数腿有94只。我们俩都说不准笼子里有几只鸡和几只兔，你来给算算。"

小贝慢腾腾地问："求人家帮忙，怎么能这样蛮横无理？我要是不给你算呢？"

"不给我算？"黑大汉单手把小贝抢了起来，"不给我算，我就把你扔出去！"

"救命！救命！"小贝大声呼救。

丁当挺身走出，厉声喝道："把他放下！我来替你算！"

黑大汉放下小贝，小贝抹了把头上的汗水说："我差点坐了'飞机'！丁当，你会做吗？"

丁当从一张小桌上拿起一本线装书，书上写着《孙子算经》。

丁当说："他提的是著名的鸡兔同笼问题，《孙子算经》里最早提出了这个问题。咱们看看书里是怎样解的。"说完翻了几页。

"找到了！"丁当写出：兔的数目＝$\frac{1}{2}$×腿数－头数。

"我来算！"小贝开始计算：

兔的数目＝$\frac{1}{2}$×94－35＝47－35＝12（只）；

鸡的数目＝35－12＝23（只）。

黑大汉客气地对小贝说："你算对了，请往下走。"

"哼！"小贝神气十足地拉着丁当走了。

没走多远，就见一名古代妇女在河边洗刷一大摞碗。

小贝好奇地走过去问："您怎么洗这么多碗哪?"

妇女回答："家里来客人了。"

"来了多少客人，要用这么多碗?"

妇女笑着说："2 个人给一碗饭，3 个人给一碗鸡蛋羹，4 个人给一碗肉，一共要用 65 只碗。你算算我们家来了多少客人?"

小贝轻轻地打了一下自己的嘴巴说："真多嘴! 问人家来了多少客人干什么? 你看，又问出问题来了!"

丁当笑着说："自己招的事，自己解决!"

"幸灾乐祸!"小贝一扭脖子说，"我来算!"

小贝想了半天也没想出个解法。妇女在一旁催促说："算出来没有?"

小贝对丁当说："哥们儿，还是帮兄弟一把吧，这个问题从哪儿入手?"

丁当提示说："如果能求出每个客人占多少只碗，就可以求出客人的数目。"

"每人占多少只碗呢?"小贝边解边想，"2 个人给一碗饭，每人占 $\frac{1}{2}$ 只碗；3 个人给一碗鸡蛋羹，每人占 $\frac{1}{3}$ 只碗；4 个人给一碗肉，每人占 $\frac{1}{4}$ 只碗，合起来，每人占（$\frac{1}{2}+\frac{1}{3}+\frac{1}{4}$）只碗。"

丁当接着往下算："客人数等于

$$65 \div (\frac{1}{2}+\frac{1}{3}+\frac{1}{4})=65 \div \frac{13}{12}=65 \times \frac{12}{13}=60 \ （人）。"$$

妇女高兴地说："你俩解决的是《孙子算经》上的一道名题'河边洗碗'。你们继续往前走吧!"

唱歌者的启示

忽然传来一阵歌声，有人挥剑唱道："三人同行七十稀，五树梅花廿一枝。七子团圆月正半，除百零五便得知。"

小贝对什么都好奇，拉着丁当就走："咱俩看看谁在唱歌。"两人左转右转也没找到唱歌的人，走出一道小门，前面是练兵场。场上有些身穿盔甲的士兵，在一员大将的指挥下正在操练。士兵们各举刀枪，或劈，或砍，或扎，或挑，动作刚健有力，刀光剑影，杀声阵阵。小贝也喜爱武术，看到精彩处，不禁大声叫好。

大将军听到有人叫好，把手中宝剑向小贝这边一指，大喝一声："将此二奸细给我拿下！"4名士兵跑了上来，不容分说将丁当和小贝上了绑，随后推进一间小屋锁上门。尽管小贝大声呼叫，却无人理睬，练兵场上仍然是杀声震天。

小贝丧气地说："唉，你说有多倒霉！就看了两眼舞剑，咱俩成特务了。"丁当没说话，只是淡淡地一笑。

过了好一会儿，门声一响，将军走了进来。他看了两人一眼，问："你们是来刺探军情的吗？好大胆！"

"哪儿的话？我们是来参观古算馆，学习数学的。军事情报对我们有什么用？"小贝一肚子不高兴。

"学习数学？"将军眼珠一转说，"这样吧，外面操练的士兵不足100名。我让他们报数，一共报3次。如果你们能准确地说出我有多少士兵，说明你俩是来学数学的。如若不然，必是奸细无疑，将就地正法！"说完转身就走。

小贝一跺脚说："又是砍头，看来我这脑袋是要换个地方了。"

"嘘——"丁当示意小贝不要说话，只听外面一个士兵正在向将军报告。士兵说："启禀大将军，士兵3个3个地报数，最后剩下2名士兵；5个5个地报数，最后剩下3名士兵；7个7个地报数，最后也剩下3名士兵。"

丁当小声对小贝说："咱俩要根据3次报数的结果，算出有多少士兵。"

"这可怎么算？我反正算不出来。"小贝没办法，丁当也束手无策，两人相对无语。

忽然，丁当对外面喊："快给我松绑，捆着双手我怎么算？"没一会儿，进来两名士兵给两人松了绑。

丁当说："咱俩要想办法找一个小于100的自然数使得它被3除余2，被5除余3，被7除也余3。"

"对！咱俩就挨个试吧。"

"不成，那样做计算量太大，要想个别的办法。"丁当低头沉思。

忽然，外面"三人同行七十稀"的歌声又起。小贝焦躁地说："人家都快要就地正法了，他唱得还有滋有味的。"

"慢着。"丁当激动地说，"他歌词的头三句是三人、五树、七子。这和三三报数、五五报数、七七报数不谋而合呀！"

小贝不以为然地摇摇头说："你纯粹是瞎琢磨，我看不出有什么关系。"

"'三人同行七十稀'，这70可以被5和7整除，而被3除余1。如果是 70×2 呢？它不但能同时被5和7整除，而且被3除余2，这不就是三三报数余2吗？好了，有门儿！"丁当这一喊，把小贝吓了一跳。

"'五树梅花廿一枝'，21×3 可以同时被3和7整除，而且被5除余3；'七子团圆月正半'，半个月是15天，15×3 可以同时被3和5整除，而且被7除余3。"丁当在地上边写边说，"数 M 就满足要求，找到啦！"

$$M=70\times2+21\times3+15\times3。$$

小贝摇摇头说："不对，不对。这个 M 得248，超过100。"

"歌词最后一句是'除百零五便得知'，105是3、5、7的最小公倍数，将248减去 105×2 得 N，N 就是所求。"丁当又写出：

$$N=70\times2+21\times3+15\times3-105\times2=38。$$

小贝用力敲门，大声喊："喂，快开门！我们算出来啦，共有38名

李毓佩
数学科普文集

士兵。"

门开了，将军说："嗯，算得不错。把他俩押走。"

小贝问："还要把我们押到哪儿去？"

路经纠纷村

丁当、小贝被士兵押出古算馆，小不点正在门口等着他俩。

小不点对士兵说："把他俩交给我好了！"士兵答了一声"是"，转身就回去了。

小不点笑嘻嘻地问："古算馆好玩吗？"

"好玩？"小贝瞪大眼睛说，"脑袋差点没搬家！"

丁当说："小不点，请带我们去见布直首相吧，我们该回家了。"

小不点眼珠一转说："好的，好的，请跟我走吧！"两人跟着小不点转了好一阵子，在一个村子前停住了。

小不点指指自己的肚子说："我上厕所，你们等我一会儿。"

两人等了好半天，总不见小不点出来。小贝跑进厕所一看，哪里有小不点的影儿？

"嘿，咱俩又上了小不点的当！他溜了！"小贝气得满脸通红。

丁当笑着摇了摇头说："小不点可真狡猾，又半道把咱俩扔了。只好进村打听一下怎么走。"两人进了村，村子不大，只见村头立着一个牌子，上面写着"纠纷村"。丁当一看到牌子转身就走。

小贝一把拉住丁当问："为什么不进村问路了？"

"你没看见这是个纠纷村吗？咱们赶紧回家，别去招惹麻烦了。"说完丁当还是要走。

"咱们进村看看有什么纠纷事。常言道'路见不平，拔刀相助'嘛！走，进村看看。"小贝硬拉着丁当进了村。

在一家门口，兄弟三人在争吵着什么。小贝凑过去看热闹，被大哥一把拉住。

大哥说："你来给我们解决一下纠纷吧！我父亲养了 17 只羊，他去世后在遗嘱中要求将 17 只羊按比例分给我们 3 个儿子。"

小贝好奇地问："你父亲让怎样分呢？"

大哥接着说："老大分 $\frac{1}{2}$，老二分 $\frac{1}{3}$，老三分 $\frac{1}{9}$。在分羊时不允许宰杀羊。你给我们哥仨把羊分了。"

"这个问题简单，看我的！"小贝捋了捋袖子，蹲下来边写边说，"老大分 $17 \times \frac{1}{2} = \frac{17}{2} = 8\frac{1}{2}$（只）。唉，怎么出现半只羊了？你父亲是不允许宰杀羊的！"

老二过来一把将小贝从地上揪了起来问："这是谁算的？这是你算的吗？你自己算的还问谁呀？"

小贝把手中的木棍狠狠地扔在了地上说："这 17 只羊没法分！"

老三紧走几步，一把揪住了小贝的脖领子："你不是说简单吗？简单你怎么分不出来？分不出来，你俩谁也别想走！"

小贝一脸苦相，他解释说："17 是个质数，它既不能被 2 整除，也不能被 3 和 9 整除，这可怎么分啊？"

丁当看见不远有一个牧羊人，他跑过去和牧羊人说了些什么，然后牵着一只羊跑了回来。丁当说："我借给你们 1 只羊，这样 18 只羊就好分了。

老大分 $18 \times \frac{1}{2} = 9$（只），

老二分 $18 \times \frac{1}{3} = 6$（只），

老三分 $18 \times \frac{1}{9} = 2$（只）。

合在一起是 $9+6+2=17$（只），正好是 17 只羊，还剩下 1 只羊，我把它牵走，还给那位牧羊人。"

兄弟三人一同竖起了大拇指说："还是丁当的主意高！"

小贝吐了一下舌头说："这题可真够难的。"

"我不叫你进这个纠纷村，你非要进，咱俩快走吧！"丁当快步往前走。

"站住！站住！"从远处跑来 4 个大汉。

领头的一个黑大汉说："听说你俩专会解决纠纷，快给我们解决一下纠纷吧！"

小贝问："你们贵姓？干什么的？"

黑大汉说："我们 4 个人依次姓赵、钱、孙、李，同在一个工厂里干活。经理说，赵比钱干得多；李和孙干活的数量之和，与赵和钱干活的数量之和一样多；可是，孙和钱干活的数量之和，比赵和李干活的数量之和要多。我们 4 个人都说自己干得多，你给我们排个一二三四吧！"

小贝手抓着脑袋说："这么乱，我从哪儿下手给你们解决呀？"

丁当小声提示小贝说："其实只有 3 个条件，你一个一个地考虑嘛！"

"好，我一个条件一个条件地给你们考虑。先给你们列 3 个式子。"小贝在地上写着：

$$\begin{cases} \text{赵} > \text{钱}, & ① \\ \text{李} + \text{孙} = \text{赵} + \text{钱}, & ② \\ \text{孙} + \text{钱} > \text{赵} + \text{李}。 & ③ \end{cases}$$

小贝小声地问丁当："往下可怎么做啊？"

丁当小声说："用③式减去②式。"

"对，③式减去②式就成啦！"小贝又写道：

∵ 孙＋钱－(李＋孙)＞赵＋李－(赵＋钱)，

孙＋钱－李－孙＞赵＋李－赵－钱，

钱－李＞李－钱，

2×钱＞2×李，

∴ 钱＞李。

"这就算出来钱比李干得多！可以排出赵＞钱＞李。你们3个人数姓赵的干得多。"小贝挺高兴。姓孙的凑过来问："我呢？"

"你别着急啊！"小贝说，"把②式变形：

钱－李＝孙－赵，

∵ 钱－李＞0，

∴ 孙－赵＞0，

即 孙＞赵。"

小贝郑重地宣布："姓孙的第一，姓赵的第二，姓钱的第三，姓李的最末！"

告别联欢会

丁当和小贝来到了首相府，布直首相亲自到门口迎接。首相府今天另是一番景象，府里张灯结彩，敲锣打鼓，一条大红横幅上写着：欢送丁当、小贝联欢会。

布直首相亲切地慰问："一路辛苦！"

丁当不好意思地说："我俩到贵国主要是来学习的，怎么好让您开这样盛大的欢送会！"

布直首相笑着说："人才难得啊！我非常喜爱数学人才，你们两人都是不可多得的数学天才啊！"

"我？"小贝心想，"我这个足球前锋也成了数学天才啦？"

"丁当、小贝，快来玩呀！"是圆圆和方方在叫他俩。两人跑过去一看，圆圆和方方正在玩"蒙眼猜石头"。

一提玩，小贝就来精神了，他说："怎么玩？算我一个。"

圆圆介绍说："这儿有30个石子，还有红、黄两个筐子。一个人用

酷酷猴历险记 李毓佩 数学科普文集

布把眼睛蒙上，另一个人把石子往两个筐子里扔。取 1 个石子时，就往红筐子里扔；取 2 个石子时，就往黄筐子里扔。每扔一次要拍一下手，每次不许不扔，也不能扔出多于两个的石子。蒙着眼睛的人要根据听到的拍手次数，说出红、黄筐子里各扔进多少石子。"

"好玩，好玩，我来试试！"小贝要求圆圆把他的眼睛蒙上。

圆圆分别往两个筐子里扔石子，扔一次拍一次手，共拍了 18 次手。

方方问："小贝，你快说，红筐子和黄筐子里各有多少个石子？"

"快不了，我要心算一下再告诉你。"小贝蒙着眼睛，口中念念有词，那模样十分滑稽，逗得圆圆和方方哈哈大笑。

小贝说："好了，我算出来了。设往红筐子里扔了 x 次，那么往黄筐子里必然扔了（$18-x$）次。列个方程：

$$x+2(18-x)=30。$$

解得 $$x=6，$$

$$18-x=12。$$

也就是说，往红筐子里扔了 6 次，共 6 个石子；往黄筐子里扔了 12 次，共 24 个石子。"小贝拉下蒙眼布一数，一个也不差。

"小贝算是算对了，就是慢了点。这次让丁当来个快的。"方方说着就给丁当蒙上了眼睛。

方方拍了 21 下手，丁当脱口说出红筐子里有 12 个石子，黄筐子里有 18 个石子。

小贝惊奇地问："你怎么算得这样快？列个方程也要点时间啊！"

"我没有列方程。"丁当解释说，"我听到拍了 21 下手；如果这 21 次都是扔向黄筐子的，黄筐子里应该有 42 个石子，可是，实际上总共只有 30 个石子，这说明我多算了 12 个石子，怎么会多算了呢？原因是我把扔向红筐子的 12 次，错算为扔向黄筐子的了。实际上，应该向红筐子里扔了 12 次，红筐子里有 12 个石子；向黄筐子里扔了 9 次，黄筐子里有 18 个石子。"

小贝拍了一下丁当的肩膀说："还是你会动脑子！"

"小贝，快来。我这儿有好玩的！"小贝一看是小不点在叫他。

小贝假装生气地说："好个小不点，半路上你又把我们给扔了，看我不揍你！"说着举起拳头就要打。

"饶命，饶命！和你俩开个玩笑，请别当真。"小不点一个劲儿说好听的。

小贝问："有什么好玩的？"

小不点说："咱俩来个'抢石子'游戏吧。"

"怎么个抢法？"

小不点拿出 18 个滚圆的小石子，分成 7 个一堆和 11 个一堆，他说："咱俩轮流拿石子，每次可以从一堆中任取几个，也可以同时从两堆中取相同数量的石子。轮到谁，就一定要拿，谁最后拿光石子，就算谁胜。"

小贝又问："赢了有什么奖赏，输又有什么惩罚？"

小不点笑着眨了一下眼睛说："你赢了，我求布直首相奖给你一个大足球；你输了，我在你脑门上轻轻地弹一下。"

"好吧，我先拿。"小贝伸手把 11 个一堆的小石子中拿走了 10 个，小不点赶紧从 7 个一堆里拿走 5 个。一堆剩下 2 个石子，一堆剩下 1 个石子。小贝从有 2 个石子的那堆里拿走 1 个，小不点把剩下的 2 个一齐拿走了。

小贝瞪圆了眼睛问："你怎么两堆一齐拿呀？"

小不点两眼一翻说："我刚才说得清楚，可以同时从两堆中取相同数量的石子嘛，现在每一堆都只剩下 1 个，我当然可以一齐拿了！"小贝认输，小不点在小贝的大脑门上轻轻地弹了一下。

"我是铜头，不怕弹！这次我两堆一起拿。再来！"小贝从每堆中各

李毓佩
数学科普文集

拿走 3 个石子，这时一堆还剩 8 个，另一堆还剩下 4 个石子。小不点从两堆中各拿了 1 个，一堆还剩下 7 个，另一堆还剩下 3 个；小贝从有 7 个石子的那堆里拿了 1 个，小不点也从这堆里拿了 1 个，剩下是 5 个一堆和 3 个一堆；小贝从两堆中又各拿走了 2 个，剩下 3 个一堆和 1 个一堆。小不点从有 3 个石子的那堆中拿走 1 个说："你又输了！"小贝一看和上局一样，剩下的是 2 个一堆和 1 个一堆。小贝脑门儿又被弹了一下。

小贝是一局接一局地输，小不点弹脑门儿的劲头也越来越大，硬在小贝脑门儿上弹起一个大包。

小贝捂着脑袋找丁当替他报仇。这局一开始，丁当走过来想了下，从有 11 个石子的那堆中拿走 7 个，剩下 7 个一堆和 4 个一堆。小不点从有 7 个石子的那堆中拿走 2 个，丁当立刻从两堆中各拿走 3 个，剩下 2 个一堆和一个一堆。

小不点一拍脑袋说："坏了，我输啦！"

"你输了，我来罚！"小贝抱着小不点的脑袋，运足了力气，狠狠地在脑门上弹了一下，顷刻间小不点的脑门上也鼓起了一个大包。

小不点捂着脑袋喊道："你赢了，不是给你足球吗？"

小贝咧着大嘴笑着说："我不要足球了，咱俩一人来个包吧！"

小不点不服气，从腰里又掏出一把石子，摆成 12 个一堆、18 个一堆。丁当稍想了一下，只从 12 个石子的那堆中取走 1 个石子，小不点从 18 个石子的那堆中取走 6 个，剩余 11 个一堆和 12 个一堆；丁当从 11 个一堆中只拿了 1 个，小不点从 12 个一堆中也拿了 1 个，还剩下 10 个一堆和 11 个一堆；丁当从 11 个一堆中拿走 5 个，小不点也从 10 个一堆中拿走 5 个，剩下 6 个一堆和 5 个一堆；丁当从 6 个一堆中拿走 3 个，小不点也从 5 个一堆中拿走 3 个，剩下 3 个一堆和 2 个一堆；丁当从两堆中各拿走 1 个，剩下 2 个一堆和 1 个一堆。

"小不点又输喽！"小贝又要弹脑门儿，吓得小不点捂着脑袋跑出老远。

小不点连玩几局是每局必输!

小不点问:"你这里有什么诀窍吗?"

"当然有啦!"丁当笑着说,"我掌握着一组胜利数,每战必胜!"

小不点和小贝都要求把胜利数写出来,丁当并不保密,立刻写了出来。

胜利数编号	1	2	3	4	5	6	7	8
甲堆石子数	1	3	4	6	8	9	11	12
乙堆石子数	2	5	7	10	13	15	18	20

丁当解释说:"我每次取石子的原则是,使剩下的两堆石子正好是表上给出的一组数。比如第一次是 7 个一堆和 11 个一堆,我从 11 个一堆中取走 7 个,使剩下的两堆石子数是 7 个和 4 个,这正好是第三组胜利数;第二次是 12 个一堆和 18 个一堆,我从 12 个一堆中取走 1 个,使剩下的两堆石子数是 11 个和 18 个,这正好是第七组胜利数。只要剩下的是胜利数,我就一定赢了!"

小不点又问:"这个表又是怎样造出来的呢?"

丁当指着表说:"第一对是 1 和 2,从第二对开始,甲堆的数是前面没出现过的最小自然数,而乙堆的数是甲堆的数加编号。比如第二对,甲数是 3,乙数就是 3+2=5。"

告别的时候到了,布直首相送给丁当和小贝每人一套数学书,又特别地给小贝一个足球。

布直首相亲自把两人送到弯弯绕国的边境,目送丁当和小贝消失在远方。

7. 荒岛历险

飞机失事了

国际中学生奥林匹克数学竞赛每年举行一次，这可以说是一次世界级的小数学家的聚会和较量。

第一届国际中学生奥林匹克数学竞赛，是 1959 年在罗马尼亚首都布加勒斯特举行的。当时只有苏联、匈牙利等 7 个国家参加，之后参赛国逐年增多，到 1981 年已达 21 个国家。1986 年 7 月在波兰首都华沙举行了第 27 届国际中学生奥林匹克数学竞赛，中国首次派代表团正式参赛，取得了很好的成绩。有 3 名同学获得一等奖，1 名同学获得二等奖，1 名同学获得三等奖，团体总分名列第四。

今年，要举行第 31 届国际中学生奥林匹克数学竞赛，中国又派了一个实力强大的代表团参赛，决心夺取团体冠军。参赛同学都是由高中学生组成，可是在比赛的前 3 天，一名参赛学生突然病倒，病情很重，

不能参加比赛了。主教练黄教授非常着急，给中国数学会发了急电，指名叫初二学生罗克急飞美国首都华盛顿参赛。

罗克何许人也？一个初中二年级的学生，为什么会得到黄教授的青睐？

罗克是初中二年级的学生是千真万确的。他13岁，一米八〇的个头，细高挑，由于长高不长宽，显得身体比较单薄。他长有一对"招风耳"，对他瘦高的身材来说，这对耳朵十分显眼，同学们给他起了一个外号叫"比杆多耳"，叫起来很像外国名字，实际意思是"比电线杆子多长两只耳朵"。拿这个外号去对照罗克其人，真是惟妙惟肖！

罗克偏爱数学，老师课堂上讲的代数、几何知识已满足不了他对数学的渴望。他自学数学，大量做题，真可谓"饭可一日不吃，数学题不可一日不做"。由于他刻苦攻读，外加名师指点，数学水平提高很快。他曾获全市初中数学竞赛第一名。他被特许参加全市高中奥林匹克数学竞赛，又夺冠军。他的数学才能被"数学奥林匹克国家集训队"主教练黄教授看中，破例吸收为"数学奥林匹克国家集训队"预备队员。由于参赛的正式队员生病不能参赛，黄教授急令罗克火速飞往华盛顿。

罗克接到命令，赶忙收拾行装。罗克的父母和数学会的负责人把他送上飞机，他向送行的人匆匆挥手，心早已飞向了赛场。

大型客机在万米高空平稳地飞行。罗克无心向舷窗外眺望，心里总想着这次国际比赛。天渐渐黑了，享用完空中小姐送来的点心和饮料，罗克眯着双眼，斜躺在座椅上似睡非睡。

突然，机身剧烈地抖动，罗克和其他乘客被这突如其来的抖动惊醒。飞机在急剧地下降，机长的声音从扩音器中传出：

"各位乘客请注意：飞机出现故障，已失去控制。我们正采取迫降的手段。但是，什么事情都可能发生，请各位乘客系好安全带，听从我的指挥。"

飞机下降得越来越快，乘客们紧张极了，有的哭叫，有的祈祷，有的闭眼等死……罗克心里想的却只有一件事：不能及时赶到比赛地点怎么办？

"轰"的一声巨响，眼前一片火光，罗克失去了知觉。

也不知过了多久，罗克闻到一股异香，香味十分强烈，一个劲儿往鼻子里钻，使他不得不睁开双眼。

罗克睁开眼睛一看，自己已经不在客机里了，而是在一间很大的茅草房里，躺在一张藤床上。

一位满头白发的老人坐在罗克的旁边，拿着一株不知名的香草给他闻。老人见罗克睁开了双眼，高兴地拍打着双手，嘴里说着一种听不懂的语言。在这位老人的招呼下，一下子来了许多人，有年轻人、老人、妇女，也有小孩。他们的皮肤呈棕红色，不管男女一律穿着裙子。也许由于天气热，男子都赤裸着上身，身上刺着五颜六色的花纹。花纹形状奇特，有的像花，有的是鸟兽状，线条十分清晰。

罗克回想刚才发生的一切，明白是飞机失事了，是这些人救了自己，白发老人又用香草把自己熏醒。罗克想坐起来向老人致谢，可是稍一活动，身上就疼痛难忍，白发老人赶紧把他按倒在床上，摆摆手，示意他不要起来。

罗克开始在这个不知名的地方，在不知名的白发老人的照料下养伤。养伤期间，罗克和白发老人通过手势了解到，飞机在下落过程中解体了，机上人员绝大部分掉进海里，下落不明，只有他一个人落到了这个岛上。

在白发老人的精心照料下，罗克的身体恢复得很快，他可以下床到外面走动了。茅草房外面是海滨，高大的椰子树、洁白的沙滩、蔚蓝色的大海，景色美极了。

罗克在白发老人的陪伴下，沿着沙滩慢慢地散步。可是，每当罗克想起自己不能按期赶到华盛顿参加数学竞赛，就十分焦急。

这时，一个拿着长矛的年轻人急匆匆跑了过来，对白发老人说了些什么，白发老人点点头，拉着罗克的手急匆匆地走了。

神秘的部族

白发老人拉着罗克来到一间很大的茅草屋前，门口有持长矛的士兵守卫。走进茅草屋，正中一排五把椅子上，坐着五名强壮的男子，两旁站着持长矛的士兵，气氛十分严肃。

白发老人向坐着的五个人行了一个礼，然后退步走出屋子。紧跟着，从外面走进来一个年轻人。年轻人先向五个人鞠了一个躬，回过身来，用英语和罗克对话。

年轻人问："罗克，你的伤好些了吗？"

听到年轻人叫自己的名字，罗克一愣，亏得罗克英语很好，一般对话不成问题。

罗克回答："噢，伤基本上好了。请问，你怎么知道我叫罗克？"

年轻人笑了笑说："你从飞机上掉了下来，不省人事。我们从你的上衣口袋里找到了一张电报纸，知道你是中国人，叫罗克，是飞往华盛顿参加中学生国际数学竞赛的。"

"噢，太好啦！"罗克激动地叫了起来，"你能不能帮我赶到华盛顿？我是代表国家去参加比赛的，如果到时候赶不到比赛现场，那可怎么办哪！"说着罗克都要掉出眼泪来了。

年轻人赶忙安慰说："罗克，你不要着急，我们会想办法让你去参加比赛的。认识一下吧，我叫米切尔，你现在处于神圣部族的保护之下，不要害怕。"米切尔紧紧地握住罗克的手。

神圣部族、米切尔这些陌生的名称，使罗克感到新奇。

罗克问："什么时候让我去华盛顿？"

"来得及。"米切尔说，"我们神圣部族救了你一条命，对你有恩。你有恩不报，拍拍屁股就走，这合适吗？"

"嗯……可是我怎样报答你们呢？"罗克摊开双手，一副无可奈何的样子。

米切尔说："你小小年纪就能参加国际数学比赛，想必绝顶聪明，请你帮助我们部族解几个难题。我想，你这位善于解答数学难题的小数学家，也同样能解决别的难题。你看，这个忙你是能够帮的吧？"

事到如今，罗克也只好硬着头皮答应下来。

"好！"米切尔高兴地拍了一下罗克的肩头说，"你先来帮助我们解决第一个难题吧！"

罗克问："第一个难题是什么？"

"看！"米切尔一指坐在椅子上的五个人说，"我们神圣部族历来都只有一个首领，前些日子老首领得急病突然去世了，死前连话也说不出来，只是用手指了指前胸。老首领去世后，这五个人都声称自己是老首领的继承人，都说老首领活着的时候，曾跟他谈过，指定他为继承人，可是谁也没有证人。"

罗克挠了挠头说："这可怎么办？"

米切尔摇了摇头说："这事情确实不好办。大家商量的结果是，先让五个人暂时都当新首领，遇重大问题由五个人投票决定，少数服从多数。"

罗克笑了笑说："幸亏是单数，如果是六个人，难免出现三比三的局面，那就难办了！"

米切尔十分认真地说："你能否帮助我们部族判断出哪个是真正的新首领？"

"这个……"罗克可真有点犯难，心想：我根据什么来判断真假呢？

罗克一言不发，认真思考这个难题。突然，罗克说："你们神圣部族的每一个男人身上都刺有花纹吗？"

"是的，"米切尔说，"每一个男孩在过满月的时候，就由首领亲手给他前胸刺上花纹。每人的花纹都不一样，花纹中隐藏着首领对这个孩子的希望和寄托。"

罗克问："这么说，首领希望谁将来成为他的继承人，也隐藏在他所刺的花纹中喽？"

米切尔点点头说："你说得对极啦！可是，老首领去世得太突然，没来得及说出新首领前胸花纹所藏的秘密。"

"临死前，他用手指了指前胸，意思是秘密就藏在前胸的花纹中。"罗克到此完全明白了。

罗克提出，要把这五名自称继承人胸前的花纹临摹下来。米切尔点头表示同意。罗克依次描下五个人胸前的花纹，从左到右如下图：

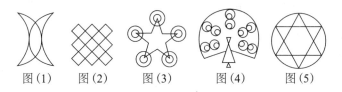

图(1)　　图(2)　　图(3)　　图(4)　　图(5)

突然，坐在椅子上的五个男子都站了起来，冲着罗克大声喊叫一阵，把罗克吓了一跳。罗克问米切尔："这些人喊什么？"

米切尔解释说："他们叫你仔细、认真地研究这些花纹，如果弄错了，他们饶不了你！"

"知道，用不着对我大声吼叫！"罗克说完就认真研究起图形来。

过了好一会儿，米切尔问："怎么样？有点眉目没有？"

罗克指着这些图形说："你看，这些图形都是一笔画出来的。也就是说，笔不离开纸，笔道又不重复地一笔把整个图形画出来。"

米切尔问："你怎样判断出这是一笔画？"

"根据点来判断。"

"根据点来判断?"

"对，从这些图形中，你可以看出点分为两类，如果有偶数条线通过这个点，这个点叫偶点；如果有奇数条线通过这个点，这个点叫奇点。"罗克说着在纸上画了几个点，A、B、C 为偶点，D、E、F 为奇点。

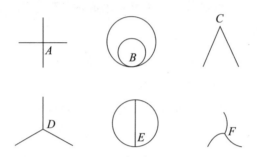

罗克接着说："18 世纪瑞士数学家欧拉发现：如果一个封闭的图中，没有奇点（0 个）或只有 2 个奇点，那么这个图可以一笔画出来。奇点个数不是 0 或 2，这个图就不能一笔画出来。你来数一数，这五个图形中各有几个奇点。"

米切尔非常认真地在五个图形中寻找奇点。他先看了图（1），说："一共有 8 个点，都是偶点，也就是奇点数为 0，按欧拉定理，图（1）可以一笔画出来。"

接着米切尔数出图（2）有 24 个偶点，0 个奇点；图（3）有 30 个偶点，0 个奇点；图（4）有 25 个偶点，2 个奇点；图（5）有 12 个偶点，0 个奇点。

罗克点点头说："你数得很对。你还记得去世的老首领胸前的图形吗?"

"记得。老首领胸前的图形非常简单。"米切尔说着就画出个三角形和它的高线。

酷酷猴历险记　李毓佩
数学科普文集

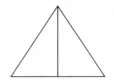

罗克猛地一拍大腿说："这就没错了！"

可是米切尔还蒙在鼓里，他问："怎么就没错了？"

"你看，老首领胸前的图形有 2 个奇点。这样看来，一般男人胸前的图形有 0 个奇点，只有首领继承人胸前的图形有 2 个奇点。"罗克非常肯定地说，"刺有孔雀图形的人是新首领。"

"嘘……"米切尔示意罗克不要说出来。他小声对罗克说，"你现在千万别说，不然会有生命危险，等一会儿召开全族代表会议，你再宣布答案。"

"好的。"罗克满口答应，可是一回头，看见坐着的五个男人个个都瞪大了眼睛，正虎视眈眈地看着他，吓得他出了一身冷汗。

罗克突然想起一个问题，他问："我说英语，代表们能听得懂吗？"

米切尔笑了笑说："我们这个海岛是旅游胜地，其实人人都会说英语。不过，近来为了恢复本部族的语言，一般不让说英语。在全族代表会议上你尽管用英语讲好啦！"

继承人引起的风波

神圣部族召开全族代表会议，有 50 多名代表参加。由于新首领还没产生，会议由救治过罗克的白发老人主持。五个自称继承人的男子，仍旧坐在上面的五把椅子上。

白发老人先向代表讲了几句，又对坐着的五个男子讲了几句，最后冲罗克点了点头。

米切尔说："老人叫你向大家宣布谁是新首领，你只管大胆地讲，不用害怕。"

罗克轻轻地咳嗽了一声，清一清嗓子，想使自己镇定一下。罗克向前走了一步对代表们说："各位代表，据我的研究，这五位继承人胸前的花纹是不一样的。其中四位继承人的花纹，可以从一点出发，一笔把整个花纹都勾画出来，而又回到原来的出发点。但是，只有一位继承人的花纹特殊，这个特殊花纹也可以一笔勾画，可是它不能回到原出发点，只能从一点出发到另一点结束。"

一位代表站起来问："从一个点勾画和从两个点勾画，与谁是真的继承人有什么关系呢？请这位小数学家不要把问题扯得太远啦！"

"我并没有把问题扯远。"罗克镇定地说，"不知各位代表注意到了没有，你们各位的胸前都刺有花纹，但是，你们刺的都是普通花纹，只有首领和首领的继承人的花纹特殊，是从一个点开始，到另一个点结束。"

第一个继承人，也就是胸前刺有两个半月形的继承人，坐不住了。他站了起来，指着罗克大声说："什么一个点两个点的。你把我们五个人的花纹都画一遍，看看到底谁的花纹特殊！"

"对，你给我们画画看，画不出来我们可饶不了你。"其余四个继承人也随声附和。

看来，不画是不成了。罗克要来一张纸，一支笔，按顺序画了起来。

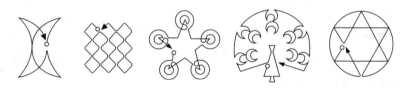

尽管罗克的图形画得不太好看，他把这些花纹是如何一笔画出来的，却一清二楚地表示出来了。

等罗克把五个图形都画完，白发老人点了点头说："不用这位小数学家宣布了，我已经知道谁是真正的继承人了。"说完白发老人缓步走到刺有孔雀开屏图案的第四个继承人面前，用力拍打他的肩膀说，"乌西，你是我们部族的新首领。让我们向新首领致敬！"说完，白发老人跪倒在地，双手并拢，手心向上，把脸贴在手心上，向新首领致敬。接着 50 多名代表以同样的礼节向新首领致敬。

余下的四个自称继承人的年轻人，前三个人离开了座位跪倒在地，向新首领致敬，唯独第五个人坐着不动。

白发老人怒视着第五个人，厉声问道："黑胖子，你为什么不向新首领致敬？"

这个人长得又矮又黑又胖，他撇着大嘴说："乌西胸前花纹的画法是有点特殊，画法特殊怎么就证明他是真的首领接班人呢？"

米切尔抢先一步回答说："黑胖子，你大概不会忘记老首领胸前的花纹吧。"说着，米切尔在纸上画了已故首领胸前的花纹。

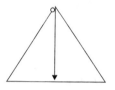

黑胖子点了点头说："是这样。"

米切尔指着图说："只有乌西的花纹和老首领花纹的画法一样，起点和终点不是一个点。"

黑胖子摇了摇头说："什么一个点、两个点的，关键在于怎么画。老首领的花纹，我照样可以从一个点开始，而到同一个点终止。"

米切尔回头问罗克这有可能吗？罗克笑了笑说："你让他画一画试试。"

黑胖子拿起笔满有信心地在纸上画了起来。他先从三角形的左下角开始画，画了一半就停止了 [图(6)]；他接着沿另一条路线画，结果画了一个三角形，可是高线画不出来 [图(7)]；他从底边中点开始画，虽然把整个图形一笔画了出来，但是起点和终点却是两个点 [图(8)]。

图(6)　　　图(7)　　　图(8)

黑胖子画了半天，摇摇头说："果然画不出来，我服啦！"说完向乌西跪倒，向新首领致敬。

白发老人看到问题已经解决，非常高兴。他准备召开全部族会议宣布新首领继位，组织全部族人民向新首领致敬。突然，从外面闯进两个人来，一个长得又高又大，皮肤黑中透亮，赤裸着上身，身上净是疙疙瘩瘩的肌肉块，往那儿一站犹如一座黑铁塔；另一个长得又矮又瘦，皮肤呈棕色，鼻子上还架着一副眼镜，他赤裸的上身和鼻子上的眼镜显得十分不协调。

黑铁塔右手向前一举说："慢！听说你们要宣布乌西为部族的新首领，又听说决定乌西为首领继承人的是什么数学家罗克，我来看看这位数学家长得什么模样。"

当米切尔把罗克介绍给黑铁塔时，黑铁塔仰天哈哈大笑。他说："我总以为数学家是个满头白发的老教授，谁想到是个乳臭未干的毛孩子，你们在听他胡说八道哪！"

戴眼镜的小个子也摇晃着脑袋说："首领是全部族的主心骨。首领要文武全才，文能治国，武能安邦，不知乌西老弟有没有这份能耐？"

两个人还想说下去，忽听"啪"的一声，白发老人拍案而起，用手指着两个人厉声说道："你们两个给我住嘴！罗克是从天而降的客人，按照我们神圣部族的传统，对待客人应该真诚、热情；乌西是我们确认的新首领，对首领应该尊重、信任。你们两个怎么能胡言乱语！"

"这……"两个人看到白发老人动了真气，都低下头不再说话。但是，从他们的面部表情来看，两人都十分不服气。

"嗯——"白发老人长出了一口气说，"当然啦，你们对确认谁是真正的首领继承人的做法，有什么疑问，可以提出来。不过，一定要好言好语，不许恶语中伤！"

戴眼镜的小个子细声细气地对罗克说："尊敬的罗克先生，我十分佩服你在很短时间内，就解决了谁是真首领的问题。我们神圣部族的许多人对你的判断还很怀疑。不过，我有一个消除怀疑的好办法。"

白发老人在一旁说："有什么好办法，你只管说，用不着转弯抹角的。"

"好的，好的。"戴眼镜的小个子从口袋里掏出一张纸，递给罗克说，"听说你是中国人，我非常敬仰你们古老的国家。贵国清代的乾隆皇帝你一定听说过，他曾给大臣纪晓岚出过一个词谜，现在就写在这张纸上。如果你能把这个词谜的谜底在 10 分钟内答出来，我们就不再怀疑你的才华了。"

罗克看到纸上有用中文写的词：

> 下珠帘焚香去卜卦，
>
> 问苍天，你的人儿落在谁家？
>
> 恨王郎全无一点真心话。
>
> 欲罢不能罢，
>
> 吾把口来压！
>
> 论文字交情不差，
>
> 染成皂难讲一句清白话。
>
> 分明一对好鸳鸯却被刀割下，
>
> 抛得奴力尽手又乏。
>
> 细思量口与心俱是假。

罗克心想：这个戴眼镜的小个子可够厉害的。他拿中国的古代词谜来考我，不但考我的智力，还考我古文学习得如何，真可谓"一箭双雕"啊！罗克过去还真没见过这个词谜，要抓紧这10分钟的时间，一定要把它猜出来！

罗克在紧张地琢磨着，戴眼镜的小个子在看着表，他嘴里还不停地数着："还有4分钟，还有3分钟……"当他数到还有1分钟时，罗克说："我猜出来啦！是中国汉字数码一二三四五六七八九十。"

听了罗克的答案，戴眼镜的小个子微微一愣，接着似笑非笑地说："说说道理。"

罗克说："这是用减字的方法来显示谜底的，因此，每一句话中的字不是都有用的。比如第一句话'下珠帘焚香去卜卦'中，与谜有关的只有'下''去''卜'三个字。'下'字去掉'卜'字不就剩下'一'字了吗？"

"对，对。"白发老人点头说，"说得有理啊！"

罗克接着说："第二句中'侬的人儿落在谁家'，是说'人'不见了，'问苍天'中的'天'字没了'人'字，就是'二'；

"由于古代中国的'一'，也可以竖写成'1'，所以第三句中'王'无'一'是'三'；

"罢字的古代写法是'罷'，'罷'字去掉'能'字就是'四'；

"'吾'去了'口'是'五'；

"'交'不要差，差与叉谐音，意思是指'×'，'交'字去掉下面的'×'就是'六'；

"'皂'字去掉上面的'白'字是'七'；

"'分'字去掉了'刀'是'八'；

"'抛'字去掉了'力'和'手'是'九'；

"'思'去了'口'和'心'是'十'。

"你看我解释得有没有道理?"

听完罗克的解释,在场的 50 多名代表一齐鼓掌,一方面称赞罗克的聪明机智,另一方面也佩服中国汉字的神奇。

戴眼镜的小个子摇晃着脑袋说:"这个小数学家果然聪明过人,佩服、佩服!"

白发老人见戴眼镜的小个子不说什么了,又问黑铁塔:"你还有什么要说的吗?"

黑铁塔摇了摇头,并指了指戴眼镜的小个子,说:"他说没有就没有,我一切听他的。"

白发老人见大家没有异议,就正式宣布乌西为新的首领,全部族欢庆三天。

罗克见真假继承人已经解决,就对米切尔提出,要赶赴华盛顿参加数学比赛。米切尔笑了笑说:"不忙,你刚刚帮助我们解决了第一个问题。我们还有更重要的问题等着你呢!"

"啊!还有问题呀!"罗克听了不免心头一紧。

珍宝藏在哪儿

罗克问米切尔说:"还有什么重要问题?"

米切尔小声对罗克说:"事情是这样的……

"一百多年前,E 国殖民主义者的军舰驶进了我们这个岛国。军舰上的大炮猛烈轰击岛上的居民、设施,我们神圣部族的人死伤无数。当时我们部族的首领一面指挥大家抵抗,一面把神圣部族的珍宝埋藏起来。

"土制的弓箭难以阻挡枪炮的进攻,E 国军队登陆并很快占领了整个岛国,我们的老首领带领一群战士与侵略者进行了殊死战斗,终因寡不敌众,全部壮烈牺牲。侵略者的军队在岛上大肆屠杀,我们神圣部族有五分之四的居民被杀害。

"由于 E 国士兵在本岛水土不服，得病死亡的很多，没待多久就撤了出去。经过这一百多年的繁衍生息，我们神圣部族又兴旺起来了。但是我们的老首领把部族的珍宝藏到了哪儿，始终是个谜！我们想请你帮助解开这个谜，找到这份珍宝。"

找到一百年前埋藏的珍宝，这真是个有困难又新鲜的工作。罗克问："老首领留下什么记号和暗示没有？"

"有。"米切尔说，"老首领在一个岩洞的内壁上，画了几个图形和一些特殊记号。"

罗克又问："经过了一百多年，也没有人能认出这些图形和记号是什么意思？"

米切尔说："我们的老首领是个非常了不起的人。他年轻时曾独身一人驾着小船到外国旅游和学习，一去就是十年。他特别喜欢数学和天文，回岛后向神圣部族的青年人普及数学和天文知识，很受青年人的欢迎。"

珍宝、图形、记号、数学爱好者……这一切对罗克都有很强的吸引力。罗克要求米切尔立刻带他去那个岩洞，看看老首领留下的图形和记号。米切尔点了点头，领着罗克悄悄离开了屋子，直奔后山走去。

山不是很高，山上长满了许多叫不出名来的热带植物，在阳光照耀下显得格外青翠。罗克跟在米切尔的后面，向山里走去。转了几个圈儿，在草丛中发现了一个很小的洞口，如果不仔细去找，很难发现这个洞口。

罗克跟着米切尔钻进洞里，里面很大，像一个大厅，可容纳一百多人。米切尔用手电筒照着洞壁上的图形，看不太清楚，又点亮了一个火把。

第一组图形是九个大小不同的正方形，每个正方形上都写着一个数字，它们分别是 1、4、7、8、9、10、14、15、18。

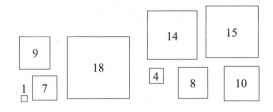

九个正方形下面写着一行字：

用这九个正方形拼成一个长方形。走出洞口向前走等于长
方形的长边那么多步。向右转，再走短边那么多步，停住。

罗克看着正方形上的数字自言自语地说："正方形上的数字肯定代
表它的边长。"说完罗克动手测量上面写着9的正方形，它的边长果然
是9分米。

米切尔说："我们也猜想这些数字代表边长，可是我们怎么也拼不
出长方形来。"

罗克说："我曾在一本书上看到过一个结论：数学家证明了用边长
各不相同的正方形，拼出一个长方形，最少需要九个。少于九个是拼不
成长方形的。我来拼拼试试。"说完，罗克用纸剪出几个小正方形，在
地上拼起来。不过，他不是胡乱地拼，而是一边拼一边算，没过多久，
罗克在地上拼出一个大的长方形。

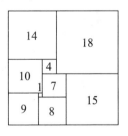

"我拼出来啦！"罗克高兴地说，"这个长方形的长边是33，短边
是32。"

米切尔兴奋地说："埋藏珍宝的地点是——出了洞口先向前走 33 步，向右转，再走 32 步。"

罗克点点头说："对，就是这么回事！我们再来看第二组图形。"

第二组图形是一个大的正方形。正方形被分成十六个小正方形，其中有九个方格画有黑点，还有七个空白格。

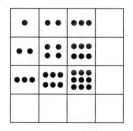

大正方形的下面写着一行字：

> 有七个方格的黑点子我没有来得及画。把所有的方格都画上黑点子，再把所有的黑点子都加起来得一数 m。向下挖 m 指长，停止。

米切尔解释说："指长是指成年人的中指长，这是我们部族常用的长度单位。过去我们也研究这个图，总搞不清楚这七个空格里应该画多少个黑点子。"

"让我想一想。"罗克拍着脑袋说，"这黑点子的画法是有规律的。你看，这最上面一行的点子数，从左到右是 1、2、3，下一个应该是 4。同样道理，最左边一行的点子数，从上到下也应该是 1、2、3、4。"

米切尔点点头说："说得有理。可是其他方格就不好画了。"

罗克指着图说："这条对角线上的点子数也是有规律的，它们都是完全平方数，$1^2 = 1$，$2^2 = 4$，$3^2 = 9$，$4^2 = 16$。"说着，罗克把三个方格画上了黑点子。

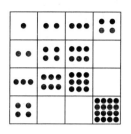

米切尔竖起大拇指夸奖说："不愧是数学家，这数字关系一眼就能看出来。"

罗克摇摇头说："别开玩笑，我一个中学生和数学家一点不沾边！"

米切尔望着图说："剩下的四个方格就难画喽！"

"也不难。"罗克指着图说，"你仔细观察就能发现，中间方格的黑点子数恰好等于它所在列的最上面方格黑点子数和它所在行的最左面方格黑点子数的乘积。"

米切尔有些不信，亲自动手算了一下：

$$2 \times 2 = 4, \quad 2 \times 3 = 6, \quad 3 \times 2 = 6, \quad 3 \times 3 = 9。$$

"哈，一点不差！我也会画了。最下面一行的两个方格应该画 8 个和 12 个黑点子，最右面的两个方格也一样。"米切尔把余下的四个方格也画上黑点子。

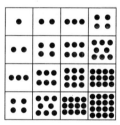

米切尔高兴地说："方格的黑点子都画满了，咱们加起来就成了。"说着就要做加法。

"不用去一个一个地加。"罗克阻拦说，"我已经算出来了，等于100。"

米切尔惊奇地问:"哟!你怎么算得这样快?"

"我是采用经验归纳法得出的。"罗克写出几个算式:

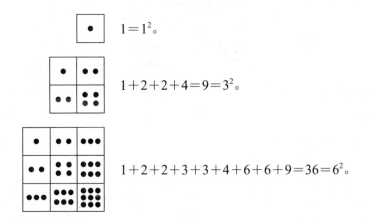

$1=1^2$。

$1+2+2+4=9=3^2$。

$1+2+2+3+3+4+6+6+9=36=6^2$。

罗克说:"十六个方格的黑点子加在一起,一定是 10 的平方,因此是 100。"

米切尔摇摇头说:"为什么不是 8 的平方、9 的平方,而一定是 10 的平方呢?"

罗克说:"你把最左边所有方格的黑点子加在一起就会明白的。"

米切尔心算了一下,随后一拍脑袋说:"噢,我明白了,底数恰好等于最左边所有方格黑点子数的总和:$1+2+3+4=10$,所以以 10 为底。"

罗克又画了一个图说:"这样一拆,就可以得到连续的立方数。"

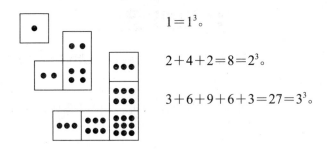

$1=1^3$。

$2+4+2=8=2^3$。

$3+6+9+6+3=27=3^3$。

李毓佩
数学科普文集

"真有意思。"米切尔把话锋一转说,"这么说,走出洞口再向前走33步,向右转走32步,向下挖100指深,就能找到老首领埋藏的珍宝了。太好啦!赶快报告给新首领乌西。"

突然,从洞口处扔进一块石头,"啪"的一声将火把打灭。米切尔赶紧打亮手电筒,忙问:"谁?"外面无人回答,接着又飞进一块石头,将手电筒打灭。米切尔一按罗克的肩头,低声说,"趴下!"两个人赶快趴到了地上。洞里漆黑一片,只听到从洞口传来"噔噔噔"的脚步声。

米切尔和罗克爬起来快步冲到洞口,只见50米外的草木乱动,已不见人影。

罗克说:"咱们快追!"

"慢!"米切尔拦住罗克说,"此人投石技术高超,追过去,他在暗处,我们在明处,我们要吃亏的!"

罗克忙问:"你说怎么办?"

"先回去向乌西首领报告。"说完拉着罗克就往回跑。

绑架

米切尔和罗克正向乌西首领所在的大茅屋跑去,突然,脚下被什么东西绊了一下,"扑通"一声,罗克首先摔倒在地,接着米切尔也摔倒了。罗克回头一看,是一条长绳把他俩绊倒的。

"不许动!"随着喊声,从树后跳出两个蒙面人,他们手里各持一把尖刀,其中一个又高又胖,另一个又矮又瘦。高个儿用绳子把米切尔捆了,矮个儿把罗克捆了。他们推推搡搡,押着米切尔和罗克向右边一条小路走去。

米切尔一边走一边大声叫道:"黑铁塔,你不要以为把脸蒙上,我就认不出你了!你为什么绑架我们?"

"黑铁塔?"罗克心想：那个高个儿的是黑铁塔，这个矮个儿一定是戴眼镜的小个子啦！今天他为什么没戴眼镜？我来试试他的眼力。罗克发现前面有半截树墩。罗克成心从树墩上迈了过去，跟在后面的矮个儿却没看见，"扑通"一声，被树墩绊了一个嘴啃泥。

"哈哈。"罗克笑着说，"他是黑铁塔，你一定是戴眼镜的小个子喽！怎么不戴你的眼镜？白白摔了一跤。"

小个子从地上爬了起来，拍了拍身上的土，从口袋里掏出眼镜架在鼻子上，推了一把罗克，示意他继续往前走。又走了一会儿，前面有一间小茅草房，两个蒙面人把罗克和米切尔推了进去。

两个人收起了尖刀，去掉蒙面布，果然是黑铁塔和戴眼镜的小个子。这两个人都能讲流利的英语。

戴眼镜的小个子笑了笑说："二位受委屈了。米切尔，你千方百计在寻找一百年前老首领埋藏的珍宝，我和黑铁塔也一直在寻找这份珍宝。咱们明人不说暗话，谁能得到珍宝，谁就是神圣部族的真正主宰者，谁就是这个岛国的真正主人。"

米切尔愤怒地责问："你把我和罗克绑架到这儿，究竟想干什么?"

小个子用手扶了扶眼镜说："罗克是中国人，他不能知道我们神圣部族的秘密。不然的话，他把这个秘密张扬出去，国外的一些爱财之徒必来抢夺，会给我们部族招来灾难。"

米切尔反驳说："珍宝的秘密一百多年来谁也没有揭开，是罗克帮助我们揭开了这个谜。"

"对，对。"小个子连连摆手说，"罗克是帮了很大的忙，你们俩在山洞里的谈话，我和黑铁塔在外面听得一清二楚。你们计算的结果，就是出洞口向前走 33 步，向右转走 32 步，下挖 100 指深，我们也知道啦！"

"不可能！"米切尔不相信小个子的话，他说，"洞口离我们说话的地方那么远，我们俩说话的声音又很小，你怎么可能听得见呢?"

李毓佩
数学科普文集

"嘿嘿。"小个子笑了笑说，"前几个月，我们就把那个洞修整了一下，我们是利用了'刁尼秀斯之耳'听到的。"

"什么是'刁尼秀斯之耳'？"米切尔不懂。

小个子用手指了指罗克说："不明白你去问数学家嘛！"

米切尔问："罗克，你知道什么是'刁尼秀斯之耳'吗？"

"知道。"罗克说，"在古希腊，西西里岛的统治者开凿了个岩洞作为监狱。被关押在岩洞里的犯人，不堪忍受这非人的待遇，他们晚上偷偷聚集在岩洞靠里面的一个石头桌子旁，小声议论越狱和暴动的办法。可是，他们商量好的计划很快就被看守官员知道了。看守官员提前采取了措施，使犯人商量好的计划无法实行。犯人们开始互相猜疑，认为犯人中间一定出了叛徒，但是不管怎么查找，也找不到告密者。后来才搞清楚，这个岩洞不是随意开凿的，而是请了一位叫刁尼秀斯的官员专门设计的。他设计的岩洞监狱采用了椭圆形的结构，而石头桌子恰好在椭圆的一个焦点上，看守人员在另一个焦点上。这样，犯人在石桌旁小声议论的声音，通过反射可清楚地传到洞口看守人的耳朵里，后来就把这种椭圆形的构造叫作'刁尼秀斯之耳'。"

小个子见米切尔没太听懂，就在地上钉了两根木桩 A 和 B，又找来一根绳子，将绳子的两端分别系在 A、B 两根木桩上。小个子又找来一根短棍把绳子拉紧，拉成折线，顺着一个方向画，画出来一个椭圆。

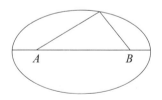

小个子说："两根木桩所在的 A、B 两点就是椭圆的焦点。椭圆有一个重要性质：从一个焦点发出的光或声音，经椭圆反射，可以全部聚

集到另一个焦点上。'刁尼秀斯之耳'就是根据这个性质设计的，这一下你明白了吧！"

米切尔怒视小个子问道："你打算怎么办？"

"怎么办？"小个子十分得意地说，"你和罗克先待在这儿，我和黑铁塔去挖珍宝。对不起，先委屈你们啦！黑铁塔，咱们快走！"小个子和黑铁塔急匆匆走了出去，从外面把房门锁上，"噔噔噔"一溜小跑去挖珍宝了。

罗克问："怎么办？咱俩大声叫喊怎么样？"

"不成。这是猎人临时休息用的屋子，孤零零的，周围没人。"米切尔摇了摇头。

"难道咱们俩就在这儿干等着？"罗克有点儿着急。

"你过来。"米切尔趴在罗克耳朵上小声说，"咱们可以这样、这样……"罗克笑着点了点头。

话分两头，再说戴眼镜的小个子和黑铁塔去挖珍宝。他俩来到洞口，黑铁塔说："出洞口先向前走 33 步，我来走。"说着黑铁塔迈开大步就往前走。

"慢！"小个子拦住了黑铁塔说，"你身高一米九〇以上，我身高不足一米六〇。你迈一步的距离和我迈一步的距离可就差远了。是你迈 33 步呢？还是我迈 33 步。"

"这个……"黑铁塔拍着脑袋想了一下说，"像我这么高的人不太多，而像你那么矮的人也不多见。我看可以这样办，我走 33 步停下，你也走 33 步停下，取咱俩位置的中点不就合适了嘛！"

"对，咱俩不妨试一试。"小个子说完就和黑铁塔走了起来。

两个人试了一次，向下挖了一个深坑，什么也没有；两个人再试一次，又挖了一个深坑，还是什么也没有。两个人左挖一个坑，右挖一个坑，一个下午足足挖了十几个坑，还是一无所获。眼看太阳就要落下去了，两个人坐在地上一个劲儿地擦汗。

突然，戴眼镜的小个子想起了米切尔和罗克还关在小茅屋里。他拉起黑铁塔就往小茅屋里跑，打开屋门一看，屋里只剩下捆米切尔和罗克的两根绳子，人却不知所踪！

步长之谜

回过头来，我们再来说说罗克和米切尔是怎样逃脱的。

他俩被反捆着双手锁在小茅屋里。罗克十分着急，米切尔小声对罗克说："你过来，转过身去。"

罗克把身子转过去以后，米切尔就弯下腰，用牙去解绳子结。经过一番努力，捆罗克的绳子被解开了。两人把窗户打开，从窗户跑了出去。

到哪儿去？米切尔说应该去报告首领乌西。而罗克却主张先去山洞附近，看看戴眼镜的小个子是否把珍宝挖到了手。米切尔同意罗克的意见。两个人偷偷地向藏宝地点走去。

罗克和米切尔藏在一块大石头后面，看见戴眼镜的小个子和黑铁塔正在汗流浃背地挖坑，他俩挖一阵子骂一阵子，可是什么也没挖出来。

米切尔问罗克："他俩挖了那么多坑，为什么还找不到珍宝？"

罗克笑了笑，小声说道："他们俩总找不到藏珍宝的确切地点，所以到处瞎挖。"

"咦？"米切尔疑惑地问，"他俩不是知道向前迈多少步，再向右迈多少步吗？为什么还找不到准确地点呢？"

"关键在于一步究竟有多长。"罗克说，"规定一种长度单位是很费脑筋的。比如，三千多年前古埃及人用人的前臂作为长度单位，叫作'腕尺'。可是，人的前臂有长有短啊！于是在修建著名的胡夫大金字塔时，就选择了古埃及国王胡夫的前臂作为标准'腕尺'，这样修成的大金字塔的高度恰为 280 腕尺。"

米切尔听了觉得挺有意思，又问："过去有用步作长度单位的吗？"

"有啊！"罗克说，"我们中国唐朝有个著名皇帝唐太宗李世民。他规定：以他的双步，也就是左右脚各走一步作为长度单位，叫作'步'。又规定一步为五尺，三百步为一里。一百多年前，你们部族的老首领说'出洞口走 33 步'，不知他说的步以谁的为标准？"

米切尔也皱着眉头说："是啊！事情已过去一百多年了，谁知道当时是以谁的一步为标准，也许是以老首领他本人的一步为标准，但是老首领一步有多长谁也不知道，连老首领有多高也没人了解。唉！看来这珍宝是找不到了。"

两个人都不说话了。沉默了一段时间，罗克突然想起了什么，他十分有把握地说："老首领既然想把这批珍宝留给后人，他就不会留下一个谁也解不开的千古之谜。我敢肯定，老首领在山洞里一定留下了什么记号，标出一步究竟有多长。"

"你说得有理！走，咱俩再回山洞里仔细找一找。"米切尔说完，拉起罗克就走。正巧，这时戴眼镜的小个子和黑铁塔急匆匆地离开了这里，去小茅屋找罗克和米切尔。米切尔用树枝扎成火把，将火把点燃向洞里走去。

罗克小声说："由于山洞里很黑，又由于时间上相隔了一个世纪，所以搜寻这些记号时要特别细心，不能遗漏任何一块地方。"

"放心吧！掉在地上的一根针，我们也要把它找到。"米切尔把火把举得很低，仔细寻找每一寸土地。

突然，在一个角落发现了几个比较浅的小坑，罗克激动地说："米切尔，快来看这几个小坑！"

米切尔凑近了仔细一看，不以为然地摇了摇头，说："这地上有许许多多小坑，有什么稀罕的？"

李毓佩
数学科普文集

"不，不。"罗克把小坑上面的浮土用力向两边扒了扒说，"你看，这里是一大四小一共五个小坑，它们像什么？"

米切尔仔细看了看，一拍大腿说："嘿！像人的五个脚趾，有门儿啦！"

两个人又在周围仔细寻找，果然又发现了同样的五个小坑。

米切尔说："这一前一后的脚趾坑，正好是一步的距离。嘿！这步可真够长的，有一米多长。"

罗克说："如果这真是你们老首领的实际步长，他的个头足有两米高。"两人找到一根绳子，把这一步长记了下来。最后罗克又用手把土弄平，恢复了原样。米切尔熄灭了火把，悄悄走到洞口看了看，洞外没有人，他向罗克招了招手，两人爬出了洞口。

罗克问："咱们现在就动手挖好吗？"

米切尔摆摆手说："不行。小个子和黑铁塔回到小茅屋找不到咱俩，肯定要回到山洞来的。"

罗克拍了拍脑袋说："咱们要想个办法，把他们俩引开才行。"

"怎样引法呢？"米切尔有点儿发愁。

罗克笑了笑说："我有个妙法，叫作'请君入瓮'。"

果然不出米切尔所料，戴眼镜的小个子和黑铁塔发现罗克和米切尔跑了，就急着往山洞赶，他俩害怕罗克和米切尔抢先把珍宝挖了去。

小个子对黑铁塔说："看来，米切尔和罗克没敢回这儿来。"

黑铁塔大嘴一撇说："我琢磨着他俩也不敢回来，如果再落到我们手里，一拳一个都把他们砸成肉饼！"说完两只大手用力一拍，"啪"的一声，声音震耳。

小个子无意中发现在洞口一块大石头上写着两行字，内容是：

米切尔：

我在山洞里发现了一个有关步长的方程，我很快就能解出来，请你赶快进洞来。

罗克

小个子对黑铁塔说："你来看这两行字。"黑铁塔看完后非常高兴，喊道："好啊！这两个小子钻进洞里解方程去了，咱们进去把他俩抓住！"说着拉起小个子就要往山洞里钻。

"慢！"小个子说，"罗克虽说年纪不大，但他是个数学家，不能小瞧了他。这会不会是罗克设下的圈套？"

黑铁塔把大嘴又一撇说："一个小毛孩子会设什么圈套！你这个人总爱疑神疑鬼的，净自己吓唬自己。"

小个子摇摇头说："不可大意。依我看，咱俩还是一个进山洞，另一个在外面守着。"

"一个人进洞？"黑铁塔说，"你一个人进洞，你打得过他们两个人吗？如果你一个人爬进去，准叫他俩给收拾了。我一个人进洞是不怕他俩的，可是我又不会解方程，进去有什么用？你放心吧！有我保护，你准出不了事！"

黑铁塔也不管小个子是否同意，点燃了两支火把，硬把小个子拉进了山洞。进了山洞，连罗克和米切尔的影子都没看见。

小个子又有点疑惑，他不安地说："怎么不见他们两个人呢？这中间有诈！"

"又疑神疑鬼！他们俩听见我黑铁塔来了，早吓得一溜儿烟跑了。咱俩快找那个方程吧！"黑铁塔说着举着火把到处找。没找多一会儿，真让黑铁塔找到了。在一块突出的大石头下面，用刀子刻着几行小字：

有一天我在林中散步，
一边走一边计算我的步长，
步数总数的 $\frac{1}{8}$ 的平方步，

是向东走；

向西只走了 12 步，

我总共走了 16 米啊，

问我一步有多长？

小个了看完了摇摇头说："这诗写得实在不怎么样，比起古代中国诗歌差远啦！"

"你管他诗写得好不好，快把步长算出来吧！"

"这个容易。"小个子把眼镜向上扶了扶说，"可以先求出他共走了多少步。设总步数为 x，那么，总步数的 $\frac{1}{8}$ 的平方步就是 $(\frac{x}{8})^2$，另外又向西走了 12 步，可列出方程：

$$(\frac{x}{8})^2 + 12 = x。$$

这是一个一元二次方程。可以把它先化成标准形式，然后用求根公式去解：

由　　　　$(\frac{x}{8})^2 + 12 = x，$

整理，得　$x^2 - 64x + 768 = 0，$

$$x = \frac{64 \pm \sqrt{64^2 - 4 \times 768}}{2}$$

$$= \frac{64 \pm 32}{2}，$$

$$x_1 = 48，\quad x_2 = 16。$$

他可能走了48步，也可能走了16步。"

黑铁塔说："小个子，你的数学还真有两下子！不过，到底是走了48 步呢，还是走了 16 步？"

小个子说："按 48 步算，他每步只走 0.33 米，这步子太小；按 16 步算，每步恰好 1 米。像你这样大的个头，一步迈出 1 米是差不多的。"

"太好啦！"黑铁塔高兴地跳起老高说，"这回咱们拿着皮尺量，向前量 33 米，向右转再量 32 米，就能准确地找到藏宝地点。哈哈，珍宝就归咱们俩啦！"

小个子比较冷静，他说："刚才距离量得不对，让咱俩白挖了半天。看来一步多长不掌握，是不可能找到准确的藏宝地点的。这就叫作'差之毫厘，失之千里'呀！"说完与黑铁塔一起兴冲冲地向洞口走去。

怎么回事？洞口被人从外面用大石头给堵上啦！尽管黑铁塔力气很大，由于洞口太小使不上劲，黑铁塔用了很大力气，堵洞口的大石头纹丝不动。

小个子一拍大腿说："唉！咱们上当啦！是罗克把咱俩骗进了山洞，他们用大石头从外面堵上，然后他俩就可以放心地挖珍宝啦！"

黑铁塔那股神气劲儿也没了，他低着头懊丧地说："这山洞我进来不知多少趟了，从来没看见大石头上这几行字，显然，这字是罗克他们新刻上去的。"两个人没法出去，只好等人来救吧！

不错，这正是罗克设下的圈套，把小个子和黑铁塔骗进洞里，又用大石头从外面把洞口堵上。米切尔还不放心，又用一根大木头顶上。

米切尔笑着说："黑铁塔纵有千斤之力，也休想推开这块石头。"

罗克拿着量好的绳子开始丈量距离，先向前量 33 次，向右转再量 32 次。罗克说："好啦！这就是藏宝的准确地点。"

米切尔指着稍远处一个新挖的坑说："好玄呀！差点让小个子挖着。"

两个人正要动手挖，突然跑来一个士兵，冲着他俩喊："罗克、米切尔，首领乌西有要事找你们，叫你们俩马上就去！"

"啊，乌西首领找我们，莫非……"

首领出的难题

乌西首领在大茅屋里接见了罗克。由于还没和米切尔商量好，怎样向乌西汇报发现珍宝，所以，罗克没有讲发现埋藏珍宝的事。

乌西显得很高兴，他对罗克说："为了庆祝我担任新首领，神圣部族要召开庆祝会。为了表示对全部族同胞的感谢，我想在我的座位前面，安排一个由 16 个人组成的方队，要求横着 4 行竖着 4 列。我想这 16 个人由这样四部分人组成：4 个老人，4 个青年，4 个小孩，4 个妇女。为了使 4 个老人能区分开，让他们扎不同颜色的腰围，有红色的、蓝色的、绿色的和黄色的。青年、小孩、妇女也扎这 4 种不同颜色的腰围，以示区别。"

罗克说："你想的办法很好。"

"可是我遇到了一个难题。"乌西站起来边走边说，"我想把这个方队排得十分均衡。也就是说，每一行、每一列中都是由老人、青年、小孩和妇女组成，而且还必须每一行、每一列的 4 个人扎着不同颜色的腰围。我想这种排法四部分人就均衡了，4 种颜色也分配均匀了，是十分理想的排法。可惜的是，我排了半天也没有排出来，想请你帮忙给排一排。"

罗克想了一下说："好吧，我来排一下试试。"罗克要了一张纸，在纸上画一个正方形，又画出 16 个方格。罗克先沿着从左上方到右下方的对角线，把 4 个老人安排好。接着排上 4 个青年人，再排上 4 个小孩，最后把 4 个妇女排上。

老红			
	老蓝		
		老绿	
			老黄

老红		青蓝	
	老蓝		青红
青黄		老绿	
	青绿		老黄

老红		青蓝	小绿
	老蓝	小黄	青红
青黄	小红	老绿	
小蓝	青绿		老黄

老红	妇黄	青蓝	小绿
妇绿	老蓝	小黄	青红
青黄	小红	老绿	妇蓝
小蓝	青绿	妇红	老黄

乌西看着罗克排出来的图一个劲儿地鼓掌，他笑嘻嘻地说："妙，妙！我看最妙之处是按规律去排，而不是瞎碰。"

乌西忽然心血来潮，他又问："如果我在方阵中再加一部分中年人，另外再加一种颜色——白色，由25人组成一个5×5的方阵，你能不能排出来呢？"

罗克点了点头说："可以排出来。"

乌西接着又问："如果再扩大一些，由36个人排成6×6的方阵，你能不能排出来？"

罗克心想，这位新首领会把方阵越扩展越大，问个没完。突然，罗克又想起戴眼镜的小个子和黑铁塔还堵在山洞里，时间长，会不会憋死呢？

罗克灵机一动，对乌西说："首领，6×6的方阵我没排过，不知能不能排出来。不过，我听别人说，贵部族的戴眼镜的小个子能排出来，您不妨把他找来。"

乌西说："你说的是那个戴眼镜的小个子呀！他的大名叫杰克，人们都叫他小个子。他现在在哪儿？"

米切尔也很快就明白了罗克的用心，他抢先回答说："我看见小个子和黑铁塔向北面那个神秘山洞走去了。"

乌西笑了笑说："小个子总想解开藏宝的秘密，这个秘密已经一百多年了，谁也没能解开。小个子虽然人很聪明，数学也很好，但是想解

酷酷猴历险记　李毓佩
数学科普文集

开这个谜也很难。"乌西的话还没说完，就听屋子外面小个子在嚷嚷："我跟那个叫罗克的小孩没完。他下手也太狠了，把我和黑铁塔堵在山洞里，差点憋死！"

小个子和黑铁塔气势汹汹地走了进来。两边的卫兵喝道："这是首领的宝殿，怎敢大声喧哗！"两个人立刻就不吭声了，低着头站在一旁。

乌西问："小个子，出了什么事？这么大吵大嚷的。"

黑铁塔抢着说："首领，我们发现了秘密。"他刚说到这儿，小个子在他脚上狠命地踩了一脚，痛得黑铁塔"哎哟，哎哟"直叫。

小个子赶紧接过话茬说："是呀，我们发现了一个秘密，就是……就是……就是米切尔和罗克特别要好。"

"嗨！这算什么秘密呀！"乌西摇摇头说，"罗克说你会排 6×6 的方阵，请你给我排一排好吗？"

"什么？什么 6×6 的方阵？"小个子给问愣了。

乌西就说自己原来想排 4×4 方阵，结果罗克给排出来了，5×5 方阵罗克也能排出来，只有这 6×6 方阵排不出来。后来又听说你小个子会排，就把你请来了，希望你不要给神圣部族丢脸哪！

小个子听完这个过程，心中暗暗叫苦。因为按神圣部族的规矩，首领叫你干的事，你不能轻易拒绝。小个子又偷偷看了罗克一眼，心里恨恨地说："好小子，你把我堵在山洞里不算，又给我出难题，叫我在首领面前丢人现眼，我跟你没完！"

乌西见小个子低着头半天不说话，就催促说："你快点排呀！"

"是、是。"小个子不敢怠慢，拿起笔用大写的英文字母 A、B、C、D、E、F 代表 6 类不同的人，用小写的英文字母 a、b、c、d、e、f 表示 6 种不同的颜色，开始在 6×6 的方格上排了起来。左排一个不成，右排一个也不成，一个小时过去了，小个子急得满头大汗，纸也用去了几十张，结果 6×6 方阵还是没有排出来。乌西有些不耐烦了，在场的其他人也都有点着急。

米切尔小声问罗克："你怎么很快就把 4×4 方阵排了出来，小个子也很聪明，他怎么排了这么半天还没排出来呢？"

"这里有个秘密。"罗克小声讲了起来，"18 世纪，欧洲有个普鲁士王国，国王叫腓特烈。有一年，腓特烈国王要举行阅兵式，计划挑选一支由 36 名军官组成的军官方队，作为阅兵式的先导。普鲁士王国当时有 6 支部队，腓特烈国王要求，从每支部队中选派出 6 个不同级别的军官各一名，共 36 名。这 6 个不同级别是：少尉、中尉、上尉、少校、中校、上校。要求这 36 名军官排成 6 行 6 列的方阵，使得每一行和每一列都有各部队、各级别的代表。"

米切尔惊奇地说："这和乌西提出来的 6×6 方阵非常相似。"

罗克笑了笑说："我也觉得奇怪，怎么能这样巧呢？可能当国王、当首领的都爱提这类问题吧！"

米切尔急切地问："后来呢？"

"嘘，小点声！"罗克眨了眨眼接着讲，"腓特烈国王一声令下，可忙坏了司令官，他赶快召来 36 名军官，按着国王的旨意，连折腾了好几天，硬是没有排出这个 6×6 方阵来。"

米切尔又着急了，他说："排不出来，国王要怪罪司令官的！"

罗克点了点头说："是啊！司令官也非常着急，怎么办呢？当时，正好欧洲著名数学家欧拉在柏林。司令官就请欧拉给帮忙排一排，结果欧拉也排不出来。欧拉猜想这种 6×6 的方阵可能排不出来，后来，就把这种方阵起名叫'欧拉方阵'。现代数学已经证明：只有 2×2 的欧拉方阵和 6×6 的欧拉方阵排不出来。其他欧拉方阵都能排出来。"

米切尔笑着说："这么说，这种 6×6 方阵根本就排不出来！既然排不出来，你硬叫小个子排，这不是成心整人吗？"

罗克严肃地说："不是我成心整他。小个子想把你们祖先留下的珍

李毓佩
数学科普文集

宝占为己有，是不能让他得逞的！"

"说得对！"米切尔也点头表示同意。

乌西看小个子还没把6×6方阵排出来，就生气了。他一拍桌子站了起来，用手指着小个子说："你到底会不会排？说句痛快话！"

小个子害怕了，他擦了一把头上的汗，结结巴巴地说："虽……虽然我没排……排出来，可是我……我有个重要情况向您……您汇报。"

乌西一瞪眼睛说："什么重要情况？快说！"

谜中之谜

乌西叫小个子说出发现了什么重要情况。

小个子扶了一下眼镜，指着罗克和米切尔说："他们俩背着您，偷偷跑到北面那个神秘山洞，揭开了老首领留下来的藏宝的秘密。"

乌西和在场的人听到藏宝的秘密被揭开，都惊讶地瞪大眼睛。乌西唯恐听错，又追问了一句："这可是真的？"

小个子看到大家都十分惊奇很是得意，他又往下说："肯定是真的。可是罗克和米切尔并不想把这件事情告诉您，而想把珍宝挖出来两个人私分。"

乌西问："你有什么证据？"

小个子拉过把他从山洞解救出来的士兵说："这个士兵可以作证，他看到了罗克为了找珍宝在地上挖的几个大坑。"士兵点了点头，承认确有此事。

乌西立刻怒火上升，"啪"地一拍桌子，喝道："好个罗克，你空难不死，还不是我们神圣部族救了你。你恩将仇报，竟想私分我们祖宗留下的珍宝，真是可杀不可留。来人哪，把罗克架出去烧死！"

乌西一声令下，上来几名士兵，两个人抓胳臂，两个人抓腿，一下子把罗克举了起来。这样一来，可把米切尔吓坏了，他赶忙阻拦说："乌西首领，冤枉啊！根本不是那么回事。"

乌西根本不容米切尔解释，站起来指着米切尔说："把这个见利忘义、吃里爬外的家贼也烧死！"说完立刻上来四名士兵，也像对待罗克那样，把米切尔高高举过头顶。八名士兵步伐整齐，一起向屋外走去。此时再看小个子，脸笑得都变了形。

眼看就要抬出屋了，罗克自言自语地说了一句话："把我烧死，你们祖宗留下的珍宝就永远也别想找到喽！"

听了罗克这句话，乌西双眉往上一挑，大喊一声："慢着！"又命令士兵把罗克和米切尔放在地上。

乌西走近罗克一字一句地说道："如果你真的能把我们祖宗的珍宝找出来，我可以免你一死，还将送你去华盛顿参加数学竞赛。如果你找不到这批珍宝，那可就必死无疑了。"

罗克眨巴眨巴眼睛说："如果我不知道珍宝的秘密，小个子说的就全是假的。你按着假情报要杀死我，岂不是冤枉好人吗？"

乌西点点头说："嗯，你说得有理。你现在就领我们去挖掘珍宝吧！"

两名士兵押着罗克走在最前面，乌西、米切尔、白发老人及士兵紧跟在后，小个子和黑铁塔以及一大群看热闹的人走在最后面，一大群人浩浩荡荡地向北面的神秘山洞走去。

由于罗克已经在埋藏珍宝的地方做了记号，所以很快找到藏宝的地点。乌西命令士兵向下挖了足有 5 米多深，发现一个陶瓷瓶子，士兵把这个陶瓷瓶子交给了乌西。乌西拿着这个普通瓷瓶直皱眉头，心想，这么个小瓷瓶能装多少珍宝？瓷瓶又这么轻，里面会装什么值钱的东西？

乌西打开瓷瓶往外一倒，金银珠宝没倒出来，飘飘悠悠只倒出一张纸条来。乌西急忙捡起来一看，上面写着几行字：

酷酷猴历险记　李毓佩
数学科普文集

寻找珍宝的人：

　　你已经揭开了蒙在珍宝上的第一层面纱，我应当祝贺你！但是，我还不知道，你是我的后代子孙呢，还是外来入侵者？我不能把所藏珍宝贸然交给你，你还要接受我的考验。

　　我们神圣宝岛的南端，是一望无际的沙滩。在沙滩中有块奇特的、酷似人头的望海石，它是我们宝岛的象征。我们部族的渔民捕鱼归来，远远就可以看见这块望海石。望海石像亲人一样，翘首盼望着渔民的归来，望海石是永存的。

　　以望海石为圆心，以20步为半径画一大圆。找来100个人，让一个人站在正北的方向，其余人均匀地站在圆周上。把站在正北方向的人编为1号，然后依顺时针的方向编为2，3，4，…，99，100号。先让1号下去，又让3号下去，这样隔一个下一个，转着圈儿连续往下下，最后必然只剩一人。连接圆心（望海石）和这最后一个人的方向，就是埋藏珍宝的方向。你从望海石沿着这个方向走125步挖下去，就会发现宝藏！

忠于神圣部族的首领　麦克罗

1888年6月10日

　　"啊！埋藏珍宝的老首领叫麦克罗。"乌西非常兴奋，因为这张纸条揭开了这位百年前老首领名字之谜。

　　"走，到望海石去！"乌西一声吆喝，人群跟他向南部沙滩走去。

　　罗克远远就看见了那块突出的望海石，它是一块闪光的黑色石头，很像一个人的头像面朝着大海。

　　乌西站在望海石下对大家说："我们要选出100个人来围成个圆圈，从我这儿向外迈20步。嗯，一步有多大？这100个人怎样均匀排开？唉，这都是问题呀！"

　　白发老人对乌西耳语了几句，乌西点点头说："不是大叔提醒我差点忘了，我们这儿有数学家罗克，请罗克帮助我们解决这个问题，大家说好不好啊？"

"好！"下面异口同声，接着又是一阵热烈的掌声。

盛情难却，罗克对乌西说："好，我来解决这个问题。我一个人也不用，只给我一张纸、一支铅笔、一个圆规、一个量角器就可以了。"

"噢，这个简单。士兵，你快去给他拿这些用具。"乌西对罗克的做法不甚理解。

罗克先在纸上进行计算。乌西凑过去笑嘻嘻地说："小数学家，你能不能边算边给我讲，让我也学点数学。"

"完全可以。"罗克对着围拢来的人群开始大声讲了起来，他说，"解决任何问题都要找出它的内在规律。如何去找它的内在规律呢？数学上常用的是'经验归纳法'，就是从若干个具体的事例中归纳出一般规律。"

乌西两眼发直，一个劲儿地直摇头。罗克知道他没有听懂，接着说："我们先从简单的情况入手研究。比如说不是 100 人围成一个圈，而是 4 个人围成一个圈。"

乌西一听说 4 个人，高兴了。他说："4 个人就简单多了，连我都会做。4 个人编成号就是 1、2、3、4。按照要求，1、3 两号下去了，隔着 4 号，2 号又下去了，最后剩下的是 4 号。"

"好极啦！完全正确。"罗克高兴地说，"你再算一下 5 个人一圈、6 个人一圈、7 个人一圈，最后剩下的各是几号？"

"好的。"第一次的成功给乌西带来了勇气，他一个接一个地算了出来。罗克把乌西算出的结果列了一个表：

一圈人数	最后剩下的号数
$4=2^2$	$4=2^2$
$5=2^2+1$	$2=1\times2$
$6=2^2+2$	$4=2\times2$

酷酷猴历险记　李毓佩
数学科普文集

一圈人数	最后剩下的号数
$7=2^2+3$	$6=3\times2$
$8=2^2+4$	$8=4\times2$

罗克说:"我从这几个数可以归纳出一个一般的规律:如果原来有 (2^k+m) 个人围成一个圆圈,按前面讲的办法一个一个卜去,最后剩下的必然是 $2m$ 号。"

乌西着急的是找珍宝,他问:"你找到的规律,对寻找珍宝有什么用?"

罗克回答说:"有了这个规律,就可以不用真找 100 人围圆圈了,也不用真的去一次一次淘汰了,只要算一下就可以知道最后剩下的是几号。"

"真有那么灵?"乌西还是不太相信。

"我算给你看看。"罗克说,"100 写成 2^k+m 的形式是 2^6+36,所以 $m=36$,最后剩下的必然是 $36\times2=72$(号)。"

乌西说:"你具体给找出来吧!"

"可以。"罗克先画出一个大圆,定出正北方向。罗克说,"把一个周角分成 100 份,每一份是 $3.6°$。72 号就占 72 份,以正北方向为始边,顺时针转动 $259.2°$,就停留在 72 号位置了;或者从正北方向开始,逆时针转动 $100.8°$,也同样可以到达 72 号的位置。"罗克利用这个方法在地面上找到了 72 号的位置,找到了埋藏珍宝的方向。

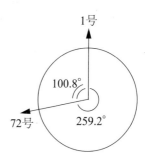

他们从望海石开始,用罗克事先量好的小绳,这段小绳长恰好是老首领麦克罗的一步长。向岛内一共量了 125 次,量到了一点。乌西命令士兵向下挖,士兵挖了一米深,什么也没发现,又往下挖了一米,还是什么也没有！怎么回事？乌西急得一个劲儿地搓手，戴眼镜的小个子在一旁不断地冷笑，米切尔不断地看着罗克，而罗克却泰然自若，一点也不紧张。

乌西问罗克还要不要往下挖？罗克说不要再往下挖了。小个子幸灾乐祸地说："我说首领，这小子成心骗您哪！"

乌西两眼一瞪，逼近罗克问："你是在骗我？"

罗克笑了笑说："纸上写走 125 步，并没有指明是向哪个方向走。既然向岛内方向走没有挖到，不妨再向岛外的方向走走看，因为从一点沿着一条直线走，总可以向两头走的。"

乌西略微想了一下，觉得罗克说得有理，于是命令士兵用罗克的小绳向岛外再量 125 次。士兵不敢怠慢，急忙向岛外丈量，但是当丈量到 115 次时停止了，因为这时已经到了海边，再往外丈量就要走进汪洋大海了。

士兵来请示乌西，要不要走进海中丈量？乌西问罗克，要不要下海？罗克坚决地说，一定要量到 125 步！

看到罗克如此坚决，乌西下令继续往海里丈量。士兵只好涉水往前丈量，一直到 125 步为止，在终点插了一根标杆。在水中怎么挖呢？罗克叫士兵用石头和竹片围出一个圆圈，把圈中的水舀了出来。好在近岸处水并不深，十几名士兵一起动手，很快就筑起一个小堤坝，把水舀了出来。开始往下挖，挖了不到 1 米深，就碰到一件硬东西。士兵们小心翼翼地把这件东西挖出来，是个大的陶瓷罐，把陶瓷罐的封口打开，里面装着满满的珍珠、钻石、黄金。

乌西和在场的人非常高兴，大家欢呼跳跃，乌西把罗克紧紧搂在怀里，连声道谢。

突然，一支乌黑的枪口顶在乌西的后腰上。一个人大喊："不许动！把珍宝全部交给我！"

派遣特务

正当乌西高兴时，一支手枪顶在他的后腰上，命令他把挖出来的全部珍宝都交给他。

乌西转过头来一看，惊讶地喊道："小个子杰克，你这是干什么？不要开玩笑！"

"谁和你开玩笑！"小个子冷冷地说，"两年前我回岛时，E国L珠宝公司就和我签订了合同。答应我如果能找到这笔珍宝，给我200万英镑的酬金，并让我当他们一个分公司的经理。我苦苦找了两年没找到，没想到小罗克帮了我的大忙，这真叫'踏破铁鞋无觅处，得来全不费工夫'，我终于如愿以偿了，哈哈……"

小个子一阵狂笑过后，命令黑铁塔把罐子里的珍宝，全部装进一只帆布口袋中。黑铁塔背起口袋在前面走，小个子又掏出一支手枪，用两支手枪对着大家，倒退着走，直到消失在树林中。

乌西简直气疯了，他命令士兵立即向树林追击。十几名士兵拿着武器在树林里搜寻了半天，连小个子的影子都没找到。真怪，他们会跑到哪儿去呢？

乌西和在场的居民异口同声痛骂小个子和黑铁塔是叛徒，是部族的败类。

罗克问米切尔这到底是怎么回事？

米切尔叹了一口气说："唉！我们神圣部族也不是和外界完全隔绝的。每年我们部族都要派遣几个聪明能干的人，到国外去做买卖。小个子很聪明，能说会道，我们部族常派遣他到国外做买卖。"

"噢，我明白了。"罗克说，"E国人早就知道你们的老首领麦克罗藏有一批珍宝，他们利用小个子在国外做买卖的机会收买了他，把小个子作为L珠宝公司的特务派遣回岛。"

"一点不错。"米切尔接着说，"小个子收买了身强力壮的黑铁塔，两个人狼狈为奸，要夺走这批珍宝！"

乌西哭丧着脸对罗克说："小个子和黑铁塔把珍宝抢走了，还要请你帮忙找到他俩，把祖宗留下来的珍宝夺回来！"

罗克说："小个子曾把神秘洞的洞壁修改成椭圆形，用以偷听我和米切尔的谈话。从这一件事就可以看出，小个子早就为夺取珍宝做好了一切准备。我一定尽我的力量抓到他。"

乌西命令米切尔协助罗克寻找小个子。为了防止万一，发给米切尔和罗克每人一支手枪，一场捉拿派遣特务小个子的战斗开始了。

罗克和米切尔走进了树林，发现这片树林并不大。树林后面是一座石头山，山腰上有许多大大小小的石洞。

罗克问："这是座什么山？"

米切尔回答说："这座山叫'百洞山'，传说这座山有 100 个大小不等的山洞。"

罗克惊奇地问："真有 100 个山洞？"

米切尔笑了笑说："小时候，我常到这座山上玩，我也不信有 100 个洞。我和小伙伴来了个实地勘察，把洞逐个编上号。我们用了整整 10 天的工夫，把所有的山洞都编上号，一共是 79 个山洞。"

米切尔拉着罗克走进一个山洞，洞壁上还可以清楚地看到刻在上面的数字"19"。

罗克高兴地说："这是你们编的第 19 号山洞？"米切尔笑着点了点头。

罗克指着山洞说："我估计小个子和黑铁塔藏在某个山洞里。"

米切尔把袖口往上一撸说："干脆！咱俩从 1 号山洞开始，挨着个地搜查，总能把他俩抓到。"

"不成。"罗克摇摇头说，"这样搜查太慢，而且容易打草惊蛇。"

"你说怎么办好？"米切尔没有什么高招。

罗克问："这些山洞里有水吗？"

米切尔摇摇头说："山洞里虽然比较潮湿，但是没有水源。"

罗克想了一下说，"小个子在山洞里一定贮存了不少食品，但是饮水却不好贮藏。这山上泉水挺多，他们必然晚上出来打水。我俩趁机摸卜去，把他们俩一举歼灭！"

米切尔不以为然地说："这倒是个好主意，只是山洞太多，又很分散，咱俩一个晚上只能盯住一个山洞，这么多山洞要盯到哪一天哪！"

"不，不。"罗克连连摆手说，"不能这样盯法。咱俩一个在山顶，一个在山底，这样视野就开阔多了。发现他们从哪个洞出来，及时向对方发信号，指明小个子是从哪号山洞里出来的，咱俩同时向这号山洞靠拢。"

"咱俩离那么远，喊话不成，拍手不成，怎么联系呢？"米切尔还是有点发愁。

罗克想了一下，问道："百洞山的夜晚，经常有什么动物叫啊？"

"有猫头鹰和山猫。"米切尔说着就学起猫头鹰和山猫的叫声。罗克也跟着米切尔学，米切尔夸奖说，你学得还真像。

"我有个互相联系的好方法。"罗克在地上边写边说，"咱们采用二进制进行联系。二进制只有 0 和 1 两个数字，它的进位方法是'逢二进一'。我列个对照表，你就全清楚了。"

十进制数	0	1	2	3	4	5	6	7	8	9	10
二进制数	0	1	10	11	100	101	110	111	1000	1001	1010

米切尔说："我还弄不清楚，用二进制怎么个联系法。"

罗克耐心解释说："用猫头鹰叫代表 1，用山猫叫代表 0。如果你听到我先学猫头鹰叫，再学山猫叫，最后又学猫头鹰叫，简单说是鹰——猫——鹰，写出相应的二进制数就是 101，从对照表中可以查出是十进制数 5，表示我看见小个子从 5 号山洞走出来了。"

"噢，我明白了，如果我学叫的是鹰——猫——鹰——猫，相应的二进制数就是 1010，表示我看见小个子从 10 号山洞走出来了。嘿，真有意思！"米切尔转念一想说，"可是，如果小个子从 79 号山洞走出来，我还不得叫上它一百多次？"

罗克笑了，他说："不会的。我用短除法把 79 化成二进制数，看看是多少。记住，每次都用 2 去除，一直除到商是 0 为止。"罗克列了个算式：

```
2 | 79
2 | 39 ………… 余1
2 | 19 ………… 余1
2 |  9 ………… 余1
2 |  4 ………… 余1
2 |  2 ………… 余0
2 |  1 ………… 余0
     0 ………… 余1
```

罗克指着算式说："把右边所有的余数，由下向上排列就得到 79 相对应的二进制数 1001111。"

米切尔笑着说："这样，我只要学鹰——猫——猫——鹰——鹰——鹰——鹰，7 次叫声。"

罗克拍了一下米切尔的肩膀说："怎么样？最多才叫 7 次嘛！可是，要记住化十进制数为二进制数的方法，否则你该不知道怎样叫法了。"

突然，米切尔提了一个问题，他说："你接到我的信号，怎样把二进制数化成十进制数呢？"

"这个不难。"罗克边写边说，"你只要记住下面公式，注意这个公式是从右往左记最方便：

$$N = 1 \times 2^6 + 0 \times 2^5 + 0 \times 2^4 + 1 \times 2^3 + 1 \times 2^2 + 1 \times 2^1 + 1 \times 2^0$$
$$= 64 + 0 + 0 + 8 + 4 + 2 + 1 = 79。"$$

酷酷猴历险记　李毓佩 数学科普文集

米切尔点点头说："我明白了。从最右边 2^0 开始，指数依次加 1，然后各项与二进制数相应的项相乘，再相加就成了。"

罗克竖起大拇指说："你真行，一点就通。"

天渐渐黑了下来，两个人收拾一下，摸黑来到了百洞山。米切尔灵巧得像只猫，他很快就爬上了山顶，占据了有利的地势。罗克爬上了一棵树，一动不动地盯着前面的几个山洞。

夜晚的树林并不宁静，昼伏夜出的动物不时出现。听到啦！这是猫头鹰的叫声，因为这叫声没有什么规律，肯定不是米切尔发出的信号。相比之下，罗克更喜欢听那"哗哗"的海涛声。时间在一分一秒地往前走，罗克既没有看见小个子的影子，也没听到米切尔发出的信号。真难熬呀！罗克的上下眼皮一个劲儿地打架，为了不使自己睡着，他右手用力捏自己的大腿。

突然，罗克听到山顶上发出了叫声，规律是鹰——猫——猫——鹰，一连叫了三遍。罗克小声叫了一声："在 9 号山洞！"说完从树上溜了下来，拔出手枪，直奔 9 号山洞。

山洞里的战斗

罗克听到米切尔发出的信号，知道小个子和黑铁塔藏在 9 号山洞里，拔出手枪一溜儿小跑向 9 号山洞冲去。

来到 9 号山洞，见米切尔拿着手枪埋伏在洞口旁。米切尔小声对罗克说："我刚才看见黑铁塔提着一个大水桶去打水，可是一直没看见小个子出来。"

罗克说："咱俩等一会儿，先把黑铁塔抓住，盘问出山洞里的情况，然后再进洞捉拿小个子。"

米切尔点了点头说："好，就这么办！"停了一会儿，只听远处传来

"噔噔"的沉重的脚步声，是黑铁塔打水回来了。罗克和米切尔在洞口的一左一右埋伏好，待黑铁塔刚刚到达洞口，两个人一齐蹿了出去。罗克用手枪顶住黑铁塔的后腰，小声喝道："不许动！举起手来。"黑铁塔被这突如其来的行动惊呆了。他放下水桶，乖乖地举起了双手。

米切尔从口袋里取出事先准备好的绳子，要把黑铁塔捆起来。黑铁塔一看要捆他，急了，他一撅屁股把米切尔顶出好远，推开罗克，撒腿就往山洞里跑。他一边跑一边高声叫喊："不好啦！罗克和米切尔来抓咱们啦！"

洞里漆黑一片，罗克想用手电筒照照里面的情况。谁知，手电刚一打亮，被里面"啪"的一枪打灭了。

罗克小声对米切尔说："你开枪掩护，我冲进去！"说完弯下腰就要往里冲。

米切尔一把拉住罗克说："慢着！这个9号洞里面情况十分复杂，支路岔路非常多，不熟悉情况的，即使拿着火把也很难走到最里面。"

罗克小声问："你熟悉里面的情况吗？"

米切尔摇摇头说："我小时候曾进去过几次，都只在洞口玩，因为大人不许我们往里走，怕进去出不来。"

罗克沉思了一会儿，说："洞里情况本来就复杂，这两年小个子肯定对这个山洞进行了改造，洞里面恐怕要成为迷宫了。"

"迷宫是什么玩意儿？"米切尔不大了解迷宫。

"反正咱俩也不着急进洞，我简单给你介绍一下什么叫迷宫。"罗克把枪口指向洞口，防止小个子出来，然后向米切尔讲起了迷宫。他说："古希腊有一个动人的神话传说：古希腊克里特岛上的国王叫米诺斯，不知怎么搞的，他的王后生下了一个半人半牛的怪物，起名叫米诺陶，王后为了保护这个怪物的安全，请古希腊最卓越的建筑师代达罗斯建造了一座宫殿。宫殿里有数以百计的狭窄、弯曲、幽深的道路，有高高矮矮的阶梯和许多小房间。不熟悉路径的人，一走进宫殿就会迷失方向，别想走出来。后来就把这种建筑叫作迷宫。"

米切尔听上了瘾，忙问："迷宫怎么能保护怪物米诺陶呢？"

罗克说："怪物米诺陶是靠吃人为生的，它吃掉所有在迷宫迷路的人。这还不算，米诺斯国王还强迫雅典人每隔9年进贡7个童男和7个童女，供米诺陶吞食。米诺陶成了雅典人民的一大灾难。"

"那后来呢？"

"当米诺斯国王派使者第3次去雅典索取童男童女时，年轻的雅典王子提修斯决心为民除害，要杀死怪物米诺陶。提修斯自告奋勇充当1名童男，和其他13名童男童女一起去克里特岛。"

"提修斯真是好样的！"

"当提修斯一行被带去见国王米诺斯时，公主阿里阿德尼为提修斯这种勇敢精神所感动，要帮助王子除掉米诺陶。"

米切尔十分激动地说："一定是公主陪同王子一起进了迷宫。"

"不是。"罗克说，"公主偷偷送给提修斯一个线团，让王子到迷宫入口处时把线团的一端系在门口，然后放着线走进迷宫。公主还送提修斯一把魔剑，用来杀死米诺陶。提修斯带领13名童男童女勇敢地走进迷宫。他边走边放线边寻找，终于在迷宫深处找到了怪物米诺陶。经过一番激烈的搏斗，提修斯杀死了米诺陶。提修斯带领13名童男童女顺着放出来的线，很容易地找到了入口，顺利地出了迷宫。"

"咱们俩也学习提修斯，弄一团线拴在洞口，然后进去捉拿小个子，你看怎么样？"

罗克笑了笑说："这只是一个神话传说。咱们也不知道这个山洞有多深，有多少岔路，带多大线团才够用？"

米切尔有点着急，他问："那你说怎么办？"

罗克说："其实走迷宫可以不带线团，你按下面的三条规则去走，就能够走得进，也能够走得出。

"第一条，进入迷宫后，可以任选一条道路往前走。

"第二条，如果遇到走不通的死胡同，就马上返回，并在该路口做个记号。

"第三条，如果遇到了岔路口，观察一下是否还有没走过的通道。有，就任选一条通道往前走；没有，就顺着原路返回原来的岔路口，并做个记号。然后就重复第二条和第三条所说的走法，直到找到出口为止。如果要把迷宫所有地方都搜查到，还要加上一条，就是凡是没有做记号的通道都要走一遍。"

米切尔一拍大腿说："好，就按你说的办法我们来走一走小个子的迷宫！"

"嘘！"罗克示意米切尔小点声，他说，"别叫小个子听见。"

两个人又小声商量了几句，一哈腰就都钻进了洞里。米切尔在前，罗克在后，两个人先走进最右边的岔路，没走多远碰了壁。两个人又原路折回，在岔路口靠右壁的地方，罗克放了一块石头。他们又走进相邻的一个岔路口，碰壁再折回，如此搜索下去。

米切尔有点着急，他小声又对罗克说："怎么回事？咱俩搜寻了这么半天，连个小个子的影子都没看见，莫非他们俩钻进地里不成！"

罗克安慰说："不能着急。我们还没搜索完哪！而且越走遇到小个子的可能性也越大。"

"是吗？"米切尔不再说话，更加小心地往前搜寻。

忽然，他俩听到了黑铁塔瓮声瓮气的讲话。黑铁塔说："小个子，你也过于谨慎。咱们躲在这里，让罗克和米切尔找三天三夜也别想找到。你就把灯点上，黑灯瞎火的真叫人受不了。"

只见前面火光一闪，灯点亮了。借着亮光，罗克看见小个子趴在一张行军床上，手里拿着枪，枪口向外，准备随时扣动扳机。黑铁塔坐在

李毓佩
数学科普文集

另一张行军床上，在大口地吃什么。

小个子厉声说道："快把灯吹灭！罗克这小子非常不好对付，谁敢说他现在不在我们身边。"说着小个子从行军床上爬了起来，就要去吹灯，而黑铁塔护住灯，不叫小个子吹。趁两个人争执的机会，罗克小声说了一句："冲上去！"

"不许动！"罗克和米切尔的枪对准他们俩。

"啊！"黑铁塔惊叫了一声。

"噗！"小个子吹灭了灯。

"砰！"罗克开了一枪。

"哎哟！"是黑铁塔中了弹。他像一头受了伤的野兽，在黑暗中乱踢乱打，罗克和米切尔一时还制伏不了他。米切尔下了一个脚绊，才把黑铁塔摔倒，把他压在地上。罗克把灯点亮，看到黑铁塔右臂受伤，而小个子早就逃得无影无踪了。

罗克问黑铁塔："小个子逃到哪儿去了？"

黑铁塔"嘿嘿"一阵冷笑说："小个子是只狐狸，他早拿着珍宝跑了，你们别想抓到他！"

智擒小个子

罗克和米切尔虽然抓住了黑铁塔，但小个子却拿着珍宝跑了。两个人押解着黑铁塔去见首领乌西。

不管你怎样审问，黑铁塔一言不发。看来，想从黑铁塔嘴里掏出小个子的下落是不可能的。

怎么办？

乌西仍把捉拿小个子的任务交给了罗克和米切尔。罗克想，这个任务难以推辞，也就痛快地答应了。

罗克和米切尔坐下来，认真研究如何抓住小个子。米切尔说："乌西已经下令全岛戒严，小个子想现在乘船逃走是不大可能啦。"

　　罗克点点头说："你分析得对。由于岛上洞多，小个子可能还藏在某个山洞中。"

　　米切尔皱起眉头说："岛上大大小小的山洞那么多，要确切知道小个子藏在哪个山洞里是十分困难的！"

　　"小个子总是要喝水的，他必须出来打水。要打水，就会暴露自己。"罗克对此充满信心。

　　米切尔站起来，倒背两手来回踱着步。他说："海岛这么大，小个子又晚上出来打水，不容易发现哪！"

　　"报告！"从门外跑进一名全副武装的士兵，他向罗克和米切尔报告说，"我在天池值勤，看见小个子从狼牙洞出来，到天池里打了一壶水，一溜儿小跑跑进了野猪洞。"

　　"狼牙洞？野猪洞？这两个洞在哪儿？"罗克对这个消息十分感兴趣。

　　米切尔在地上画了个示意图说："A 就是狼牙洞，B 就是野猪洞，以 O 为圆心的圆就是天池。天池原来是个死火山口，后来有了水成了一个圆形的湖。"

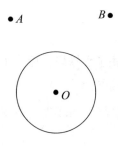

　　罗克说："咱俩去这两个洞搜查一下，怎么样？"

　　"不成，不成！"米切尔连连摇头说，"这两个洞的洞口都不止一个，是堵不住他的。"

　　　　　　　　　　　　　　　酷酷猴历险记　李毓佩
　　　　　　　　　　　　　　　　　　　　　　　　数学科普文集

罗克说："你有什么好办法？"

"好办法嘛……"米切尔拍了拍脑袋说，"唉，如果我们能准确地知道小个子打水的地点，就可以把小个子生擒活捉。"

"这个问题我能解决。"罗克这么快就表示能解决，使米切尔十分惊讶。米切尔心想真不愧是小数学家呀！提出什么问题立刻就能解出来。

罗克要来全岛的地图，又要了一个量角器。他把半圆形量角器的圆心，放在天池的圆周上移动，移动到点 P。罗克说："找到了，小个子一定到点 P 附近去打水。"

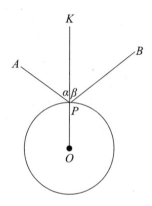

米切尔看罗克所做的一切就像变魔术一样，既感到迷惑，又感到有趣。

米切尔问："你怎么用量角器在圆周上一转，就找到小个子的取水点？你怎么知道小个子一定到点 P 取水呢？"

"说来也真凑巧。小个子天池取水和数学上著名的'古堡朝圣问题'非常相似。我先给你讲一讲'古堡朝圣问题'吧！"罗克开始讲了起来。

有这么一个传说，从前有一个虔诚的信徒，他本身是集市上的一个小贩。他每天从家出来，先去圆形古堡朝拜阿波罗神像。古堡是座圣城，阿波罗神像供奉在古堡的圆心 O 点，而圆周上的点都是供信徒朝拜的顶礼点。

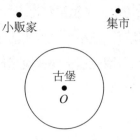

小贩家　　　集市

古堡
O

这个信徒想："我应该怎样选择顶礼点，才能使从家到顶礼点，然后再到集市的路程最短呢？"他百思不得其解。于是他找到古堡里最有学问的祭司请教。据说祭司神通广大，他可以和阿波罗神"对话"。但是，祭司的回答使他失望。

祭司回答说："善良的人哪，快停止无谓的空想吧！你提出的问题连万能的阿波罗神也无能为力。难道你还幻想解决这个问题？这个问题是永远解决不了的！"

米切尔听到这儿，长叹了口气说："这么说，连太阳之神——阿波罗都解决不了，别人就更没办法了。"

"嘻嘻！"罗克笑了起来。他说，"别听祭司瞎说，阿波罗神又不是数学家，他哪会解这类数学题。"

"嘘！不许说阿波罗神的坏话，我们神圣部族也是信奉阿波罗神的。"米切尔说完，双手合十，一副十分虔诚的样子，嘴里还咕咕唧唧地小声祷告着什么。

"哈哈！"罗克看到米切尔虔诚的样子，越发觉得可笑，笑着说，"其实这个问题，数学家已经解决了。"

"解决了？快说给我听听。"米切尔显得十分着急。罗克又画了个图，他指着图说："如果能在圆周上找到一点 P，过点 P 做圆 O 的切线 MN，使得 $\angle APK = \angle BPK$，即 $\angle\alpha = \angle\beta$。小贩沿着 $A \to P \to B$ 的路线去走，距离最短，这一点可以证明。"

"能够证明？那你就给我证一下。否则，我不信！"米切尔使用了"激将法"。

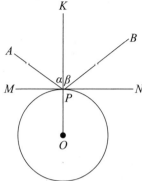

"米切尔，可真有你的！"罗克用力拍了米切尔肩膀一下，接着边画边讲，"我先要给你证明一个预备定理：一条河，河岸的同一侧住着一个小孩和他的外婆。小孩每天上学前要到河边提一桶水送给外婆。他想，到河边哪一点去取水，所走的路程最短？"

米切尔说："这个问题和'古堡朝圣问题'非常类似，不同的是，一个是圆形的水池，一个是直的河流。这个问题的结论又是什么？"

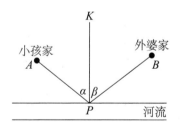

罗克指着图说："如果能在河岸上找到一点 P，作 PK 垂直河岸，使得 $\angle APK = \angle BPK$，即 $\angle \alpha = \angle \beta$，$P$ 点就是要找的点。"

"嗯？结论和'古堡朝圣问题'的结论也相同！怪事！"米切尔越琢磨越有趣。

"我就来证明 $AP + PB$ 是符合条件的最短路程。"罗克说，"我在河岸上，除 P 点外再随便选一点 P'，只要能证明 $AP'+P'B>AP+PB$，就说明 $AP+PB$ 是最短距离。

"连接 AP'、BP'。作河岸 DE 的垂线 AA' 交 DE 于 M，取 $A'M=AM$，连接 $A'P'$。

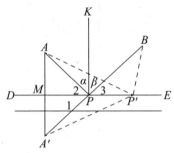

"在 $\triangle A'BP'$ 中，由于两边之和大于第三边，可知，$A'P'+P'B>A'B$。

"由 AA' 的作法，可知 $\triangle APA'$ 为等腰三角形，$AP=A'P$。同理，$A'P'=AP'$。而 $A'B=A'P+PB=AP+PB$，所以有 $AP'+P'B>AP+PB$，而且 $\angle\alpha=\angle\beta$。

"用类似证明方法，也可以在'古堡朝圣问题'中证明 $AP+PB$ 距离最短。"

"我基本上明白了。可是，小个子未必知道这件事，他会选择这条最短路径吗？"米切尔还是有点担心。

"你放心吧！"罗克安慰说，"小个子的数学相当不错，他不会不知道这个道理的。"

"既然这样，我倒有个捉拿小个子的好办法。"米切尔趴在罗克耳朵边嘀咕了好一阵子，罗克高兴地连连点头。两个人简单收拾了一下，悄悄向天池走去。

天还是那么黑，天池的周围非常安静。过了一会儿，从野猪洞里探出一个小脑袋，向左右望了望。见四周无人，他手提一把水壶快步跑到天池边弯腰打水。没错，他就是小个子。

李毓佩
数学科普文集

当小个子刚把水壶放进水里，突然，从水中蹿出一个人来。此人喊了声："你下来吧！"就把小个子拉下了水。小个子不会游泳，急得大喊："救命！"水中的人把小个子灌了个半死拖上岸来。罗克在岸边拉出小个子，把他捆了起来。水中的人爬上了岸，此人正是米切尔。

原来米切尔知道了小个子打水的大概地点，就事先藏在水里，等小个子弯腰打水时，把他拉下了水。

活捉了小个子，罗克和米切尔都十分高兴。

黑铁塔交出一张纸条

罗克和米切尔把小个子带到首领住的大屋子，乌西亲自审问小个子杰克。小个子比黑铁塔还顽固，不管你怎样问，他只是"嘿嘿"地冷笑。

怎么办？小个子和黑铁塔谁也不张嘴。乌西命令士兵把小个子押下去，然后和白发老人、米切尔、罗克商量，怎么才能把小个子隐藏起来的珍宝找到。

罗克首先发言，他说："相比之下，黑铁塔要比小个子好对付。我们要抓住黑铁塔这个薄弱环节作为突破口，进行攻心战。"

"罗克说得很对。"白发老人说，"黑铁塔虽说身高力大，可是心眼不多，一切全听小个子的摆布。如果他知道小个子也被捉住，顽固劲儿先少了一半。"

米切尔接着说："小个子把珍宝藏在哪儿，黑铁塔不会一点儿也不知道，咱们就从黑铁塔下手，诈他一下！"

乌西高兴地点了点头说："好！咱们就这么办！你们同意不同意？"罗克等三个人都点头表示同意。

乌西下令提审黑铁塔。刚开始，黑铁塔还是咬定牙根，什么也不说。

乌西一拍桌子，喝道："黑铁塔，你顽固到底只能罪上加罪，小个子杰克把一切都说了，你还等什么？"

"什么？小个子被你们捉到了？"黑铁塔故意把脑袋一歪说，"你们是白日做梦！那个猴精，你们别想抓住他。"

乌西冲外面喊了一声："把小个子杰克带上来！"

两个士兵推推搡搡把小个子杰克推了进来。黑铁塔一看小个子真的被捉住了，就傻眼了，气也不那么壮了，脑袋也耷拉下来了。乌西又命令将小个子押走。

乌西用力一拍桌子，"啪"的一声，吓得黑铁塔一哆嗦。乌西说："黑铁塔！你是想争取宽大处理呢，还是想走死路一条？"

黑铁塔"扑通"一声，跪倒在地。他一个劲儿地向乌西磕头，嘴里不停地说："首领，饶命！我全说出来。小个子把珍宝藏在哪儿，我真的不知道。他只给了我一张纸条，叫我好好收藏。小个子说，如果他发生了意外，让我把这张纸条交给来取珍宝的人。"说着黑铁塔从内衣的口袋里取出一个塑料袋，从塑料袋里掏出一张纸条，递给了乌西。纸条上写着：

> 我把珍宝藏在百洞山 40 号开外的某号洞里。珍宝中金项链不止一条，金头饰也不止一个。如果把藏宝的山洞号、金项链和金头饰条数之和、全部珍宝数相乘，乘积为 32118。

乌西问："你真的不知道藏宝的山洞号？"

黑铁塔哀求说："我真的不知道。小个子对我也并不放心，他知道我算不出山洞的号，所以才给我纸条，叫我转交接宝人。"

乌西把纸条递给了罗克，说："看来，还要请你帮忙喽！请你算出藏珍宝的山洞号数，共有多少珍宝？"

罗克笑了笑说："也亏得小个子想得出这样的题。"

米切尔对罗克说："你一边解一边讲，让我也学点数学。"

"可以。"罗克边写边说，"可以设金项链和金头饰条数之和为 x，山洞号为 y，珍宝总数为 z。由于金项链不止一条、金头饰也不止一个，所以 $x \geqslant 4$；

"纸条上说山洞号 40 开外，而百洞山最大号数是 79，因此

$$40 < y \leqslant 79;$$

"这样可以得出一个条件方程：

$$\begin{cases} xyz = 32118, \\ x \geqslant 4, \\ 40 < y \leqslant 79。 \end{cases}$$

第一步，列方程做完了。"

米切尔摇摇头说："有等式又有不等式，这样的问题我过去从未见到过。"

罗克说："解这类问题可以先把 32118 分解成质因数的连乘积，然后再根据不等式所给的条件逐一分析，最后确定出答案。32118 有 2、3、53、101 四个质因数，即：

$$32118 = 2 \times 3 \times 53 \times 101。$$

在乘积不变的前提下，4 个质因数可以搭配成 6 种形式：

$$2 \times 3 \times 5353, \quad 2 \times 159 \times 101,$$
$$2 \times 53 \times 303, \quad 3 \times 53 \times 202,$$
$$3 \times 101 \times 106, \quad 6 \times 53 \times 101。$$

由于 x、y、z 都不能小于 4，所以前 5 组分解都不符合要求，唯一可能的是第 6 组。因此，金项链和金头饰一共有 6 件，珍宝藏在 53 号山洞中，珍宝总数为 101 件。"

乌西双手一拍，高兴地说："太好啦！通过算这道题，一切全知道了。"

乌西立刻命令士兵去百洞山的第 53 号山洞去取，士兵跑进 53 号洞，发现地上挖了一个大坑，小个子埋藏的珍宝已经被人取走。

乌西听到这个消息，又两眼发直了。

珍宝不翼而飞

这批珍宝让谁取走了呢？乌西想起了黑铁塔曾招认有一个身份不明的取宝人。看来，珍宝已被取宝人取走了。

米切尔提议，再一次提审黑铁塔，让他详细谈谈有关取宝人的情况。乌西点点头，立即提审黑铁塔。

黑铁塔见事已至此，也就一切照实说了。他说："小个子对我说，当有一个人左手拿着一枝杏黄色的月季花，问我'麦克罗好吗'，我就把纸条交给他。"

当乌西进一步追问这个人是男是女，长得什么样？是不是神圣部族的人等问题时，黑铁塔一个劲儿地摇脑袋，表示不知道。看来，关于取宝人的具体情况，小个子什么也没告诉他。

米切尔又建议提审小个子杰克。罗克摇头说："提审小个子不会有什么结果的，小个子态度十分顽固。"

怎么办？几个人眉头紧皱，想不出什么好办法。

忽然，罗克提了一个问题，说："大家分析一下，这个取宝人可能是神圣部族的人呢，还是外来人？"

大家经过多方面分析，认为是外来人的可能性大。

罗克说："既然取宝人是外来人，这个人究竟是谁，恐怕连小个子本人也不知道。"大家觉得罗克说得有理。

罗克接着说："既然是外来人，我也是外来人，我来装扮取宝人，直接和小个子联系，你们看怎么样？"

乌西笑着说："小数学家，你怎么聪明一世，糊涂一时呢？珍宝已经被人取走了，你还去取什么？"

"不，不，你们上了小个子的当了。"罗克分析说，"我们一直在追踪着小个子，他根本没时间和取宝人取得联系，而且我们也没有发现小个子和别人接触。因此，我认为小个子在53号山洞成心挖了一个坑，给人以珍宝被取走的假象，而珍宝埋藏的真正地点，我们可能还是不知道。"

罗克的一番话说得大家一个劲儿地点头。但是，对于罗克要假扮取宝人与小个子取得联系，白发老人表示反对。

白发老人说："小个子心狠手辣，如果让他识破了你是假扮取宝人，你的处境就十分危险啦！"

罗克笑了笑说："中国有句成语：'不入虎穴，焉得虎子。'近一段来岛旅游的外国人一个也没有，我是从空中掉下来的唯一外国人。请相信我能够成功的。"

对罗克提出的方案，乌西拿不定主意，米切尔也表示担心，白发老人根本就不同意。但是，罗克决心已定，坚持要试验下。罗克又把他设想的如何与小个子接头详细说了一遍。

最后乌西同意了罗克的方案，并布置如何保护罗克的安全。这样从小个子手中夺回珍宝的计划开始了。

小个子杰克躺在牢房的一张藤床上，所谓牢房无非是一间结实的小木屋。月光透过窗户照在他瘦小的脸上。他毫无倦意，一对老鼠眼贼溜溜地乱转，他在琢磨自己怎么会被他们捉住？下一步又该怎么办？

窗外有规律的脚步声，是看守的士兵在来回走动。小个子杰克翻了一个身，也想不出如何能逃出去。突然，他听到沉重的"咕咚"一声，像是什么东西倒在了地上。小个子赶紧坐了起来，走到窗前往外一看，外面静悄悄的，只是看守他的士兵不见了。正当小个子感到莫名其妙的时候，"咔嗒"一声，门锁打开了。一个蒙面人闪了进来，他用纯正的英语对小个子说："快跟我走！"此时小个子也来不及考虑这个人到底是谁，跟着他溜出了小木屋，直奔百洞山跑去。

一阵低头猛跑，累得小个子一个劲儿地喘气。到了一棵树下，蒙面人停住了脚步，小个子靠在大树上边喘气边说："你怎么跑得这么快？我真跟不上你。"

蒙面人说："不跑快点，叫他们发现可就坏了。"

小个子说："我听你的声音怎么有点耳熟，你摘下面罩，我看看你是谁。"

蒙面人一伸手，"唰"的一声把面罩摘了下来。小个子定睛一看，惊得魂飞天外，这不是自己的死对头罗克吗？

小个子后退一步，两眼直盯着罗克问："你来救我？你想耍什么花招？"

罗克也不搭话，从口袋里取出一个塑料袋，从袋里抽出一枝杏黄色的月季花。罗克左手拿花，一本正经地问道："麦克罗好吗？"罗克这一举动，大出小个子意料之外，小个子结结巴巴地说："这……到底是怎么回事？"

罗克说："你先不要问怎么回事，你快回答我的问话！"

"这……"小个子一时语塞。他眼珠一转说，"噢，你问麦克罗呀！他早就不在人世了，不过他留下的东西还原封不动地保留着哪！"

罗克说："我就是来取东西的，快把东西交给我！"

"交给你？"小个子"嘿嘿"一阵冷笑说，"你别想来骗我！我藏的珍宝你们找不到，想出个骗我的高招，你也不睁眼看看，我小个子杰克是那么好骗的吗？"

对暗号

小个子根本就不相信罗克会是 L 珠宝公司派来的接宝人。

罗克向小个子分析了以下几点：

第一，我是近期来岛唯一的外国人，我来后就积极参与挖掘珍宝的工作。中国有句俗话叫作"不打不成交"，通过和你的斗争，才确认你是真正的交宝人。

第二，我的出现不能引起神圣部族的怀疑，所以 L 珠宝公司制造了飞机遇难事件，使我从天而降。

第三，L 珠宝公司深知你精通数学，和你联系的方法也是解算数学问题，所以，才派了我这个"小数学家"来和你联系。

以上三点，你还有什么怀疑的？

通过罗克的分析，再回想罗克来岛后的表现，小个子点了点头，觉得罗克分析得有道理。

小个子按照和 L 珠宝公司事先达成的协议，开始考罗克了。

小个子说："前面小岛上我们设了一个关卡，用来检查驶进驶出本岛的船只。关卡修成正方形的，每边都站有 7 名士兵。有一天，关卡来了 8 名新兵，非要上关卡与老兵共同站岗。可是，我们神圣部族规定，关卡每边只能有 7 名士兵站岗，你说这事怎么办？"

罗克立刻说："这事好办极了。按原来的站法是每个角上站 3 名士兵，每边中间站 1 名士兵；加上 8 个士兵后，让每个角上站 1 名士兵，每边中间站 5 名士兵就成了。"说完罗克画了两个图。

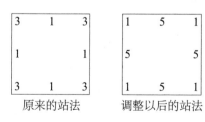

原来的站法　　调整以后的站法

小个子数了数说："嗯，每边都是 7 名士兵。原来关卡上有 16 名士兵，后来有 24 名士兵，正好多出 8

名士兵，一点儿也不错。"

小个子好奇地问："你怎么算得这么快？"

罗克笑了笑说："你提这个问题太简单了。我来给你讲一个中国的方城站岗问题，可比你提的问题难多啦！"

也不看看现在是什么时候，罗克却蛮有兴致地讲起了故事。说来也怪，小个子一听说讲故事，也乖乖地站在那儿听。

罗克说："我们中国有一句成语叫作'一枕黄粱'。讲的是一个穷书生卢生，在一家小店借了道士的一个枕头。当店家煮黄粱米时，他枕着枕头睡着了。梦中，他做了大官，可是一觉醒来，自己还是一贫如洗，锅里的黄粱米还没煮熟呢。"

小个子点了点头说："'一枕黄粱'这句成语我看到过，这与我出的题目有什么关系？"

"你别着急呀！"罗克慢条斯理地说，"传说，这个做黄粱梦的卢生后来真的做了大官。一次番邦入侵，皇帝派他去镇守边关。卢生接连吃败仗，最后退守一座小城。敌人把小城围了个水泄不通。卢生清点了一下自己的部下，仅剩 55 人，这可怎么办？卢生左思右想，琢磨出一个退兵之计。他召来 55 名士兵，面授机宜。晚上，小城的城楼上突然灯火通明，士兵举着灯笼、火把在城上来来往往。番邦探子赶忙报告主帅，敌帅亲临城下观看，发现东、西、南、北四面城上都站有士兵。虽然各箭楼上士兵人数各不相同，但是每个方向上士兵总数都是 18 人。排法是这样。"罗克画了一个图：

```
┌─────────────────┐
│ 1    4    7    6 │
│                 │
│ 9            10  │
│                 │
│ 8    5    3    2 │
└─────────────────┘
```

小个子数了一遍说："好，每边 18 人，总数 55 人。"

罗克接着说:"敌帅正弄不清卢生摆的什么阵式,忽然守城的士兵又换了阵式。并没有看见城上增加新的士兵,可是每个方向的士兵却变成了19人。"罗克又画了一个图。

小个子又数了一遍说:"总数仍为55人,每边果真变成了19人。"

罗克讲得来了劲,连比带画说:"敌帅想,这是怎么回事?他百思不得其解。正当敌帅惊诧之际,城上每边的人数从19人又变成20人,从20人又变成22人。"罗克这次画了两幅图。

小个子眼珠一转说:"城上的士兵不停地改变着阵式,每个方向上士兵数忽多忽少,变幻莫测,一夜之间竟摆出了10种阵式,把敌帅看傻了!他弄不清这究竟是怎么回事,认为卢生会施法术,没等天亮急令退兵。"

"高,高!"小个子竖起大拇指说,"中国真有聪明人!"

小个子眼珠一转说:"按照我和L珠宝公司达成的协议,对暗号要做出三道题才行。"

罗克点了一下头,说:"好,你快出第二道题吧!"

小个子眼珠转了两圈,阴笑着说:"这道题可难哪,你可要好好听着:现在有9个人,每个人都有一支红蓝双色圆珠笔。请每个人用双色圆珠笔写A、B、C三个字母,字母用哪种颜色的笔去写不管,但是每个字母必须用同一种颜色写。你要给我证明至少有两个人写出的字母颜色完全相同。"

"噢，你出了一道证明题。这可要难多了！"罗克笑着眨了眨眼睛说，"不过，这也难不倒我。我用数字 0 代表红色字，用数字 1 代表蓝色字，那么用红蓝两种颜色写 A、B、C 三个字母，只有如下 8 种可能。"罗克写出：

0、0、0，即红、红、红；

1、0、0，即蓝、红、红；

0、1、0，即红、蓝、红；

0、0、1，即红、红、蓝；

1、1、0，即蓝、蓝、红；

1、0、1，即蓝、红、蓝；

0、1、1，即红、蓝、蓝；

1、1、1，即蓝、蓝、蓝。

小个子仔细看了一遍说："没错，只有这 8 种可能。"

罗克说："现在有 9 个人写 A、B、C。那么，第 9 个人写出 A、B、C 颜色的顺序，必然和前 8 种中的某一种是相同的，因此也就证明了至少有两个人写出字母的颜色完全相同。对不对？"

"对，对。"小个子一个劲儿地点头。

罗克催促说："快把第三道题说出来，我赶紧给你解出来，以免耽误时间。"

小个子摆摆手说："算啦，算啦！我说出来第三道题也难不住你。你快交给我 200 万英镑的酬金，我把珍宝立即交给你。"

罗克想了想说："好吧，你跟我走！"

一手交钱，一手交货

小个子跟着罗克直向海边跑去，跑到一半，罗克突然停了下来。

小个子问："怎么不走啦？"

罗克说："咱们要一手交钱一手交货。钱在小船上，货呢？"

"我不会骗你的！"小个子着急地说，"你让我看看确实有200万英镑，我立即领你去拿珍宝。"

罗克犹豫了一下说："好吧，我先让你看看这200万英镑。跟我来！"

罗克一哈腰直奔海边跑去，他俩躲在一块岩石后面。罗克掏出手电，向海面发出信号，没过多久，海面上也亮起手电光。不一会儿，海面上出现了一条小木船，有一个人划着桨向海边驶来。

木船一靠岸，从船上跳下一个蒙面人，此人右手拿着手枪，左手拿着手电筒。蒙面人小声问道："我从来都是说谎的。请回答，我这句话是真话还是谎话？"

罗克用手捅了一下小个子问："应该怎样回答？"

小个子摇摇头说："不知道。"

罗克把双手做成喇叭状向对方回答说："你说的肯定是谎话！"

对方又问："为什么是谎话？"

罗克回答："如果你永远说真话，那么你说'我从来都是说谎的'是句真话，而永远说谎话的人怎么能说出真话呢？显然这种情况不会出现。我可以肯定你必然是有时说真话，有时说谎话，因此'我从来都是说谎话'必然是句谎话。"

对方回答说："分析得完全正确，请过来看货。"

罗克对小个子说："你等一下。"然后和蒙面人跳上了小船，从船上抬下一个大箱子，把箱子打开露出一道缝，小个子用手电往里一照，箱子里一捆一捆，全是英镑。小个子眼睛乐得眯成了一道缝，刚要伸手去拿，蒙面人一下子把箱子盖上了。

罗克说："200万英镑你已经看见了，快领我去取珍宝吧！"

"好吧，跟我走！"小个子亲眼见到了钱，也就痛快地答应去取珍宝。

小个子朝着百洞山方向跑去，跑到79号洞，小个子停住了，回头对罗克说："你在这儿先等一会儿，我进去取珍宝。"

罗克摇摇头说："不成！你已经亲眼看到钱了，我要亲眼看到你取货。"

小个子略微想了一下说："好吧！不过你要跟住我。"

小个子进了79号洞，也不用手电照路，在伸手不见五指的洞里左边拐、右边拐。罗克打着手电在后面根本就跟不上，没一会儿，小个子就不见了。不管罗克怎么喊，小个子也没有回音。罗克心想，坏了，上了小个子当啦！

罗克赶紧顺原路返回，跑到海边一看，米切尔被捆在一棵椰子树上，树旁扔着米切尔刚才戴着的面具套。罗克再往海上看，只见小个子正划着那条小船向深海驶去。

小个子冲着罗克哈哈大笑，说："小罗克呀小罗克，你想在我的面前耍花招，你这是'班门弄斧'啊！你小子知道吗？79号洞有好多个洞口，我一拐弯儿，你就找不到我了，我拿了珍宝，早从另一个洞口出来了。现在我200万英镑到手了，珍宝也没叫你们弄走，这叫'一举两得'。哈哈……"小个子越说越得意。

罗克给米切尔解开绳子，笑着说："成，你扮演的角色很成功！"

米切尔用力拍了罗克肩膀一下说："你演得也不错嘛！"两人相视哈哈大笑。

小个子用力划着船向深海疾驶。突然，一声呼哨，十几条快船从海中一块大礁石后面闪现出来，呈半圆状向小个子的小船包围过去，快船就像在水面上飞行一样，刹那间就把小船围在中央。

首领乌西站在一条快船的船头，手指小个子大喝道："杰克，还不赶快投降！"

小个子仰天长叹一声说："唉！最后还是我上当啦！"说完抱起装珍宝的箱子，就要往水中跳，两名士兵立刻把小个子按倒在船上，用绳子把双手捆住。

乌西带领船队靠了岸，抬下珍宝箱和装钱的箱子。乌西命令打开装珍宝的箱子，经清点，101件珍宝一件不少。乌西又命令士兵打开装钱的箱子，他信手拿出一捆英镑，抽去第一张真英镑，里面全都是废纸剪成的假英镑。小个子看罢，又连呼上当！

乌西问："杰克，你是否承认彻底失败了？"

"哼！"杰克鼻子里哼了一声说，"你们不要高兴得过早，珍宝究竟归谁，还要拭目以待！"

海外部经理罗伯特

也不知怎么回事，这两天许多外国旅游者接连来到岛上。他们被岛上美丽的风光所吸引，在岛上到处跑。罗克得知其中有一艘豪华旅游船将开往美国，非常高兴，想搭乘这艘船去美国参赛。乌西亲自和船长联系，船长同意了，乌西给罗克买了船票，船明天早晨出发。

为了感谢罗克在寻找珍宝中做出的巨大贡献，乌西给罗克举行了盛大的宴会。神圣部族所有头面人物都出席了宴会，美酒佳肴，欢歌笑语，好不热闹。神圣部族的成员本来酒量就大，再加上百年珍宝出土，宴会上大家大碗大碗地喝酒。没等宴会散去，一个个已酩酊大醉，东倒西歪，语言不清了。

罗克是滴酒不沾的。他吃了一点菜就悄悄离开了宴会厅，准备回到住所整理一下行装。海岛的夜色特别美，一轮圆月高挂天空，月光给远处的沙滩涂上了一层白银，海浪声和风吹椰树的"沙沙"声汇成了一首十分悦耳的乐曲，罗克陶醉了。

突然，一个口袋把罗克的脑袋套住了，然后被人背在身上。尽管罗克拼命挣扎，无奈脑袋被口袋罩住叫不出声来，被人家背走啦！

走了大约有 10 分钟，罗克被放到了地上。摘下口袋，罗克用手揉了揉眼睛定睛一看，这不是望海石吗？一块酷似人头像的黑色大石头，面向着海洋。他再向左右一看，两边各站着一个膀大腰圆的年轻人，还有一个是年龄有 50 岁左右的中年男子，正全神贯注地看着他。这个中年人衣着十分考究，留着八字胡，系着一根黑白条纹领带，嘴里叼着一支烟斗。显然，这三个陌生人都是来岛的外国旅游者。

中年人嘴边挂着得意的微笑，围着罗克慢慢地踱着步子，边说："我们 E 国 L 珠宝公司，盯着神圣部族的老首领麦克罗埋藏的珍宝，已有一个世纪了。前些日子小个子杰克给我们发来了情报，说一名叫罗克的中国学生，帮助他们找到了这批珍宝。杰克又给我们发来情报说，他已经把珍宝弄到了手，让我们赶紧派人来接这批珍宝。可是，紧接着杰克第三次送来情报，询问你这个罗克，是不是 L 珠宝公司派来取珍宝的人？说你已经答对了规定暗号的前两道题。我一想，不好，出事啦！我这次只好亲自出马喽。"

罗克问："你是谁？"

旁边的一个青年说："这是我们 L 珠宝公司海外部经理罗伯特先生。"

罗伯特点了点头说："是的。E 国本土以外的珍宝和古董的买卖、特工人员的派遣，全部由我负责。我从来没有派遣你罗克来取珍宝呀！"

罗克把头一扭，"哼"了一声。

罗伯特笑了笑说："幸好，杰克留了个心眼，没有把三道题目都对你讲，只讲了两道。其实，把第三道题告诉你，你也答不出来。"

罗克摇了摇脑袋说："我不信！"

"不信你就听着，"罗伯特说，"威力无比的太阳神阿波罗，要经常巡视他管辖的三个星球。他巡视的路线是：从他的宫殿出发，到达第一个星球视察后，回到自己的宫殿休息一下；再去第二个星球视察后，又回到自己的宫殿休息；最后去第三个星球视察后，再回到宫殿。一天，阿波罗心血来潮，想把自己的宫殿搬到一个合适的位置，使自己巡视三个星球时，所走的路程最短。你说，阿波罗选择什么地方建宫殿最合适？"

罗克把眼一瞪说："你没有告诉我这三个星球的位置，我怎么解呀？"

"随便找三个点就行。"罗伯特随手在地上画了三个点。

罗克稍微想了一下说："我把这三个星球分别叫作 A、B、C 点，连接这三点构成一个三角形。这样一来，问题转化为一个数学问题了：求一点 O，使得 $OA+OB+OC$ 最小。"

罗伯特点了点头说："不愧人家称你为小数学家，果然名不虚传。"

罗克连说带画，他说："以 $\triangle ABC$ 的三边为边，依次向外作三个等边三角形：$\triangle ABC'$，$\triangle BCA'$，$\triangle ACB'$。连接 CC' 和 BB'，两条线交于点 O，则点 O 就是阿波罗建宫殿的位置。"

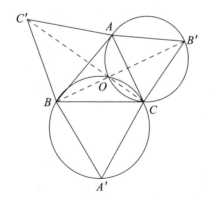

罗伯特吸了一口烟，又缓缓吐了出来。他不慌不忙地问："什么道理？"

"道理嘛，可就要难一点。"罗克眨巴着大眼睛问，"你不怕证明过程比较长吗？"

罗伯特笑了笑说："不怕，难题证起来自然要点力气喽！"

"不怕就好。"罗克说，"这个问题要分两部分证明。你看这个图，我连接 OA、OA'，先来证明 A、O、A' 三点共线。"

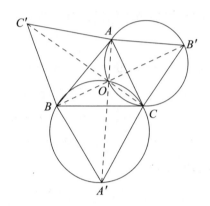

罗克向旁边的青年要了一张纸、一支笔，开始写第一部分证明：

由于你画的三角形每个角都小于 $120°$，所以 O 点必在 $\triangle ABC$ 的内部。在 $\triangle ABB'$ 和 $\triangle AC'C$ 中，

∵ $AB'=AC$，$AB=AC'$（等边三角形两边相等），

又∵ $\angle BAB'=\angle BAC+\angle CAB'$

$\qquad\qquad =\angle BAC+\angle C'AB=\angle C'AC$，

∴ $\triangle ABB'\cong\triangle AC'C$（边角边）。

由于全等三角形的对应高相等，所以 A 点到 OB'、OC' 的距离相等，A 点必在 $\angle B'OC'$ 的角平分线上。

∵ $\angle AB'B=\angle ACC'$（全等三角形中对应角相等），

∴ B'、C 点必在以 AO 为弦的圆弧上，也就是 A、O、C、B' 四点共圆。

∵ $\angle COB'=\angle CAB'=60°$（圆弧上的圆周角相等），

∴ $\angle BOC=180°-60°=120°$。

李毓佩
数学科普文集

而 $\angle BA'C = 60°$,

因此 A'、B、O、C 一定共圆。

$\because A'B = A'C$,

$\therefore \overparen{A'B} = \overparen{A'C}$ （同圆中等弦对等弧），

　$\angle A'OB = \angle A'OC$ （同圆中等弧上的圆周角相等），

$\therefore OA'$ 为 $\angle BOC$ 的角平分线。

又 $\because \angle BOC$ 与 $\angle B'OC'$ 为对顶角，

$\therefore A$、O、A' 三点共线。也就是说 AA'、BB'、CC' 三线共点。

罗克抬起头来问罗伯特："你看懂了吗？"

"哈哈，"罗伯特大笑了两声说，"我是大学数学系毕业，能连这么个简单的证明都看不懂？笑话！"

"嗯？"罗克好奇地问，"你是学数学的，怎么干起偷盗人家国宝的缺德事？"

罗伯特磕掉烟斗里的烟灰说："不干缺德事挣不了大钱呀！数学再美好，也变不成金钱呀！"

"哼，学数学的也出了你这么个败类！"罗克狠狠瞪了罗伯特一眼。

罗伯特摆摆手说："废话少说，你快把第二部分给我证出来！"

罗克连话也没说，就低头写了起来：

$\because$ 前面已证明 O、C、B'、A 四点共圆，

又 $\angle AB'C = 60°$,

$\therefore \angle AOC = 120°$。

同理可证 $\angle BOC = \angle BOA = 120°$。

如图，过 A、B、C 分别作 OA、OB、OC 的垂线，两两相交构成新的 $\triangle DEF$。

$\because \angle AOB = \angle BOC = \angle AOC = 120°$,

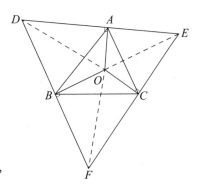

$\therefore \angle D = \angle E = \angle F = 60°$，

即$\triangle DEF$为等边三角形。

设等边$\triangle DEF$的边长为a，高为h，

$\therefore S_{\triangle DEF} = \frac{1}{2}ah$，

又$\because S_{\triangle DEF} = S_{\triangle DOE} + S_{\triangle FOD} + S_{\triangle EOF}$

$$= \frac{1}{2}a(OA + OB + OC)，$$

$\therefore OA + OB + OC = h。$ ①

任取异于O的点O'，由于O'点的位置不同，可分O'点在$\triangle DEF$的内部、边上、外部三种情况进行讨论。

我们先讨论O'在$\triangle DEF$的内部。

可由O'点向$\triangle DEF$三边分别引垂线h_1、h_2、h_3，再连接$O'A$、$O'B$、$O'C$。

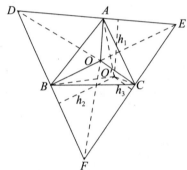

$\because$ 斜线大于垂线，

$\therefore O'A \geqslant h_1$，$O'B \geqslant h_2$，$O'C \geqslant h_3。$ ②

$\because S_{\triangle DEF} = S_{\triangle DO'E} + S_{\triangle DO'F} + S_{\triangle EO'F}$，

而 $S_{\triangle DEF} = \frac{1}{2}ah$，

又$\because S_{\triangle DO'E} + S_{\triangle DO'F} + S_{\triangle EO'F} = \frac{1}{2}a(h_1 + h_2 + h_3)$，

$\therefore \frac{1}{2}ah = \frac{1}{2}a(h_1 + h_2 + h_3)$，

$$h = h_1 + h_2 + h_3。$$ ③

酷酷猴历险记   李毓佩
数学科普文集

由①、②、③式可得

$O'A + O'B + O'C \geq h_1 + h_2 + h_3 = h = OA + OB + OC$，这就证明了 O 点到 A、B、C 三点距离之和最短。

类似的方法可证明 O' 在 $\triangle DEF$ 上及 $\triangle DEF$ 外的情况。

罗克把证明结果往罗伯特面前一推说："第二部分证完了，你自己去看吧！"

罗伯特把证明仔细看了两遍，点了点头说："不愧是数学天才，这么难的历史名题被你轻易证出来了。"

罗克说："题目我也给你做出来了，是不是该放我走了。我明天要乘船去华盛顿，今天要收拾一下行装。"

"去华盛顿，那太容易了。港口停泊的那艘豪华游船就是我们 L 珠宝公司的，可以随时为你服务。不过……"罗伯特讲到这儿突然又把话停住了。

"不过什么，你有什么话痛痛快快地说出来，不用装腔作势！"罗克一点儿也不客气。

"好！既然你喜欢痛快，那我就直说了吧！"罗伯特猛地吸了口烟，说，"我们 L 珠宝公司盯住神圣部族的这份珍宝已有很长时间了，今日一旦被发掘出来，怎么会轻易放手呢？我们想请你帮帮忙，把这批珍宝给我们弄到手！"

罗克摇摇头说："我怎么能帮这个忙？对不起，我帮不了你们的忙。"

罗伯特摆摆手说："不要把话说绝了！你如能帮我们把珍宝弄到手，原来答应给小个子杰克的 200 万英镑给你。你知道 200 万英镑有多少？它可以买一座城市！"

罗克笑了笑说："200 万英镑买一座城市？哪有那么便宜的城市？你不用骗我，我也不要那 200 万英镑。"

罗伯特把双眉一皱说："如果你执意不肯，那就别怪我不客气啦！

伙计，给他点颜色看看！"两名打手拿出一根绳子，上来就把罗克双手捆在一起，准备把他吊在树上。

将计就计

罗伯特让打手把罗克双手捆在一起，要把他吊在大树上。

罗克一想，这可使不得！把我的手吊坏了，我怎么去参加数学竞赛呀！看来和这帮强盗硬碰硬不行，要实行缓兵之计。

罗克高声喊道："等一下，等一下！咱们有话好商量嘛！"

罗伯特见罗克态度有转变非常高兴，忙对两名打手说："快把绳子给他松开！"

罗克揉了揉手腕问："我怎样帮你们弄到珍宝？"

"很简单。"罗伯特走近罗克，小声对他说，"你现在马上返回宴会厅，趁着他们酒醉未醒，提出要最后看一看这批珍宝。你在寻找珍宝中有头功，他们不会不让你看的。只要他们把珍宝摆出来，我带着事先埋伏好的弟兄冲进去，一举夺得珍宝。"

罗克点点头说："是个好主意。我的赏金 200 万英镑还给不给？"

"给，给，一定给！说话一定算数！"罗伯特显得十分激动。

罗克眼珠一转，问："你带的弟兄人数够吗？你别忘了，这是在神圣部族的土地上。神圣部族的成员个个骁勇善战，弄不好连我带你们全部完蛋！"

"不会的。我这次来岛的目的就是夺取这批珍宝，怎么会不多带几个弟兄呢？你尽管放心好啦！"罗伯特有意回避这个问题。

"你不告诉我人数可不成。"罗克十分认真地说，"我不能拿自己的生命开玩笑。如果就来了你们三个人，我这样干就等于送死呀！"

"看来，你是非知道人数不可呀！好吧，我来告诉你。"罗伯特讲得很慢，一字一句地说，"我一共带来了 x 个人，$\frac{x}{2}$ 个人用来包围宴会厅，$4\sqrt{x}$ 个人用来保卫游船，6 个人用来解决哨兵，3 个人进行抢夺珍宝，1 个人活捉首领乌西。用乌西做人质，送我们安全撤回到游船上。怎么样？把底都交给你了，请你按计划行事吧！"

罗克点了点头就朝宴会厅走去，他边走边心算：

先列出个方程：

$$\frac{x}{2}+4\sqrt{x}+6+3+1=x。$$

这是个无理方程。可设 $\sqrt{x}=y$，$x=y^2$，原方程可以化为：

$$\frac{1}{2}y^2+4y+10=y^2。$$

整理得　　　　　　　 $y^2-8y-20=0$，

解得　　　　　　　　 $y_1=10$，$y_2=-2$，

所以　　　　　　　　 $x=100$。

罗克心算出答案，心中不免一惊，罗伯特带来 100 名武装强盗，人数可真不少啊！罗克边走边琢磨，怎样才能把情报通知给神圣部族的成员呢？

罗克很快走到了宴会厅，他在门口犹豫了一下，然后快步走了进去。乌西一见罗克进来，十分高兴，端起一杯酒，晃晃悠悠地走了过来，对罗克说："怎么回事？今天是给你开欢送会，你怎么跑出去了？要罚你喝三大杯酒！"罗克知道这位首领喝得差不多了，跟他说什么也没用。

米切尔也走了过来，虽说他也喝得满脸通红，但神志还清醒。罗克想，我应该把情报尽快告诉米切尔。

参加今天宴会的还有一些旅游者的代表，罗伯特就是代表中的一个，他先于罗克进入了宴会厅。罗克数了一下，此时宴会厅里有四名旅游者代表。不用说，其中三个人专等抢夺珍宝，一个人准备捉拿首领乌西。直接用英语对米切尔说明情况是不可能了，他在这四个人的监视之下，必须按罗伯特事先教他的话来说。

米切尔拍着罗克的肩膀问："你到哪儿去了？走了这么半天。"

罗克笑了笑说："今天晚上月色特别好，我到外面散散步。我听到了猫头鹰和山猫的叫声，声音很吓人！"说完罗克就学猫头鹰和山猫的叫声，这叫声立刻引起在场人的注意。

乌西挑着大拇指说："罗克，你真行！学得非常像。"

罗伯特走近罗克，笑着说："大数学家好兴致呀！学起猫头鹰和山猫的叫声。你可别忘了，猫头鹰主要任务是捉老鼠，它不捉老鼠也只有死路一条。"罗伯特说完，用装在上衣口袋里的手枪，捅了罗克的后腰一下。

尽管罗伯特这一动作十分隐蔽，但是被眼尖的米切尔看在了眼里。米切尔联想以前和罗克约定好，用猫头鹰和山猫的叫声传递数字。再想到刚刚发掘出珍宝，就来了这么多旅游者，现在并不是旅游季节，这些旅游者来岛上干什么？莫非……一个危险信号在米切尔脑子里闪过，他对罗克说："你学得真好听，你能教教我吗？不过，你要慢一点。"

"好的。"罗克爽快地答应了。罗克开始学叫起来，"鹰——鹰——猫——猫——鹰——猫——猫。"米切尔认真地听着。米切尔又让罗克再学叫一遍。

米切尔哈哈大笑一阵以后，走到一旁掏出笔来进行计算：

鹰代表 1，猫代表 0。罗克通知我的二进制数是 1100100，把它化成十进制数是：

$$1\times2^6+1\times2^5+0\times2^4+0\times2^3+1\times2^2+0\times2^1+0\times2^0$$
$$=2^6+2^5+2^2$$
$$=64+32+4$$
$$=100。$$

"啊，来了 100 名武装匪徒抢夺这批珍宝，这可不得了！要赶快通知首领乌西才行。"可是米切尔扭头一看，乌西今天太高兴，酒喝多了，说话有点不清。米切尔把这里发生的一切，用神圣部族特有的语言告诉了白发老人。白发老人究竟是见多识广，他叮嘱米切尔不要慌张。因为按照神圣部族的规定，只有首领才有权调动军队，别人谁说了也不算数，因此，必须让乌西尽快清醒过来。怎么办？白发老人与米切尔半开玩笑似的把乌西搀到了一旁。白发老人说："这里有上等的美酒，你快来喝呀！"说完从水桶里舀起一瓢凉水，扣在乌西的头上。白发老人的举动引起轰动，在场的人笑得前仰后合，都认为白发老人开了一个大玩笑。

这一瓢凉水也把乌西给浇醒了，白发老人小声把当前危急情况告诉了乌西。乌西听到这个消息吃了一惊，酒劲儿全过去了。

罗克看到时机已到，就走到乌西的面前说："首领，我帮助贵部族找到了祖宗留下的珍宝，可是到目前为止，我还没有认真欣赏这些宝贝。你能不能把这些珍宝拿出来，让大家欣赏欣赏。"

"这个……"乌西抹了一把脸上的水，显得很犹豫。

罗伯特走到罗克的身后，又用口袋里的枪顶了一下罗克，示意他赶紧让乌西把珍宝拿出来。

罗克满脸不高兴地说："我明天就要走了，看一眼珍宝你都舍不得，你也太抠门儿啦！真不够朋友！"

罗伯特也在一旁插话道："让我们这些旅游者也欣赏欣赏，饱饱眼福！"

乌西琢磨了好半天才说："你们想看看也成，不过这批珍宝是我们部族的宝贝，为了防止意外，我必须派兵保护！"

听说派兵保护，罗伯特脸色陡变，眼睛恶狠狠地盯住罗克，意思是问，是不是你透露了风声？

罗克假装没看见，笑着说："你不会派许多士兵来吓唬我们吧？"

"哪里，哪里。"乌西笑着摆了摆手。乌西立即用神圣部族语言命令卫队长把珍宝带来。

没过多一会儿，由八名全副武装的士兵保护，两名侍从把装珍宝的箱子抬了进来。接着，"呼啦啦"拥进一大群看热闹的岛上居民，把宴会厅挤得满满的。

此时，罗伯特脸上的表情是最难以捉摸的。厅内来了士兵，又来了这么多群众，怎样下手抢珍宝呢？不动手抢吧，这恐怕是最后一次机会了，明天一早，游船就要起航，完不成抢夺珍宝的任务，L 珠宝公司的大老板绝不会饶过自己，真是左右为难呀！

罗伯特暗中一咬牙，机不可失，时不再来。此时不下手，更待何时？罗伯特突然从口袋里拔出手枪，朝天"砰砰"开了两枪，这是罗伯特向众匪徒下的行动命令。罗伯特刚想往上冲，去抢夺珍宝，只觉得两只手被铁钳子钳住似的疼痛难忍，手枪也掉在了地上。他左右一看，只见左右各站着一名神圣部族成员，这两个人好似两尊铁塔，自己的两只手臂被这两个人四只粗壮的手紧紧攥住。再看自己的伙伴，也都被看热闹的人制伏，罗伯特大呼："上当了！"

罗伯特被押出了宴会厅，外面站着一排人，个个低着头，后面是拿着武器的神圣部族的士兵，不用问这全是自己的弟兄。罗伯特一数，不多不少正好 99 人，加上自己刚好 100 人。忽然，罗伯特嘴角现出一丝冷笑，大步走到队伍中，低下了头。乌西从宴会厅里走出来，对罗伯特等 100 名外国强盗说："一百年前，你们就来欺负我们。一百年后，你们又来抢夺我们的珍宝，你们也太欺人过甚了！"正说到这儿，"轰"的一声，宴会厅里发生了爆炸，一时浓烟滚滚，火光冲天。乌西大喊一声："啊呀！珍宝全完啦！"

跟踪追击

宴会厅发生爆炸，乌西最关心的是宴会厅里的珍宝有没有受损失。他转身跑进宴会厅，里面的桌椅板凳被炸得东倒西歪，装珍宝的箱子不见了。

"哎哟，这可怎么好哟！把祖宗留下来的宝贝给丢啦！"急得乌西捶胸顿足，不知如何是好。

白发老人在一旁劝说："首领，万万不可着急。爆炸一定是罗伯特这帮外国强盗干的，珍宝也一定是他们偷的，找他们算账就行！"

乌西听白发老人说得有理，跑出宴会厅，一把揪住了罗伯特，厉声问道："是不是你把珍宝偷走啦？"

罗伯特"嘿嘿"一阵冷笑说："我偷走啦？你去仔细找找，看看少了谁？少了谁就是谁偷走了。"

乌西命令士兵寻找一下，看看少了什么人。士兵们经过仔细寻找，发现神圣部族的人一个不少，少了两个旅游者，另外，罗克不见啦！

"罗克不见了！他会上哪儿去呢？"乌西和白发老人都很纳闷，米切尔更是急得不得了。

罗伯特在一旁幸灾乐祸地说："哈哈，是罗克把珍宝偷走了，罗克是我雇用的间谍，你们上他的当啦！

"不可能！"米切尔在一旁十分肯定地说，"罗克不可能是间谍！"

"信不信由你喽！"罗伯特吹了一声口哨，打了一个响指，一副满不在乎的样子。

罗伯特傲慢的态度激怒了乌西，他大喝一声："把这批外国强盗关起来！"士兵把 E 国"游客"押了下去。

罗克哪儿去了？这成了大家议论的中心。有的怀疑罗克把珍宝偷走了，理由是罗克提出要看看珍宝的；有的怀疑罗克被人家劫持了；有的说罗克被爆炸吓坏了，不知躲到哪个山洞里去了。

白发老人摇了摇头，独自走进宴会厅仔细观察爆炸现场，想从中找出点蛛丝马迹。突然，白发老人在墙壁上发现用圆珠笔写的一行算式和一个箭头：

已知 $x^2+x+1=0$，求 $x^{1991}+x^{1990}\Rightarrow$

白发老人悄悄地把米切尔叫过来，和他一起研究这是什么意思。米切尔首先肯定这墙壁上的字是罗克写的。

米切尔说：“先要把这个问题的答案算出来，再进行研究。”

白发老人点点头说：“说得有理。不过，我不会算数学问题，只好由你来算吧！”

“我来试试。”米切尔掏出纸和笔开始演算起来：

$\because x^2+x+1=0$，两边同乘以 $x-1$，

$\therefore (x-1)(x^2+x+1)=0$。

即 $x^3-1=0$，$x^3=1$。

$$x^{1991}+x^{1990}=x^{1989}(x^2+x)$$
$$=x^{1989}(-1)(\because x^2+x=-1)$$
$$=x^{663\times3}(-1)$$
$$=(x^3)^{663}(-1)$$
$$=1\times(-1)$$
$$=-1。$$

米切尔又仔细检查了一遍，没有发现错误。他对白发老人说：“答案是 -1，不知是什么意思？”

白发老人沉思了片刻问：“负数表示什么含义？”

米切尔回答说：“负数是正数的相反数。”

白发老人又问：“如果说向西走了 -10 米，是什么意思？”

　酷酷猴历险记　李毓佩
数学科普文集

米切尔说："那就表明，他是向东走了10米。"

"好啦！"白发老人把双手一拍说，"－1中的负号告诉我们，罗克所走的方向与箭头所指的方向相反。"

"由于－1的绝对值是1，罗克告诉我们偷走珍宝的绝对是1个人。哈哈，谜底终于揭出来啦！"米切尔显得非常高兴。

白发老人找到乌西，向乌西汇报了以上情况，要求和米切尔一起跟踪追击。乌西同意这个方案，并发给他俩每人一支手枪。白发老人和米切尔把手枪装进口袋里，悄悄溜出了宴会厅，向箭头所指方向的反方向追去。白发老人问："米切尔，你说罗克是跟踪偷珍宝的人呢，还是被人家俘虏了？"

米切尔说："如果罗克是在跟踪人家，他尽可以明白地写出匪徒的多少和去向。罗克既然用这种隐蔽的算式来暗示，就表明他没有办法把情况明白地写出来。"

米切尔分析得一点也没错。刚才宴会厅里一场混战，将罗伯特带来的人全部抓获，大家都跑到外面去看俘虏了，放在厅内的珍宝便无人看管了。罗克怕出意外，没敢出去。

突然，房顶上一声响，从宴会厅的天窗跳下一个人来。此人有四十多岁，海员打扮，身高体壮，留着大胡子，右手拿着一支无声手枪。他用枪逼着罗克说："快，把珍宝箱子扛起来跟我走！"

"等一等，让我穿好衣服。"罗克把鞋提了提，腰带紧一紧，然后又问，"咱们往哪儿走？"大胡子到各个窗口都向外看了看，然后用手向东一指说："朝这个方向走！"他又打开装珍宝的箱子看了看。罗克趁他往箱子里看的机会，在墙上写下了算式和箭头。

罗克扛着箱子从东面的窗户钻了出去，大胡子拿着无声手枪紧跟在后面，一路上不断催促："快，快走！"

紧走了一阵，罗克把箱子放到了地上，喘了几口粗气问："你到底要到哪儿去？我可走不动啦！"说完就一屁股坐在了地上。

大胡子恶狠狠地说："去 3 号海轮，就在前面，快走！不快走我毙了你！"

罗克把双手一摊说："把我枪毙了，谁替你扛这么重的箱子？"说完随手在地上写了两个算式：

$$\lg\sqrt{5x+5}=1-\frac{1}{2}\lg(2x-1);$$

$$S_{\triangle}=\sqrt{p(p-a)(p-b)(p-c)}\,。$$

大胡子看了看地上的两行算式，问："你写这两行算式干什么？"

罗克说："我要参加国际数学竞赛，不经常复习怎么成啊？"

大胡子看了半天也没看出个所以然，就命令罗克说："还有心思复习数学？站起来扛着箱子快走！"

罗克一副无可奈何的样子，扛着箱子向 3 号海轮走去。

白发老人和米切尔很快就跟踪追了上来，他们发现了罗克写下的两行算式。白发老人问米切尔这两个算式有什么含意。

米切尔看了看说："上面一个是对数方程，可以求出它的解来。下面一个嘛，就是一个公式，叫作……对，叫作海伦公式。我先来解这个对数方程。"说完他就忙着解起来：

$$\lg\sqrt{5x+5}=1-\frac{1}{2}\lg(2x-1),$$

由对数性质知 $1=\lg10$，$\frac{1}{2}\lg(2x-1)=\lg\sqrt{2x-1}$。

原方程变形为：

$$\lg\sqrt{5x+5}=\lg10-\lg\sqrt{2x-1},$$

$$\lg\sqrt{5x+5}+\lg\sqrt{2x-1}=\lg10,$$

$$\lg\sqrt{(5x+5)(2x-1)}=\lg10,$$

$$\therefore\ \sqrt{(5x+5)(2x-1)}=10,$$

$$(5x+5)(2x-1)=100。$$

整理得 $$2x^2+x-21=0,$$

$$\therefore x_1=3,\ x_2=-\frac{7}{2}。$$

白发老人忙着问:"怎么样?算出来没有?"

"我算出来两个根。不过,这是对数方程,算出来的根要经过验算才能确定真伪。"米切尔向白发老人解释。

白发老人着急地说:"还要验算?真麻烦!你快点验算下吧!"

"好的。"米切尔开始进行验算:

先将 $x_1=3$ 代入原方程,

左端$=\lg\sqrt{5x+5}=\lg\sqrt{5\times3+5}=\lg\sqrt{20}=\frac{1}{2}(1+\lg2)$;

右端$=1-\frac{1}{2}\lg(2x-1)=1-\frac{1}{2}\lg(2\times3-1)$

$=1-\frac{1}{2}\lg5=1-\frac{1}{2}(\lg10-\lg2)$

$=\frac{1}{2}+\frac{1}{2}\lg2=\frac{1}{2}(1+\lg2)。$

$\therefore x_1=3$ 是原方程的根。

再将 $x_2=-\frac{7}{2}$ 代入原方程,

左端$=\lg\sqrt{5\times\left(-\frac{7}{2}\right)+5}=\lg\sqrt{-\frac{25}{2}}$,无意义,

$\therefore x=-\frac{7}{2}$ 不是原方程的根。

米切尔告诉白发老人说对数方程只有一个根是3。

白发老人自言自语地说:"第一个方程解得的结果是3,第二个又是个海伦公式。罗克写这两个算式想告诉咱们点什么呢?"两个人低着头同时在考虑这个问题。

米切尔一边走,嘴里一边不停地念叨:"根是3,海伦公式;3海伦公式;3海伦;3号海轮!啊!我琢磨出来了!这两个算式合在一起,便是告诉我们,罗克去3号海轮了。"

"对，是这么回事！罗克一定是去 3 号海轮了。咱们快去 3 号海轮找他！"说完两个人急匆匆向 3 号海轮跑去。

轮船上的战斗

米切尔和白发老人在黑夜的掩护下，悄悄地向 3 号海轮摸去。海水拍打着船体发出"啪、啪"的响声，两人在这声音的掩护下迅速登上了轮船。两人发现 3 号海轮就是那艘游船。

米切尔自言自语地说："这么大的轮船，他们会躲到哪儿去呢？"

白发老人说："米切尔，别着急，咱们仔细找一找，我相信罗克一定会留下什么算式和记号之类的。"

两个人低着头仔细寻找，突然在一块大铁板上发现了几行字：

有一个怪数，它是一个自然数。首先把它加 1，乘上这个怪数，再减去这个怪数，再开平方，又得到了这个怪数。

"怪数？我来算算它如何怪法。"米切尔开始求解这个怪数。他先设这个怪数为 x，然后列出一个方程：

$$\sqrt{(x+1)x-x}=x。$$

由于 x 表示自然数，它恒大于 0，

所以 $$(x+1)x-x=x^2。$$

整理 $$x^2+x-x=x^2,$$

$$x^2=x^2。$$

"咦！怎么得到一个恒等式？"米切尔看见最后一个式子直发愣。

"恒等式……恒定不动。唉，罗克通过这个恒等式告诉我们，他们在这儿恒定不动！"白发老人也开始破译数学式子了。

米切尔摇摇头说："他们在这儿恒定不动，可是，这儿连个人也没

酷酷猴历险记　李毓佩 数学科普文集

有啊!"

白发老人一指脚下的大铁板说:"他们一定在这块铁板下面!"

"说得有理!咱俩把它搬开。"米切尔说完,与白发老人一起,用力把大铁板推到一边,铁板下露出一个通道口。

"下去!"米切尔刚想顺着梯子下去,突然从下面"啪"地打了一枪,这显然是无声手枪,子弹擦着米切尔的耳朵边飞了过去。

米切尔举起枪刚想还击,白发老人把米切尔的枪按了下去小声说:"不能开枪,别误伤了罗克!"说完,白发老人不顾危险,自己顺着梯子往下跑。米切尔喊了一声:"小心!"跟在白发老人的后面跑了下去。

跑进舱里,米切尔看清楚了,一个海员打扮、留着络腮胡子的高个外国人,用罗克做掩护,正步步后退。只见这个大胡子左手搂住罗克的脖子,右手握枪,枪口对着米切尔。他用英语大声吼叫:"不要过来,否则我把你们和罗克统统杀死!"

怎么办?米切尔想冲上去把罗克救出来,白发老人拦住米切尔,说不可轻举妄动。

大胡子拖着罗克退到一个铁门前面,门旁有一排数字电钮。大胡子按了几下电钮,突然,罗克"哎哟"大叫一声,接着学起了猫头鹰和山猫的叫声,米切尔则全神贯注地听着。罗克是这样叫的:

哎哟——鹰——猫——猫——哎哟——鹰——鹰——哎哟——鹰——猫——猫——猫。

罗克刚刚叫完,铁门向上提起,大胡子拖着罗克进了铁门,铁门"哐当"一声又落了下来。

白发老人问米切尔说:"罗克又告诉你什么秘密了?"

米切尔说:"罗克通知我开铁门的密码。猫头鹰叫代表1,山猫叫代表0。他用'哎哟'隔开,表示是3个数字。"

"快说是哪3个数字?"白发老人有点等不及了。

米切尔说："第一个数字是100，第二个数字是11，第三个数字是1000。化成十进制数就是4、3、8。"

白发老人一个箭步冲到铁门前，迅速按动4、3、8三个电钮，铁门缓缓地向上提起，两个人一低头就钻了进去。里面是间不大的屋子，屋子里一个人也没有，空荡荡的。四周的墙壁都是铁板，没有窗户，像是一间牢房。

"人呢？"白发老人发现屋里没人，好生奇怪。这时铁门又落了下来，想出去是不成了。

"明明看见他们进了这间屋子，怎么突然就不见了？"米切尔也感到奇怪。米切尔想，这屋子里一定有什么暗门地道一类装置，大胡子是从暗门地道跑了。米切尔仔细寻找，希望能发现点什么。白发老人则用枪把子到处敲敲打打，希望能发现暗门，两个人查找了半天，一无所获。

突然，米切尔发现墙壁的一处是由几块铁板拼起来的，由于拼得严丝合缝，不细看是看不出来的。

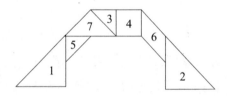

米切尔对白发老人说："你看，墙上的这一部分是用几块铁板拼出来的。"

白发老人仔细地看了看说："嗯，是由七块形状不同的铁板组成的，形状像座桥。"说着他从腰里拔出匕首，试着撬了撬。没想到他一撬，就把其中的一块铁板撬了起来，"当啷"一声掉在了地上。很快，白发老人把七块铁板都撬了下来。但是，把铁板撬下来也出不去，铁板后面还有铁板。

米切尔摆弄这七块铁板，问白发老人："你说，在墙上装这七块铁

李毓佩
数学科普文集

板有什么用?"

"嗯……"白发老人琢磨了一下说,"铁板拼成桥的形状,而桥是用来过人的。咱们能不能通过这座桥走出这间铁屋子?"

"哈哈。"米切尔觉得白发老人说的话挺可笑,他反问,"这种拼在墙上的桥,叫咱们怎么过法?"

白发老人摇摇头说:"我不是这个意思。我是想,能不能通过这七块铁板,找到一条出去的通路!"

米切尔忽然灵机一动说:"我想起来了,这七块铁板,非常像中国的智力玩具——七巧板。七巧板是可以拼成一个正方形的。"

"反正咱俩也出不去,拼拼试试。"说完白发老人和米切尔一起在墙上拼了起来。用了不长时间,就拼出一个正方形。说也奇怪,刚把正方形拼好,这个正方形往下一沉,露出一个正方形的门来,两个人从门中钻了出去。

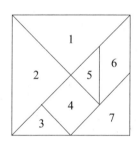

外面是一间豪华的客舱,大胡子一个人坐在沙发上,一边喝咖啡,一边听音乐,悠然自得。

大胡子看见白发老人和米切尔出来了,大叫一声,立即伸右手去摸枪。"砰"的一响,大胡子"哎哟"一声,白发老人一枪正好打中大胡子的右手腕。米切尔一个箭步冲了上去,用枪顶住大胡子的脑袋,大喝一声:"不许动!"

大胡子颤抖地举起了双手。

经理究竟在哪儿

白发老人开始审讯大胡子。

白发老人问:"罗克呢?"

大胡子低头不语。

白发老人又问:"你抢走的珍宝藏到哪儿去了?"

大胡子还是低头不语。

白发老人发怒了,"啪!"用力拍了一下桌子,把桌子上的茶杯都震倒了,吓得大胡子一哆嗦。白发老人说:"你既然什么都不想说,就别怪我不客气啦!米切尔,把他拉出去枪毙了,扔进海里。"

米切尔答应一声,用枪顶了大胡子一下说:"走,到外面去!"

大胡子听说要枪毙他,害怕了,忙说:"我说,我说。"

白发老人见大胡子开口了,就让米切尔把他的右手包扎好,又给他点了支香烟。

大胡子狠命吸了两口烟,镇定一下说:"我把罗克和珍宝都交给头儿了。"

白发老人进一步追问:"你们头儿在哪儿?"大胡子指着一个圆形的门说:"我们头儿每次都从那个圆门里出来,不过,他从来没让我进去过。"

白发老人又问:"你们的头儿长得什么样?他是干什么的?"

大胡子又吸了一口烟,然后慢吞吞地说:"我们头儿长得又矮又胖,秃顶,有 50 多岁,是我们 L 珠宝公司海外部经理。"

"嗯?"白发老人皱起眉头问,"你们海外部经理不是罗伯特?"

"嘿嘿。"大胡子冷笑了两声说,"我们海外部经理怎么能亲自去干抢夺珍宝的事?罗伯特是我们经理的秘书。"

白发老人对米切尔说:"先把他捆起来!"米切尔用绳子把大胡子捆

在沙发上，又用布把他的嘴堵上。

两个人拿着枪朝着圆门扑去，用手轻轻一推，圆门就开了。里面是一个长过道，长过道的一侧一连有三个门，门上分别写着字母 A、B、C。每个门上都贴着两张纸条，上面一张纸条上都写着："海外部经理在此办公。"下面一张纸条上写的就不相同了。

A 门上写着："B 门上纸条写的是谎言。"

B 门上写着："C 门上纸条写的是谎言。"

C 门上写着："A 门、B 门上纸条写的都是谎言。"

米切尔看完这几张纸条，摇摇头说："真活见鬼了！这三个门都写着海外部经理在里面，又都说别的门上写的是谎言，这叫咱们怎样弄清楚真假啊！"

白发老人也摇了摇头说："这是成心绕人玩！"

米切尔一时性起，他说："管他真假呢，咱们把每个门都打开，看他藏在哪里！"

"不成，不成。这样会打草惊蛇。"白发老人想了一下说，"你能不能从这几句话中，分析出这位经理究竟在哪个门里？"

"嗯，我想起来了。罗克曾教给我一个解决这类问题的方法。"米切尔掏出笔和本在上面写出：

如果是真话则用 1 表示，如果是谎言则用 0 表示。下面对 A 门上的纸条是真话或是谎言这两种情况进行讨论。

（1）若 $A=1$，即 A 门上的纸条是真话。

由于 A 门上写着"B 门上纸条写的是谎言"，可以肯定 $B=0$；

又由于 B 门上写着"C 门上纸条写的是谎言"，而 $B=0$，即 B 是谎话，所以 C 门上写的应该是真话，即 $C=1$；

由于 C 门上写着"A 门、B 门上纸条写的都是谎言"，而 $C=1$，即 C 是真话，所以 $A=0$，$B=0$。

但是，我们已事先假定了 $A=1$，这里同时 A 又等于 0，出现了矛盾。说明这种情况不成立，即假设 A 是真话错了。

（2）若 $A=0$，即 A 门上的纸条是谎言。

由于 A 门上写着"B 门上纸条写的是谎言"，可以肯定 $B=1$；

又由于 B 门上写着"C 门上纸条写的是谎言"，而 $B=1$，即 B 是真话，所以 C 门上写的应是谎言，即 $C=0$；

由于 C 门上写着"A 门、B 门上纸条写的都是谎言"，而 $C=0$，即 C 是谎言，所以 A 和 B 中至少有一个是真话，即 $A=0$，$B=1$；或 $A=1$，$B=0$；或 $A=1$，$B=1$。由于我们事先假定的是 $A=0$，因此，我们只能选 $A=0$，$B=1$ 这组。

最后结论是：A 门是谎言，B 门是真话，C 门是谎言。

白发老人看完米切尔的推算过程，点了点头说："只有 B 门是真话，B 门上写的'海外部经理在此办公'是真的啦！米切尔，咱俩冲进 B 门去！"

两人拿好枪，奋力向 B 门冲去，门被撞开，看见罗克双手被捆坐在沙发上，装珍宝的箱子放在地上。矮胖经理一看有人冲了进来，拿起冲锋枪向门口猛烈射击，子弹呈扇面状射了过来。白发老人躲闪不及，胳臂被子弹擦伤，鲜血湿透了衣服。由于子弹过于密集，白发老人和米切尔又退了出来。

米切尔一看白发老人的胳臂，忙问："你受伤了，要紧吗？"

白发老人笑着摇了摇头说："没事儿，只不过擦破了点皮儿。"米切尔赶紧帮他把伤口包扎好。

白发老人说："看来，咱俩只能智取，不能强攻。"两个人小声研究起来。

寻找最佳射击点

罗克在大胡子押解下，扛着沉重的珍宝箱上了 3 号海轮。由于白发老人和米切尔紧紧追赶，大胡子把珍宝和罗克一同交给了海外部经理。大胡子曾建议：已经把珍宝弄到手了，把罗克杀了算啦！海外部经理不同意，他认为可以用罗克去换回被神圣部族抓去的 100 名雇员。

白发老人和米切尔这么快就闯进他的经理室，使他万万没想到，他暗骂大胡子是个废物，连两个人都对付不了，还让他们摸进了经理室。海外部经理这时十分紧张，他先把装有珍宝的箱子藏进大保险柜，又在屋里用桌椅沙发垒起了工事，准备和白发老人决一死战。

罗克见这位矮胖经理一个劲儿地忙于建造防御工事，而对自己放松了看管。虽然自己的双手被捆住，但是双脚是自由的。罗克又看到房门已经被米切尔他们撞开，现在是逃跑的最好时机。机不可失，时不再来，应该赶紧跑出去。想到这儿，罗克从沙发上站起来，一个百米冲刺就跑了出去。矮胖经理冲着门外扫了梭子，可是一枪也没打着。

米切尔见罗克跑了出来，过去紧紧把他搂住，高兴地说："罗克，你终于逃出来啦！"

白发老人也非常高兴，抽出刀子先把捆罗克的绳子割断，嘴里不停地说："太好啦！太好啦！"

三个人凑在一起研究怎样夺回珍宝，罗克首先把屋里的情况简单地介绍了一下。针对屋里只有矮胖经理一人，米切尔主张强攻进去，消灭矮胖经理，夺回珍宝！白发老人则考虑矮胖经理手里有冲锋枪，强攻有相当的危险！两个人的意见不一致，怎么办？现在要等罗克表态了。罗克琢磨了一下，觉得时间紧迫，必须抓紧时间攻进去。但是不能盲目强攻，要给矮胖经理最大的攻击，而自己伤亡的可能性要尽量的小。对于罗克的折中方案，白发老人和米切尔一致赞同。

白发老人问："怎样才能做到你说的这两点呢？"

罗克说："咱们有两支枪，一支枪对矮胖经理射击是为了吸引他的火力，另一支枪要置他于死地！"两人都说罗克的方案好！

他们先搬来一个非常厚实的硬木桌子放到了 D 点，门宽为 AB，他们又推来几个长沙发，摆成了一条直线 l。

白发老人藏在硬木桌子后面，不断地打冷枪。矮胖经理一个劲儿地向硬木桌子射击，由于硬木桌子非常厚，子弹穿不透，根本伤不着白发老人。

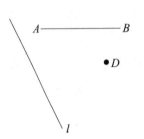

米切尔藏在一排沙发后面，沿着直线 l 往前爬。现在的问题是：米切尔在什么地点射击最有利？

罗克说："最有利的射击点，应该在直线 l 上找一点，使这一点对门 AB 的张角最大。因为张角大，就容易射中门里的目标。"

米切尔问："怎样才能在直线 l 上找到这个点呢？"

罗克拿出纸和笔画了几个图研究了一下说："可以这样来找，过 AB 作一个圆与直线 l 相切，切点 M 对门 AB 张角最大。"

米切尔问："这是为什么？"

罗克说："假如你不相信 $\angle AMB$ 最大，可以在 l 线上再任选一点 M′，连接 M′A，交圆于点 N。根据三角形的外角大于不相邻的内角，所以有 $\angle ANB > \angle AM'B$。又根据同弧上的圆周角相等，$\angle AMB = \angle ANB$，因此有 $\angle AMB > \angle AM'B$。说明直线 l 上除 M 点之外，其他点对 AB 的张角都较小。"

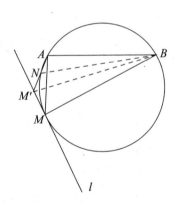

　　酷酷猴历险记　李毓佩
数学科普文集

米切尔说："嗯，你说得有理。可是这个圆又应该怎样画呢？"

罗克说："可以这样来画：延长 BA 与直线 l 交于 C。以 BC 为直径作半圆，由 A 引 BC 的垂线交半圆于 F。再以 C 为圆心，CF 为半径画弧交 l 于 M，M 为所求点。圆也就随之可画出了。"

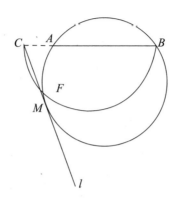

米切尔有点犹豫地说："你画出来的点保证正确吗？"

"不信，我给你证明。"罗克在纸上证了起来：

连接 CF、BF，则 $\triangle BCF$ 为直角三角形。

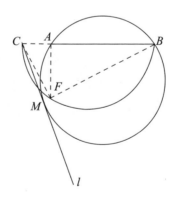

∵ $\triangle AFC \backsim \triangle FBC$，

∴ $\dfrac{CF}{CA} = \dfrac{CB}{CF}$。

$\therefore CF^2 = CA \cdot CB$。

$\therefore CF = CM$,

$\therefore CM^2 = CA \cdot CB$。

根据圆切割线定理的逆定理，M 点是过 A、B 两点与直线 l 相切的圆的切点。

罗克与米切尔大致估计了 M 点的位置，然后在 M 点藏好。这时，白发老人加紧向屋里射击，一边射击还一边大声嚷嚷，叫矮胖经理赶快投降。矮胖经理被激怒了，端起冲锋枪朝白发老人的方向猛烈射击。与此同时，米切尔在 M 点举枪等待时机，见矮胖经理刚一抬身，米切尔迅速扣动扳机，"砰"的一枪，正好打中他的右手腕，矮胖经理大叫一声，扔掉冲锋枪倒在了地上。

等了一会儿，不见动静。米切尔说："你们掩护，我进去看看。"米切尔小心地摸进了屋里，转过桌子一看，地上只剩下一支冲锋枪，矮胖经理不见了。

打开保险柜

又矮又胖的海外部经理右手腕中了米切尔一枪，扔掉了冲锋枪，不知从哪个地方跑掉了。罗克拿起冲锋枪，高兴得不得了。

白发老人说："先不要管那个矮胖经理，把珍宝取出来要紧！"

罗克指着一个大铁柜说："珍宝应该藏在这个保险柜里了。"

白发老人走过去一看，保险柜用的是密码锁，并排三个可以转动的小齿，每个小齿可以显示从 0 到 9 这十个数码。

米切尔说："这个密码锁比较简单，只要凑对了一个三位数就可以打开。"

"也不那么简单。"罗克说，"一个小齿有 0 到 9 共 10 种不同的数字；两个小齿有 $10 \times 10 = 100$（种）不同的数字；现在是三个小齿，会有 $10^3 = 1000$（种）不同的数字。这 1000 种不同的三位数要凑出来，可要费一阵子工夫！"

白发老人说："那可来不及。嘿，你们看，这是个什么东西？"

米切尔和罗克仔细一看，在密码锁的上方有一行算式：

$$2^{2^5} + 1。$$

米切尔说："这是一个奇怪的算式。"

罗克点点头说："我知道了，这是 $n = 5$ 的费马数。"

"费马数？什么是费马数？"白发老人弄不明白了。

"费马是 17 世纪法国著名的数学家。"罗克开始介绍费马和费马数，"他找出一个公式：

$$F(n) = 2^{2^n} + 1。$$

他认为 n 依次取 0，1，2，3，…时，这个公式算出来的数都是质数。"

米切尔问："他证明了吗？"

"没有。他只对前 5 个这样的数进行了验算。"罗克随手写下前 5 个数：

$$F(0) = 2^{2^0} + 1 = 2 + 1 = 3；$$

$$F(1) = 2^{2^1} + 1 = 4 + 1 = 5；$$

$$F(2) = 2^{2^2} + 1 = 16 + 1 = 17；$$

$$F(3) = 2^{2^3} + 1 = 256 + 1 = 257；$$

$$F(4) = 2^{2^4} + 1 = 65536 + 1 = 65537。$$

罗克接着说："前 5 个数都是质数。第 6 个数太大，费马没接着往下算。可是费马断言：对于其他的自然数 n，这种形式的数一定也都是质数。后来，数学家就把 $2^{2^n} + 1$ 形式的数叫作费马数，记作 $F(n)$。"

白发老人着急地问："费马这位老先生的断言究竟对不对呢？"

"不对！"罗克说，"18 世纪瑞士著名数学家欧拉发现 $n = 5$ 时，$F(5)$ 就不是质数了。我还清楚记得 $F(5)$ 的数值：

$$F(5) = 2^{2^5} + 1$$
$$= 4294967296 + 1$$
$$= 4294967297$$
$$= 641 \times 6700417.$$

结果它是一个合数。"

米切尔笑着说:"费马也太武断了,只算了前 5 个就敢说对任何自然数都成立!"

"还有有趣的哪!"罗克说,"数学家后来又接着往下算,又算出 46 个费马数是合数,还有一些费马数如 $2^{2^{17}}+1$、$2^{2^{20}}+1$、$2^{2^{22}}+1$ 等,一时还无法确定是合数还是质数。但是有一点可以肯定,当 $n>4$ 时,还没有发现一个费马数是质数。有的数学家就猜想:除去 $n=0$、1、2、3、4 外,$F(n)$ 都是合数。"

"哈哈……"白发老人笑着说,"真是太有意思了。跟你这位小数学家在一起,真长见识!"

"故事讲完了,开保险柜的密码我也找到了,这就是 641。"

罗克说完,就把三个小齿轮拨成 641,然后用力一拉,保险柜的门就打开了。珍宝箱果然在里面。

米切尔说:"多亏咱们这儿有位数学家,不然的话,这个十位数,谁会把它分解成质因数呀!"

罗克介绍说:"E 国 L 珠宝公司使用的是最新的'RSA 密码系统'。这个密码系统是特工人员使用的高级密码系统。破译这种密码,需要有能力把一个 80 位数分解成质因数的连乘积。但是,将一个大数分解成质因数连乘积是十分困难的。"

白发老人点点头说:"连特务都在数学上打主意。来,咱们把珍宝箱子抬出来。"

罗克说:"让我和米切尔抬。"可是,两人把箱子往外一抬,脸色就

李毓佩
数学科普文集

变了。罗克赶忙把箱子打开一看，啊！箱子里空空如也，珍宝不知去向啦！

罗克瞪圆了眼睛说："这不可能！是我亲手把珍宝箱放进保险柜里的，当时珍宝箱还挺重的，怎么过了一会儿，箱内的珍宝全没有了呢？"

米切尔狠命地一跺脚说："这简直是变戏法。"

白发老人把身子探进保险柜，用拳头砸了砸柜底，发出"咚、咚"的声音。白发老人一指柜底说："问题就出在这儿，柜底是空声，表明柜底是活的，下面是空的，可以打开柜底，从下面把珍宝箱拿出去，等把珍宝拿出箱子，再把箱子送回保险柜。"

罗克和米切尔都佩服白发老人的分析。罗克补充说："那个矮胖经理手腕上中了一枪，也突然不见了，可能也从地下跑了。这些地板，可能有很多块都是活的。"

罗克在屋里到处走，一边走一边用力跺地板，想找一找哪块地板下面是空的。当他走到屋子正中央用力跺地板时，地板忽然翻转了一下。罗克大喊一声："啊呀！"一下子就掉到地板下面去了。

白发老人和米切尔眼睁睁地看着罗克掉了下去，想救都来不及了。

数学白痴大胡子

地板一翻转，罗克掉了下去，重重地摔到下一层船舱中了。大胡子正坐在沙发上玩弄他那支无声手枪，见罗克掉了下来，先上前拾起那支冲锋枪，然后笑着说："我知道会有人掉下来的，我在这儿等半天啦！"

大胡子用手枪指了指上面问："那两个人什么时候掉下来？你把他俩一起叫下来算啦！省得待一会儿我还要上去抓他们。"

"哼！"罗克从地上爬起来，狠狠瞪了大胡子一眼。

大胡子皮笑肉不笑地对罗克说："嘿嘿，听说你还是位数学家，小小年纪，真看不出你有这么大本事。我从小数学不好，不瞒你说，我从小学四年级开始，数学考试就没及格过。我们头儿也利用我数学不好常常骗我。"

罗克没心思听他胡言乱语，心里琢磨着如何逃出去。

"喂，我说话你听见没有？"大胡子发现罗克有点心不在焉。

罗克点点头说："我听着呢！"

大胡子招招手让罗克靠近一点，然后小声对罗克说："我们的头儿，就是那个又矮又胖的经理刚才对我说，只要我能帮助他把这批珍宝弄回E国，他就把珍宝分给我一份。"

罗克心里暗骂，你们这伙强盗，梦想瓜分神圣部族的遗产，我绝不让你们的阴谋得逞。

罗克心里虽然这样想，嘴里却说："他分给你多少啊？"

大胡子美滋滋地说："我们头儿说将来分给我 x 件珍宝。他还给我作了具体安排：

$\frac{x}{2}$ 件珍宝用于买一座大房子；

$\frac{x}{5}$ 件珍宝买一辆高级轿车；

$\frac{x}{5}$ 件珍宝送给我老婆；

6 件珍宝送给我儿子；

4 件珍宝送给我女儿。

你能帮我算算，一共分给我多少珍宝？你帮我算出来，我就放了你。"

罗克问："真的？你说话算数吗？"

大胡子站起来一拍胸脯说："我大胡子说话从来就是说到哪儿做到哪儿，我如果说话不算数，将来就不得好死！"

"好吧，我来给你算算。"罗克拿出纸和笔边写边说，"你们经理分给你 x 件珍宝，而这 x 件珍宝全有了用场。所以，把买房子、买轿车、给你老婆孩子的珍宝加在一起正好等于 x 件。"

大胡子高兴地说："你不愧是大数学家，这么难的问题经你这么一分析，有多清楚！我怎么就不会呢？"

罗克笑了笑，随手列出一个方程来：

$$\frac{x}{2}+\frac{x}{5}+\frac{x}{5}+6+4=x。$$

整理，得
$$\frac{x}{10}=10，$$

$$x=100。$$

"你可以得到100件珍宝。"

"啊！"大胡子大叫了一声，"扑通"跪到了地上，左手轻轻扶着受伤的右手，大声叫道，"我的上帝！整整100件珍宝，这要值多少钱哪！我发大财啦！"

罗克在一旁冷冷地说："不过，你别高兴过早了。据我所知珍宝箱中总共才有101件珍宝，你们头儿怎么可能分给你100件，他只拿1件珍宝回去交差？"

"有这种事？"大胡子慢慢地从地上又站了起来。

他抢过罗克手中的算稿看了又看，问："你不会算错吧？"

罗克一本正经地说："怎么会错呢？我不是数学家吗？好啦，我已经给你算出来了，该放我走啦。"

大胡子对矮胖经理又骗了他十分生气，他对罗克说："你可以走啦，我要找胖子算账去！"

罗克刚想走出去，大胡子又把他叫了回来，对他说："你出去后，可千万别乱跑，这里面布满各种装置，稍不留神，就会把命搭进去。我劝你赶快离开这艘3号海轮，逃命去吧！"

罗克冲大胡子点了点头说："谢谢你的关照，再见！"罗克走出这间船舱来到通道。这时他心里只想着赶快找到白发老人和米切尔。

罗克想，我是从上面一层船舱掉下来的，我必须回到上面层去，才能找到他们。罗克开始找楼梯，可是前前后后找了个遍，也没找到。忽然，他发现有一个洞，一条绳子从洞中吊下来。他走近一看，原来这个洞从船板一直通到船底，这是为船员紧急下舱准备的。

罗克自言自语地说："我顺着这根绳子爬上去不就成了吗？对，我在学校爬绳练得还是可以的。"说完，他向手心吐了口唾沫，双手抓紧绳子，然后手脚并用开始向上爬。爬呀爬，离上层楼板只有一臂的距离了，突然绳子一松，罗克大叫了一声，他穿过一个个圆洞，直向船底掉下去……

船舱大战

罗克抓紧绳子正往上爬，突然绳子松开了，他双手握住绳子迅速向船底掉下去。这时就听到大胡子在甲板上"哈哈"大笑。

大胡子说："掉下去至少也要摔个半死哟！"

罗克心想，这下子可完了，从这么高的地方掉下去，肯定要摔死！

突然，绳子被人从上面拉住了，罗克趁停止下落的一瞬间，赶紧跳到船板上。他刚刚站稳，就听上面有人在大声叫喊，是米切尔和大胡子在相互喊叫，接着就是一阵激烈的枪战。罗克真想也跟着打一阵子，可惜自己缴获来的冲锋枪被大胡子拿走了。

双方打得还挺热闹，忽然大胡子叫了一声，罗克顺着洞口向上看，只见大胡子用左手捂着右胳臂，摇摇晃晃要顺着圆洞往下掉。罗克心想，不能让大胡子摔死，留着他对找到珍宝有用。想到这儿，罗克把一个长沙发堵在洞口。这时上面又"砰"的一声响了一枪，大胡子又叫了一声，身子一歪就掉了下来。罗克赶紧闪到一旁，只听"扑通"一声，大胡子摔到了沙发上。

罗克跑上前去，从大胡子手中夺过冲锋枪，又从他腰里拔出来无声手枪。罗克高兴地说："这下子全归我啦！"

罗克端着冲锋枪对着大胡子大喊："快站起来，不要装死！"大胡子一声也不吭。罗克心想，大胡子死啦？罗克把手伸到大胡子的鼻子前面，想试试他还会不会呼吸。谁想到，罗克刚把手伸过去，大胡子一把揪住了他的手腕子，然后用力一拧，就把罗克的手拧到了背后。大胡子的手非常有劲，痛得罗克"哎哟"直叫。在这千钧一发之际，一个黑影从天而降，这个人落在沙发上又重新弹起，在弹起的一瞬间，此人飞起一脚，将大胡子踢了个四脚朝天。

来人不是别人，正是米切尔。罗克一边甩动着被拧疼的手，一边小声嘀咕说："嗬！没想到米切尔还真有两下子。"

米切尔笑了笑，也没说话，赶紧把大胡子的腰带解下，把大胡子捆了起来。

白发老人从圆洞中探出头来向下喊："米切尔，罗克，审问大胡子。问问他珍宝藏在哪儿？再问问他那个矮胖经理跑到哪儿去啦？"

米切尔答应一声，然后对大胡子说："你们 L 珠宝公司派来的这批强盗都被我们抓到了，现在只剩下你和你们经理。你若想得到从宽处理，就老老实实交代！"

大胡子如同一条丧家之犬，低着头瘫坐在沙发上。米切尔见大胡子右手臂又受了伤，就找了块布给他包扎了一下。

大胡子说："珍宝我交给了我们经理了，这位数学家可以作证。我是把珍宝箱连同这位数学家一起交给经理的。他后来把珍宝藏到哪儿，我就不知道了。"

米切尔问："你们的经理现在在哪儿？这艘海轮上可有什么密室暗舱吗？"

"经理具体藏在哪儿，我还真说不清楚。"大胡子说，"不过，这艘船确实有一间屋子除了经理可以去，别人谁也不许去。这间屋子的具体位置除了经理之外，谁也不知道。"

罗克插话说："废话，你刚才一定见过你们经理，不然的话，捆你的绳子谁给解开的？你既然见到了经理，经理不会不告诉你他的去向！"

"说得对！"米切尔说，"搜他的身。"

罗克开始翻大胡子的口袋，结果从他的上衣口袋里搜出一张纸条，纸条上写着：

$$68 \Rightarrow \bigcirc \Rightarrow + \Rightarrow \bigcirc \Rightarrow + \cdots$$

米切尔问："这纸条上写的是什么意思？这是谁写的？快老实交代！"

"这……"大胡子一看实在瞒不住了，只好如实交代，"绳子是经理给我解开的，他让我守候在翻板前，等着抓你们 3 个人。临走前，他塞给了我这张纸条。"

米切尔对罗克说："这种神秘的东西也只有你能破译出来。"

罗克接过纸条说："试试吧！"他低着头琢磨了一会儿。白发老人在上面等着知道结果。

罗克说："我明白啦。纸条的意思是，把 68 颠倒一下，变成 86，两数相加，把所得的和再首尾颠倒相加。我来具体做一下。"

$$
\begin{array}{r}
68 \\
+\ 86 \\
\hline
154 \\
+\ 451 \\
\hline
605 \\
+\ 506 \\
\hline
1111
\end{array}
$$

"到此为止，不能再做了。"罗克指着最后结果说，"数学上，把 1111 叫作'回数'。"

"回数是什么？"米切尔不大懂。

"要弄懂什么是回数，首先要明白回文。"罗克介绍说，"回文是我们中国特有的一种文学形式。将一个词或一个句子正着念、反着念都是有意义的语言叫回文。比如'狗咬狼'，反着念是'狼咬狗'，两句都有意义。"

米切尔说："还挺有意思的。"

罗克又说："我国诗人王融曾作过一首《春游回文诗》十分有名，我至今还能背下来：

　　风朝拂锦幔，月晓照莲池。

把这首诗反过来就是：

　　池莲照晓月，慢锦拂朝风。

也是一首诗。"

米切尔摇摇头说："不成，我对你们中国的诗词还欣赏不了。"

"那么咱们回过头来再谈数学吧。"罗克说，"如果一个数，从左右两个方向读结果都一样，就把这个数叫作回文式数，简称回数。比如，101、32123、9999 都是回数。"

米切尔点点头说："这么说，1111 是个回数了。唉，我有个问题：是不是任意一个数这样颠倒相加，最后都能得到一个回数呢？"

罗克摇摇头说："这个问题没有定论。有的数学家猜想：不论开始时选用什么数，在经过有限步骤后，一定可以得到一个回数。关于这个猜想至今还没有人肯定它是对的，或者举出反例说它是错的。不过，有一个数值得注意，这个数就是 196，有人用电子计算机进行了几十万步上述的运算，仍没得到回数。当然，尽管几十万步没算出回数来，也不能断定永远算不出回数来。"

白发老人在上面等不及了，他趴在洞口向下大声喊道："你们俩还磨蹭什么呢？还不把藏珍宝的具体地点问出来。"

米切尔回答说："我们得到一份重要情报，正在研究，您再稍等一会儿。"

米切尔问："罗克，你说这 1111 能表示些什么呢？房间号码吧，没这么大；保险柜号码吧，这保险柜在哪儿呢？"

罗克思考了一下，回过头问大胡子："这艘海轮有几层舱？"

大胡子回答："一共 5 层舱。"

罗克分析说："密室一般设在下层。把 1111 这个回数的 4 个 1 相加 $1+1+1+1=4$，说明密室在 4 层舱。$1111^2=1234321$，说明 1111 的平方也是一个回数，中间的 4 已经知道是表示层数，从 4 向两边念都是 321，表明密室在 4 层 321 室。"

米切尔一拍大腿说："分析得有理！走，拿上枪，去 4 层 321 室找珍宝去！"

罗克指着大胡子问米切尔说："这个大胡子怎么处理？"

米切尔说："带着他一起走，他对我们还有用处。"

罗克用枪一捅大胡子说："走，带我们去 4 层 321 号房间，快点！"

大胡子慢腾腾地站起来，嘴里嘟嘟囔囔地说："其实，这就是 4 层舱，可是我从来就没听说有个 321 号房间。"

"啊？"罗克和米切尔同时瞪大了眼睛。

３２１号房间在哪儿

"4 层舱没有 321 号，这不可能！"罗克坚信自己的推算不会有错误。

米切尔也感到奇怪，他说："4 层舱房间的号数，第一个数字应该是 4 才合理，怎么会是 3 呢？"

罗克问大胡子："3 层舱中有没有 321 号房间？"

大胡子摇摇头说："3 层舱中到 320 号就到头了，也没有 321 号房间。"

"怪呀，这 321 号房间会在哪儿呢？"米切尔紧皱双眉在想。

白发老人从上面下来了，他听到这个怪问题之后，就低头琢磨起来。突然，他一拍脑袋说："既然 3 层没有，4 层也没有，而这里有 3 又有 4。另外，3 层到 320 号就完，这里却冒出个 321 号来。我想，这间密室一定在 3 层和 4 层之间，也就是在 3 层半。"

白发老人的一句话提醒了罗克和米切尔。米切尔用力拍了下自己的后脑勺说："说得对呀！我怎么想不起来呢？"

三个人立即押着大胡子找到连接 3 楼和 4 楼的楼梯，米切尔和罗克顺着楼梯上上下下走了好几趟，也没看见有个门。没有门，这个 321 号房间会在哪儿呢？

罗克顺着楼梯再一次仔细搜寻，他站在楼梯的中间全神贯注地看着周围墙壁。突然，罗克发现了什么，他指着墙上一个隐约可见的小方框喊道："米切尔，你快看！"

米切尔揉了揉眼睛仔细看了看说："是一个方框，方框中间有一个雪花图案，周围有一圈方格，方格中填有许多数。这是个什么东西啊？"

"一时还说不好。"罗克说，"如果中间不是雪花而全换成数字的话，它非常像幻方。"

1	23	20	14	7
15				18
22				4
8				11
19	12	6	3	25

"幻方？幻方是什么东西？"米切尔一个劲儿地摇头。

罗克见米切尔对幻方一窍不通，就简单地介绍了几句说："最早的幻方产生在我们中国。相传在很久以前，我国的夏禹治水到了洛水，突然从洛水中浮起一只大乌龟。乌龟背上有一个奇怪的图，图上有许多圈和点。这些圈和点表示什么意思呢？一个人好奇地数了一下龟甲上的点数，再用数字表示出来，发现这里面有非常有趣的关系。"罗克在纸上画了一个正方形的方格，里面填好数。罗克指着图说，"这个图共有 $3 \times 3 = 9$ 个小方格，把从 1 到 9 这九个自然数填进去，其特殊之处在于：不管是把横着的三个数相加，还是把竖着的三个数相加，或者把斜着的三个数相加，其和都等于 15。"

4	9	2
3	5	7
8	1	6

米切尔听入了神，一个劲儿地说："真有趣！"

"这就是幻方，中国也叫九宫图。"罗克指着墙上的图说，"这个图非常像幻方，只是它中间不是数而是个雪花图案。"

"我把这个雪花图案揭下来看看。"米切尔一伸手很容易就把雪花图案揭了下来，原来是不干胶纸贴上去的。揭下雪花图案，里面露出 9 个白色的方电钮。

1	23	20	14	7
15	□	□	□	18
22	□	□	□	4
8	□	□	□	11
19	12	6	3	25

"啊！这里有电钮！"米切尔非常高兴地说，"按一下电钮就能把321号房间的门打开。可是……按哪个电钮才对呢？"

罗克低着头一言不发，不知他心里盘算什么。

米切尔有点着急，他催促罗克说："你琢磨出来没有？应该按哪个电钮啊？"

罗克还是一言不发，低着头琢磨。米切尔见他还没想好，也就不说话了。想了有好一阵子，罗克的脸上出现了笑容。

罗克说："恐怕单按其中一个电钮是不成的。要9个电钮都按。"

"都按？一个电钮按一下？"米切尔感到很新鲜。

罗克摇摇头说："不，每个电钮按的次数都不同。这是一个五阶幻方，25个方格要把从1到25这25个自然数填进去。现在它已经填出16个数，剩下的9处应该填的数不要往里填，而是在相应的电钮上按几下。"

米切尔点点头说："说得有理。不过这个雪花有用吗？"

"有用！它告诉我们要填成雪花幻方。"罗克显得十分沉着。他不等米切尔发问，就解释说，"雪花幻方要求呈雪花状的6个数，两两相加其和相等。"说着罗克就画了个示意图。

米切尔听后直咋舌，他说："这条件也太苛刻了。不但横着加、竖着加、斜着加其和应该相等，中间部分还要有讲究。"

"想想办法总是可以解决的。"罗克说，"从1到25，已经填进去16个数了，还剩下2、5、9、10、13、16、17、21、24这9个数。关键是从中找出4对其和相等的数。"

米切尔赶紧说："我来给你凑一凑，看看是哪4对。"

罗克摇摇头说："凑数要凑好半天哪！"

米切尔问："你有什么好办法？"

罗克说："如果不是9个数而是8个数，要凑成两两相等的4对，那是很好办的。只要把这8个数加起来，再除以4就得到每一对数的和了。有了和数再去挑选数就方便多了。"

米切尔插话道："可是，现在不是8个数而是9个数。"

"9个数也不要紧，你也把它们相加，然后再用4.5去除，取商的整数部分。我来具体做一下。"罗克说完就算了起来：

$$(2+5+9+10+13+16+17+21+24)÷4.5=117÷4.5=26。$$

罗克说："刚好等于26，说明雪花中心点一定是13，你把13刨除在外，把其余8个数按其和为26来凑吧！"

米切尔很快就凑了出来：

$$2+24=5+21=9+17=10+16=26。$$

1	23	20	14	7
15	9	2	21	18
22	16	13	10	4
8	5	24	17	11
19	12	6	3	25

罗克接着说："每个幻方，横着加、竖着加、斜着加都等于同一个常数，数学上把这个常数叫作幻方常数。算幻方常数有现成的公式：

$$\frac{n}{2}(1+n^2)。$$

这里是五阶幻方，$n=5$，则 $\frac{5}{2}×(1+5^2)=65$，最后按幻方常数65来填写就行了。"

罗克真不愧是数学天才，没过多会儿就把9个数填进中间空格中了。

米切尔非常高兴，他说："我来照着这个表来按电钮。"米切尔把左上角的电钮按了9下，接着把右边与它相邻的电钮按了两下，依次按下去，当他把右下角的电钮按完17下时，墙壁"哗啦"一声向上提起，里面是一间密室，海外部经理正在里面打电话。

这位矮胖经理见门突然打开，吓了一跳，他随手拿起一支冲锋枪向门外猛扫了一梭子，米切尔和罗克大叫一声，从楼梯上跳了下去。

三角形小盒的奥秘

由于罗克和米切尔事先早有准备，暗门一打开，见到矮胖经理要拿枪，两人大喊一声，同时跳下楼梯。

矮胖经理拿着冲锋枪追了出来，想追杀罗克和米切尔。他刚露面，只听"砰"的一声枪响，矮胖经理"哎哟"一声，从暗室里摔了下来，白发老人敏捷地跑了过来，把矮胖经理捆了起来。原来矮胖经理从暗室里刚一露头，就被白发老人打了一枪。白发老人枪法极准，这一枪正中矮胖经理的左臂。

白发老人一挥手说："快进暗室找珍宝！"

罗克和米切尔快步跑进暗室，可是暗室里除了一张写字台和一把转椅，其他什么东西都没有。白发老人把矮胖经理和大胡子押进暗室。

白发老人问矮胖经理："你把抢来的珍宝藏到哪儿去了？"

矮胖经理把头向上一扬说："有能耐自己去找，本人无可奉告！"

见矮胖经理这个顽固劲，白发老人知道问他也无用。白发老人说："在屋里仔细搜查！"

罗克和米切尔把整个屋子上上下下搜了个遍，可是什么也没发现。罗克不甘心，又仔细搜了一遍，终于在转椅下面找出一个等腰三角形状的小盒子，盒子上有许多小孔，孔与孔之间都用加号连接，最上面一个孔中填着 90。

$$
\begin{array}{c}
\textcircled{\scriptsize 90} \\
\bigcirc + \bigcirc + \bigcirc \\
\bigcirc + \bigcirc + \bigcirc + \bigcirc \\
\bigcirc + \bigcirc + \bigcirc + \bigcirc + \bigcirc \\
\bigcirc + \bigcirc + \bigcirc + \bigcirc + \bigcirc + \bigcirc + \bigcirc \\
\bigcirc + \bigcirc + \bigcirc + \bigcirc + \bigcirc + \bigcirc + \bigcirc + \bigcirc + \bigcirc + \bigcirc + \bigcirc
\end{array}
$$

罗克翻看小盒子背面，背面写着：

注意事项：

  1. 每一行的圆孔中要填写连续自然数，使每一行各数之和都等于 90；

  2. 填对了将获得幸福，填错了意味着死亡。

罗克问矮胖经理说："这个小盒子有什么用？"

矮胖经理把大嘴一撇说："有什么用？用途可大啦！只要把圆孔中的数填对了，要金银有金银，要珠宝有珠宝。要是填错个数，'砰'的一声，你的小命就完蛋喽！你敢填吗？"

矮胖经理的一番话，气得米切尔把牙咬得"咯咯"响，扬起拳头就要揍矮胖经理，罗克伸手给拦住了。

罗克笑着说："不用打他，让这位经理站在我的对面，距离一定要近。我往里填数，万一'砰'的一响，我死了，经理也别想活！"

听罗克这么说，矮胖经理脸色陡变，战战兢兢地不肯走近罗克。米切尔硬把矮胖经理推到了罗克对面。

罗克拿起笔来就要填数，吓得矮胖经理连声大叫："慢，慢。你一定要想好后再填，一旦填错一个数，不光你我完了，整艘船也将沉没。"

白发老人走过来说："既然是这样，你把抢走的珍宝痛快地交还我们，以免船毁人亡。"

"唉！"矮胖经理叹了口气说，"我何尝不想把珍宝交给你们，可是我只会把珍宝藏进暗室的保险柜里，并不会打开取出来。"

白发老人两眼一瞪说："一派胡言！我们这儿有小数学家罗克，你不说也照样能把珍宝找出来。罗克，开始填数！"

罗克答应一声，就开始往小圆孔中填数。先填 3 个小圆孔一排的。他先做了一次除法：$90 \div 3 = 30$，很快就填进 3 个连续自然数 $29 + 30 + 31$；接着填 4 个圆孔一排的。他也做了一次除法：$90 \div 4 = 22.5$，罗克很快就填进 4 个连续自然数 $21 + 22 + 23 + 24$。

他如此做下去，很快就把所有的圆孔都填上了数。

$$⑨⓪$$
$$㉙ + ㉚ + ㉛$$
$$㉑ + ㉒ + ㉓ + ㉔$$
$$⑯ + ⑰ + ⑱ + ⑲ + ⑳$$
$$⑥ + ⑦ + ⑧ + ⑨ + ⑩ + ⑪ + ⑫ + ⑬ + ⑭$$
$$② + ③ + ④ + ⑤ + ⑥ + ⑦ + ⑧ + ⑨ + ⑩ + ⑪ + ⑫ + ⑬$$

罗克刚把所有的数都填完，写字台突然向前移动，接着响起阵"嘟嘟"声，从下面升起一个平台，平台上有一个箱子。罗克和米切尔把箱子抬下来打开一看，101 件珍宝一件不少全在里面。

"珍宝找到喽！珍宝找到喽！"罗克和米切尔高兴得又蹦又跳。

矮胖经理一屁股坐在了地上，低着头说："完了，一切都完了！"

这时海轮外面人声鼎沸，是乌西首领带着几十名士兵前来接应来了。

白发老人、罗克、米切尔押着矮胖经理和大胡子，抬着装有珍宝的箱子走下了海轮。乌西首领快步走上前与三个人一一热烈拥抱。

乌西紧紧搂住罗克，眼含热泪动情地说："谢谢你，罗克！没有你的帮助，我们神圣部族的这批国宝是不可能找到的。即使找到了，也会被这些外国强盗抢走。你是神从天降，帮了我们大忙啦！"

罗克笑了笑说:"我是从天而降,可我不是神。我是飞机遇险者,如果不是落在你们岛上,不经过你们及时抢救,我也早就完了。我应该感谢你们才对!"

大家有说有笑,好不热闹。忽然,罗克显出很焦急的样子。乌西忙问:"罗克,你怎么啦?太累啦,还是有点不舒服?"

罗克摇摇头说:"距数学竞赛只有两天了。原来我可以搭乘这艘轮船去华盛顿,没想到这是一艘贼船,船上的人都被我们抓起来了,这下子我可怎么去参加比赛呢?"

"嘿,这事用不着犯愁。"乌西拍了拍罗克的肩头说,"我们神圣部族有好多人会开这种大轮船,我立即组织一个班子,送你去华盛顿!"

班子很快就组织好了,里面有船长、大副、轮机长……人员齐备,米切尔也随船送行。

天刚蒙蒙亮,一声清脆的长笛划破海岛的宁静,轮船起航了。岸边站满了送行的人,乌西、白发老人向轮船上的罗克频频招手,罗克也挥手道别。岸上的人目送轮船消失在晨雾中。

结束语

罗克乘船顺利地到达了华盛顿,当他出现在中国中学生奥林匹克代表团驻地时,黄教授和先期到达的同学都高兴极啦!同学们高呼:"我们的'比杆多耳'终于来啦!"

比赛第二天开始,罗克精神饱满地投入了比赛。经过激烈的角逐,中国队获得团体总分第一,罗克和另外两名中国高中生荣获个人第一。

啊,罗克,未来的大数学家!

8. 李毓佩创作年谱

1977年

1977 年 11 月 20 日开始写作《奇妙的曲线》，1978 年 2 月由中国少年儿童出版社出版。这是我的第一本数学科普书，1993 年获第四届中国图书奖一等奖。

1978 年 8 月开始写作《帮你学方程》，1981 年由中国少年儿童出版社出版。

1979 年在《我们爱科学》杂志上发表"无理数的谋杀案"，这是我发表的第一篇数学小品，接着在《我们爱科学》又陆续发表"留神算术根""零王国历险记""黄金数""勾股定理与星际航行""各有巧妙不同"等 6 篇小品文。

1980年

1980 年在《少年科学画报》上发表"有理数无理数之战"，我的第一篇把数字拟人化的作品。1987 年获第二届全国优秀科普作品评奖一等奖。

在《我们爱科学》上发表数学童话"猫考老鼠"。

1979 年创作的《科学的发现：圆面积之谜》，1980 年 8 月由中国少年儿童出版社出版。1993 年获第四届中国图书奖一等奖，首届国家图书提名奖。

1981年

创作《小数点大闹整数王国》，同年由科学普及出版社出版。这个作品后来被中央电视台改编成动画片，在中央电视台播出了 8 遍。

编写《算术辅导员（二）》，同年由科学普及出版社出版。

创作《有理数无理数之战》（合写），同年 11 月由四川少年儿童出版社出版。

9 月份开始在《我们爱科学》杂志上，连载系列数学故事"铁蛋博士"。这是我的第一个连载系列数学故事。

1982年

创作《打开几何的大门》，同年由山西人民出版社出版。

创作《梦游"零"王国》，同年由中国少年儿童出版社出版。

1983年

将连载故事"铁蛋博士"修改成书，同年 4 月由中国少年儿童出版社出版。

创作《数学医院》（合写），同年由中国少年儿童出版社出版。

编写《帮你学习高中代数》，同年 11 月由河北人民出版社出版。

1984年

3月，创作童话《数学迷访古记》，同年由江苏少年儿童出版社出版。

9月，创作《淘气的小 3》，同年由少年儿童出版社出版。

1985年

5月，创作《爱克斯探长》，同年由中国少年儿童出版社出版。

6月，创作《X 破案记》（合写），同年由四川少年儿童出版社出版。

创作《数学游艺会》（合写），同年由北京少年儿童出版社出版，1987 年获全国畅销书奖。

编写连环画《爱克斯探长》(4 本)，同年由中国少年儿童出版社出版。

创作《思路和解题技巧》（合写），同年由山西人民出版社出版。

1986年

编写《帮你学习初中代数》，同年由河北人民出版社出版。

编写《第二课堂丛书——中年级》，同年由科学普及出版社出版。

1987年

编写插图本《数学司令》，由少年儿童出版社出版。

编写《第二课堂丛书——高年级》，同年由科学普及出版社出版。

编写《神奇的数学国》。

12月23日《数学大世界》交稿，1989年由江苏少年儿童出版社出版。

从1987年暑假到1988年暑假写作《数学科普学》，1990年由四川教育出版社出版。

1988年

2月12日《科学童话十家》交稿。

编写《娃娃智力开发童话》（合写），同年由北京少年儿童出版社出版。

编写《数学趣史》，同年由福建少年儿童出版社出版。

1989年

出版《少儿科普作家传略》。

《我们爱科学》连载"追捕机器人"。

《少年科学画报》连载"古堡探秘"。

1990年

《数学科普学》由四川教育出版社出版。

编写《智人国历险记》，同年有湖北少年儿童出版社出版。

编写《神奇的数和形》，同年由河北教育出版社出版。

1991年

编写《小王子和"大鼻子"司令》，同年由吉林教育出版社出版。

1992年

编写《智勇双全的零国王》，同年由少年儿童出版社出版。

编写《神奇的9》，同年由明天出版社出版。

编写《波斯国王出的难题》，同年由黑龙江儿童出版社出版。

编写《数海泛舟》，同年由山西教育出版社出版。

编写《小小的"大数学家"》，同年由新蕾出版社出版。

编写《新十万个为什么：数学》。

《小学生数学报》连载"胖子侦探"（连环画）。

《我们爱科学》连载"数学探长爱克斯"。

《少年科学画报》连载"数学司令"。

1993年

编写《计算器史》（合写），同年由辽宁少年儿童出版社出版。

编写《掉进旋涡里的数》，同年由新蕾出版社出版。

《小学生数学报》连载"瘸腿狐狸"和"独眼小狼王"。

1994年

编写《狐狸的骗术》，同年由语文出版社出版。

《小学生数学报》连载"骑鹰访古"和"古堡探秘"。

《智力》连载"古墓探奇"。

1995年

《小猕猴智力画刊》连载"趣味小学数学奥林匹克"和"汪汪和哼

哼历险记"。

《少年科学画报》连载"瘸腿狐狸和独眼狼"。

《我们爱科学》连载"真假爱克斯探长"。

《小百科》连载"胖子大侦探"和"小鼹鼠旅行记"。

《小星火》连载"爱克斯探长"。

1996年

编写《胖0和瘦1》，同年由福建教育出版社出版。

"数学奇境故事"丛书（《数学童话故事》《数学侦探故事》《数学斗智故事》《数学探险故事》），由安徽教育出版社出版。

出版《圆规·三角板·算盘》。

编写图画书《瘸腿狐狸和独眼狼（数学知识童话)》，同年由河北美术出版社出版。

《小学生数学报》连载"孙悟空和小牛"、"智斗使者"和"胖熊和瘦猴"。

《少年科学画报》连载"猴警探和熊法官"。

《我们爱科学》连载"爱克斯探长智闯黑谷"。

1997年

编写《超时空数学之旅》，同年由首都师范大学出版社出版。

《小学生数学报》连载"旅游破案记"和"好兵马克"。

《少年科学画报》连载"鹰击长空"。

《小猕猴智力画刊》连载"小猕猴大侦探"。

1998年

编写《不知道的世界：数学篇》，同年由中国少年儿童出版社出版。1999年获第四届国家图书奖，第七届全国"五个一工程"奖。

编写《梦游"零王国"》，同年由科学普及出版社出版。

编写《超时空数学之旅：漫画趣味数学》（3本），同年由首都师范大学出版社出版。

编写《21世纪中国少儿科技百科全书》（电脑部分），同年由和平出版社出版。

《小猕猴智力画刊》连载"小猕猴探险记"。

《小学生数学报》连载"追捕机器人"和"小豹飞飞"。

《中国卡通》连载"智斗赛诸葛"。

1999年

《小学生数学报》开始连载数学故事"小兔奔奔"。

《小猕猴智力画刊》开始连载"小猕猴当法官"和"小猕猴智斗黄鼠狼"。

由湖南教育出版社出版"中国科普佳作精选"《有理数无理数之战》。

创作"超时空数学之旅"（《毕达哥拉斯之洞》《牛顿的小屋》《阿基米德的墓碑》《高斯的秘密日记》《笛卡儿的床》《欧拉的不眠之夜》《费马的奇妙发现》《华罗庚的胡同》），同年由香港新雅文化事业有限公司出版。

创作"数学故事"（《X探长》《精灵王子》《王国争霸》《古堡探险》），同年由香港新雅文化事业有限公司出版。

编写《圆规·三角板·算盘》（第2版），同年由天津科技翻译出版公司出版。

2000年

《小猕猴智力画刊》开始连载"非洲历险记"和"狮王梅森"。

《小学生数学报》连载"傻猫·酷猴"。

编写《少年数学》，同年由科学普及出版社出版。

创作"小学趣味数学故事"丛书（《小白兔和老狐狸》《小鼹鼠历险记》《熊法官和猴警探》《长鼻子大仙》《智斗赛诸葛》），同年由安徽教育出版社出版。

2001年

江西红星电子音像出版社出版《小学奥林匹克》（VCD）。

天津教育出版社出版《动物王国的数学故事》（《坏狐狸与三角形》《勇斗大灰狼》《淘气的小海豚》）。

编写"数学奇兵"系列（《不对称的世界》《胖 0 和瘦 1》《老数 5 回现代》《捣蛋代数 a》《奇数村和偶数村》《整数王国》《1 司令智斗 π 司令》《因数 4 克星》《扑克牌王子》《运算钩子》），同年由香港新雅文化事业有限公司出版。

编写《科学》配套读本 3~9 年级，同年由科学普及出版社出版。

《小猕猴智力画刊》连载"寻找神秘客"和"小猕猴巧遇猪八戒"。

编写"数学大世界"丛书（《数的畅想曲》《代数的威力》《几何的宝藏》《数学的传奇与游戏》），同年由台湾国际村文库书店有限公司出版。

2002年

《小猕猴智力画刊》连载"小猕猴和孙悟空"。

《小学生数学报》连载"猪八猴"（18集）和"胖0和瘦1"。

编写"看故事学数学"系列（《数学童话故事》《数学侦探故事》《数学斗智故事》《数学探险故事》），同年由台湾稻田出版社出版。

2003年

和余俊雄等创作《探索形状奥秘：日光篇》《探索形状奥秘：月光篇》，同年由中国少年儿童出版社出版。

《小学生数学报》连载"扑克牌王子"（16集）。

《小猕猴智力画刊》连载"小猕猴和沙和尚"。

创作《数学猴在武》，同年12月由长江文艺出版社出版。

编写《正负解析》，同年7月由中国少年儿童出版社出版。

2004年

《小猕猴智力画刊》杂志开始连载"小猕猴当侦探"。

1月，湖北少年儿童出版社出版"李毓佩数学故事系列"（《数学小眼镜》《数学王国历险记》《数学西游记》《数学神探006》《数学动物园》《数学司令》《小诸葛智斗记》）。

编写"李毓佩数学故事系列"（《数学怪物猪八猴》《数王国历险记》《数学司令》），同年由希望出版社出版。

编写"数学好玩"丛书（《好玩的数和形》《好玩的代数》《好玩的几何》《数学的传奇与好玩的游戏》），同年1月由长虹出版公司出版。

创作《代数王国奇闻录：少年代数学家》，同年 6 月由山东教育出版社出版。

2005年

《小猕猴智力画刊》连载"旅游破案"。

2006年

创作"李毓佩数学故事系列"（漫画版）（《数学酷酷猴》《数学小王子》），同年 7 月由湖北少年儿童出版社出版。

《小猕猴智力画刊》连载"哪吒、小猕猴双斗红孩儿"（12 期）。

《数学大王》连载"探秘金字塔"。

《小学生数学报》连载"哪吒三兄弟"，连载旧作《追捕机器人》《小数点大闹整数王国》，高年级版刊登 6 期"经典趣题"6 篇。

《少年智力开发报》连载"黑森林历险"。

《淘气包》连载"淘气的小 3"。

《小学时代》连载"非洲狮王"。

《小学生数学辅导》连载"瘸腿狐狸""独眼小狼王"。

2007年

编写《李毓佩数学学习故事》（小学高年级、中年级、低年级），同年由海豚出版社出版。

2008年

1月，创作《非洲历险记》《哪吒大战红孩儿》，同年由中国少年儿童出版社出版。

1月，编写《数学家爷爷讲数学童话》（3本），同年由中国宇航出版社出版。

3月，江苏人民出版社出版《不知道的世界：数学篇》。

4月，接韩国出版的书《数学王国的历险》。

11月，接韩国出版的书《爱克斯探长》（韩文翻译为《数学踩案队》）。

2009年

1月，湖北少年儿童出版社出版《有理数无理数之战》（少儿科普名人名著书系）。

2月，编写"漫画和趣题"《牛顿的小屋》和《比尔·盖茨的网站》，同年由中国少年儿童出版社出版。

3月4日，《中华读书报》发表桂琳对我的采访《"科普"陷入一个怪圈》。

3月，编写"李毓佩数学故事系列"（《数学司令》《数学神探006》《数学西游记》《数学小眼镜》《数学智斗记》《数学动物园》《数学王国历险记》），同年由湖北少年儿童出版社出版彩图版。2010年获国家科学技术进步二等奖。

9月14日，接韩国西海文集出版社的《荒岛历险》和《铁蛋博士》的合集（韩文翻译为《铁蛋博士去矮人王国舍己救"坚固城"》）。

2010年

全年在《中国儿童画报》一、二年级及三年级数学上连载文章。

1月21日，朱小兵来电，说动画片《荒岛历险》已经开拍，计划6月份完工，与中央台合拍。

2月，编写"李毓佩数学故事会"（《小数王国发生了八级地震》《会计算的长鼻子大仙》《零国王大战食数兽》《数学小子智斗赛诸葛》），同年由安徽教育出版社出版。

3月，编写"说故事玩数学"（《动脑篇》《益智篇》《趣味篇》），由台湾汉湘文化事业股份有限公司出版。

中国少年儿童出版社和韩国出版社签订5本图书版权合同：《爱克斯探长》《荒岛历险》《奇妙的数王国》《哪吒大战红孩儿》《非洲历险记》。

2011年

6月，编写"数学故事专辑"（《爱克斯探长》《荒岛历险》《奇妙的数王国》《哪吒大战红孩儿》《非洲历险记》），同年由中国少年儿童出版社出版。

2013年

1月，编写 "李毓佩数学童话总动员"（《数学小子杜鲁克》《爱数王国大战鬼算王国》《智闯数学王国》《沙漠大冒险》《荒岛寻宝记》《数学司令出征》《小眼镜侦探记》《奇奇成了博士》《智人国遇险记》《酷酷猴历险记》《酷酷猴闯西游》《数学探长酷酷猴》《数学西游外传》《数学怪侠猪八猴》《数学动物智斗记》《爱克斯探长出山》《真假爱克斯探长》

《数王国奇遇记》《梦游"零"王国》），同年由二十一世纪出版社出版。

2015年

7月，编写"李毓佩数学王国历险记"（5本），同年由海豚出版社出版。

10月，编写《数学就是这么有趣》（修炼篇）和《数学就是这么有趣》（升级篇），同年由长江文艺出版社出版。

2016年

编写"李毓佩数学故事集"（《寻找外星人》《勇闯数王国》《数学大英雄》），同年由海豚出版社出版。

2018年

5月，编写"李毓佩数学故事"（彩图版）20本，分"侦探系列"4本、"斗智系列"8本、"冒险系列"8本，同年由长江少年儿童出版社出版。